机场鸟击防范系列丛书

民航局安全能力建设资助项目

U0883558

机场驱鸟设备的使用与维护技术

陈裕通　施泽荣　王　正
刘玉芬　南亦民　韩飞虎　编著

合肥工业大学出版社

图书在版编目(CIP)数据

机场驱鸟设备的使用与维护技术/陈裕通,施泽荣等编著.—合肥:合肥工业大学出版社,2017.3

ISBN 978-7-5650-3289-9

Ⅰ.①机… Ⅱ.①陈…②施… Ⅲ.①飞机—鸟撞击—安全管理 Ⅳ.①V328.2

中国版本图书馆CIP数据核字(2017)第044743号

机场驱鸟设备的使用与维护技术

陈裕通 施泽荣 王 正 刘玉芬 南亦民 韩飞虎 编著 责任编辑 权 怡 责任校对 马栓磊 汪 钵

出 版	合肥工业大学出版社	版 次	2017年3月第1版
地 址	合肥市屯溪路193号	印 次	2017年5月第1次印刷
邮 编	230009	开 本	787毫米×1092毫米 1/16
电 话	编校中心:0551-62903210	印 张	17.75
	市场营销部:0551-62903198	字 数	420千字
网 址	www.hfutpress.com.cn	印 刷	合肥创新印务有限公司
E-mail	hfutpress@163.com	发 行	全国新华书店

ISBN 978-7-5650-3289-9 定价:52.00元

序

自古以来，人类对鸟类的飞行都有着极大的兴趣。“列子御风”“嫦娥奔月”，翱翔蓝天之梦，自古有之。随着社会的发展，人们对“腰缠十万贯，骑鹤下扬州”的憧憬之心，日渐浓厚，充分反映出古代人们对快捷、安全、舒适、美观的飞行器的向往与追求。一百多年前，飞机的发明给人类插上了“金翅膀”，使飞行成为一种抵挡不住的诱惑。

人类的飞行，比鸟类晚了1.5亿多年。随着科学技术的不断发展，人类终于可以与鸟类共游一片蓝天。然而，蔚蓝的天空并不平静，当飞机与鸟类同时使用同一空域时，鸟击灾害就发生了。据不完全统计：全世界民航业，每年有大约2万起不同程度的鸟击灾害发生，造成直接和间接经济损失约150亿美元。以美国为例，该国民航业每年因鸟击灾害导致直接经济损失约6.3亿美元、间接经济损失约25.2亿美元、飞机停场超过50万小时。鸟击灾害给人类造成了巨大的生命和财产损失，也带来了巨大的社会影响和心理压力。自20世纪50年代以来，全世界因鸟击造成的灾害共计：民航业有103架飞机损毁，706架飞机被击伤，3980人伤亡；军方有312架军机损毁，981架飞机损伤，396名飞行员伤亡（其中272人死亡、124人受伤）。更为严重的是，2005年美国“发现”号航天飞机升空时，燃料箱前端遭遇鸟击。因此，国际航空联合会（FAI）把鸟击灾害定为“A”级航空灾难。鸟击造成的灾害，也使人们在乘坐飞机时平添了几分心悸。

在人们的想象中，柔弱的小鸟与飞机相撞是以卵击石，而事实绝非如此。飞机真的害怕小鸟，鸟击飞机的威力非同一般。据测定，一只800g的鸟类，在飞机相对速度为300～500km/h时撞击飞机，就相当于一枚小型炮弹击中飞机。一只小鸟如果被吸进发动机，就会使进气道阻塞或打断涡轮叶片，导致空中停车、失火或操纵失控，造成灾难事故。

鸟击灾害并非是个新问题，早在1912年，美国人卡尔·罗杰斯（Kari

Rogers）驾机飞越美洲大陆时，就因鸟击导致坠机身亡。随后，为防止鸟击灾害的发生，飞机设计专家做了大量改进。但是，喷气发动机时代的到来，进一步加剧了鸟击灾害的发生。因为，早期飞机的活塞式发动机噪音大、速度慢，鸟类在空中还来得及避让飞机，即使发生鸟击灾害其损失也比较小，然而，现代喷气式飞机的速度快、噪音小、体型大，发动机的涡轮叶片与螺旋桨极易受到鸟击而遭损坏。因此，如何减控鸟击灾害的发生，确保飞行安全，已成为各国政府共同关心的一个大问题。

随着航空事业的快速发展，鸟击灾害问题被列入航空业的议事日程，因地制宜地制定综合防治与控制措施，坚持“以防为主，防治并举，土洋结合，经济有效”的原则，“治早、治小、治了”，及时清除鸟击带来的飞行安全隐患，已成为全人类的基本共识。目前，摆在我们面前的现实是，机场上空和地面上的鸟类及其他有害生物，已成为飞行安全的大敌。因此要防止鸟击灾害，确保飞行安全，就不能等到事故发生了才仓促应对，而要“以防为主”，打主动仗，在鸟类迁徙、集群、繁殖、扩散及活动峰值期，做好防控工作。也就是说，不但要认识防治对象，熟悉防控措施，还要掌握相应的鸟类及其他有害生物的活动规律，通过系统的调查研究和周密的计算分析，综合各种信息来预测（判断）鸟击灾害发生的高峰期、发生数量，以及可能受到危害的航线、机种、飞行高度等等，只有做到“知己知彼”，才能取得最佳的防治效果。鸟击灾害基础理论的研究工作，是我国鸟击灾害防治工作的基础，是减控鸟击灾害的重要环节，是保证飞机安全起降的重要工作。

在机场鸟击灾害防治工作中，我们要建立一支以机场专业人员为主的鸟击防灾专业队伍，广泛开展鸟击防范基础理论的研究工作，形成特有的鸟击防范理论体系和防灾综合治理模式，从而及时、有效地防治鸟击灾害的发生，为飞行安全做出贡献。

机场鸟击防范是一项崭新的、前所未有的工作，与气象、地质、害虫等自然灾害相比，鸟击防范没有完整的理论体系，缺乏先进的仪器设备，缺乏专业技术人才，更没有深厚的理论基础积淀。可以说，机场鸟击防范工作，在国内外起步都很晚，在理论体系的建设、应用技术的研究开发以及人才培养等方面都是白手起家。为开拓这一新的领域，广州民航职业技术学院的教师们抓住机遇，率先协同相关专家学者进行深入探讨与研究。首先，从基础理论体系建设入手，针对机场鸟击灾害的特点，编写出一套综合性的“机场鸟击防范系列丛书”，初步形成了较为完整的理论体系；其次，以全国不同生态、不同区域的民用和军用机场为研究基地，为培养鸟击防范专业技术人才，建立了一套鸟击防范综合治理模式；此外，利用现代雷达扫描技术，研究航空鸟击灾害预测预报与控制技术。

“机场鸟击防范系列丛书”让我耳目一新，特别是《鸟击防灾预测与预报技术》。据我了解，目前国内外尚无他人开展这一领域的系统研究，这是一种创新和探索。该系列丛书的出版，为我国在鸟击防范工作理论体系建设方面抢占世界理论研究和实践的制高点创造了条件，并且首开先河，开拓思路，为后续研究夯实了基础。该系列丛书既有比较深厚的理论基础，又有丰富的实践案例，图文并茂，通俗易懂，集科学性、实用性、可读性于一体。由于时间等诸多原因，尽管该系列丛书不够完善，甚至有不少疏漏之处，仍希望其能得到相关专家学者和同行的批评、指正；同时，也期盼更多的同仁及有兴趣的人士能够了解、支持并加入这一研究领域，为提升我国机场鸟击防范技术水平，实现有效治理做出贡献。毋庸置疑，该丛书必将对我国鸟击防范工作起到积极的指导和促进作用。可以说，它是一套具有科研参考价值和教学实用价值的好书，这是我在阅读该丛书后的观感，也是欣然为序的原因。相信广大读者读后也会有同感。

希望本套丛书的出版能进一步推动我国民航、军用机场鸟击防范工作的进步，使鸟击防范理论研究、新技术应用及鸟击防范人才培养工作，走在世界的前列。

广州民航职业技术学院院长　吴万敏

二〇一五年五月十八日

前　言

随着航空事业的快速发展，航空灾难带来的危害和损失逐渐引起人们的重视。航空灾难中很大的比例是在飞机起飞和降落的时候发生的，而这种类型的航空灾难主要是由于鸟撞飞机造成的。为避免鸟撞飞机事故的发生，机场驱鸟成为航空业的一个重要任务，也成为一个世界性的难题。

鸟撞是指高速运行在空中或者地面的飞机与空中的鸟类碰撞造成的事故。在撞击的过程中，由于鸟类运动状态的巨大改变超出了鸟类身体的承受程度，造成鸟类死亡，肢体分裂，因此鸟撞更类似软体碰撞。鸟撞具有突发性和多变性的特点，由鸟撞造成的飞行事故不仅会造成经济损失，还会带来更大的生命安全隐患，时刻威胁着乘客和空勤人员的人身安全，轻微鸟撞导致飞机部件损坏，严重鸟撞则会引发机毁人亡。

鸟撞是威胁飞行安全的一个重要因素，也严重影响了空军的飞行训练和航空业的正常运营。大致统计结果显示，从 20 世纪 60 年代以来，全球范围内鸟撞已导致 80 架民用航空飞机、250 架军用战斗机损毁；在我国由鸟撞造成的事故征候也已占事故征候总数的 1/3。鸟撞问题现今已经被航空界确定为最为严重的 A 类航空安全灾难。

随着绿化质量越来越高，机场以及周边的环境已成为适合鸟类栖息的场所。机场应在坚持生态平衡的原则下和不伤害鸟类的前提下避免鸟撞飞机事故的发生，在人与自然和谐相处的情况下将鸟类驱赶出特定区域，以确保飞机的安全起飞和降落。

对于航空业而言，低空区域是鸟类经常活动的区域，但随着飞机的速度越来越快，声音越来越小，飞机在起飞和降落阶段发生鸟撞的可能性也大大增加。鸟撞事故给航空业带来了巨大的财产损失和人员伤亡，因此世界各国相关行业的专家都在努力寻求一种有效的方法来避免鸟撞击飞机事故的发生。本书作者长期对机场区域的鸟情信息进行采集和分析，同时将驱鸟设备和机场的鸟情信息紧密联系，实现了驱鸟工作的高效准确性，避免了驱鸟设备盲目动作，降低了机场驱鸟设备长期单调重复动作的可能性，很好地应对了鸟类对驱鸟设备的耐受性问题。

驱鸟工作已开展多年，市面上却鲜有完整介绍驱鸟设备的书籍，本书主要介绍了机场常见驱鸟设备的安装与维护技术，方便机场驱鸟工作人员和即将走向驱鸟工作岗位的社会各界人员及学生学习参考。书后对未来驱鸟设备的发展趋势进行了探讨，对今后驱鸟设备的发展起到抛砖引玉的作用。

由于作者水平有限，书中难免有错漏和不足之处，恳请读者和专家批评指正。

作　者

2016 年 6 月

目　录

未来篇

基础篇

第一章 驱鸟设备与鸟击防范

第一节　机场鸟击防范与驱鸟设备

一、机场鸟击分析

鸟击（birdstrike），这是世界航空协会及鸟击防范与管理部门，针对鸟类与飞机撞击所造成的飞行事故所下的定义。在国内外鸟击灾害防范工作中，通常称“鸟击”“撞击”或“鸟撞”。随着航空业的快速发展，目前全世界所有的航空飞行器，都面临鸟击的问题。事实上，鸟击灾害已成为各国机场（包括军用机场及航天发射场）飞机及其他航空飞行器起降和飞行的大敌，因此，鸟击也成为机场安全防范工作的重要安全工作之一。

鸟类的飞行大约起始于一亿五千万年前，而人类的飞行则大约起始于100年前。显而易见的是，人类因鸟类能在天空中展翅飞翔而激起了对飞行的渴望，并最终实现了飞行的愿望。然而要与鸟类共享一片天空，这就必然会发生矛盾——鸟击。

从人类开始进行飞行活动，鸟类的飞行就是一种潜在的威胁，但这却又不是唯一的，还包括野狼、野鹿、鳄鱼、兔子等闯到跑道上的动物（图1-1）。

图1-1　机场周边动物

1903年，莱特兄弟于美国北卡罗来纳州戴尔县的基尔德夫尔沙丘附近的海滩上，首次实现了人类历史上重于空气的、带动的、有人驾驶的持续飞行（图1-2）。然而5年后，奥维尔·莱特（Orville Wright）就报告在俄亥俄州的Dayton附近撞上了一只鸟。1912年4月3日，第一个飞越美国大陆的飞行员卡尔·罗杰斯（Calbraith Rogers）在大西洋海岸做飞行表演，由于一只鸥鸟卡入其航空器的飞行操作器而坠入大海，成为因鸟撞导致死亡的第一人。

图1-2　莱特兄弟

1. 鸟击对飞机造成的危害

在早期，由于天空中只有少量的飞机以较低的速度飞行，鸟撞飞机的风险很小，对飞机造成的损害一般也只限于打坏风挡、前缘上撞出凹痕等，只是偶尔使机身受到损坏，因此鸟撞只属于飞行中的一般危害。随着新一代涡轮发动机的研制应用，飞机飞行的速度加快了，发动机的噪音降低了，使得鸟类察觉和躲避飞机的机会大大减小，鸟撞变得越来越频繁，造成的损害越来越严重。鸟类一旦与高速飞行的飞机相撞，可以给飞机造成严重的损伤，甚至造成重大灾难（图1-3）。鸟类可以击穿现代战斗机的挡风屏，撞伤飞行人员，甚至导致其死亡；撞入高速旋转的飞机发动机，轻则打坏发动机，重则导致发动机停车，酿成严重飞行事故。

图1-3　飞机鸟撞情形

鸟击飞机或其他航空飞行器究竟有多大的危害性呢？我们不妨先了解下鸟击产生的撞击力有多大。两个普通物体相撞，两者之间所产生的撞击力是十分有限的，然而对高速运行的物体，两者相撞所产生的撞击力却十分巨大。在此我们可以用物理学中的冲量公式计算一只鸟与飞机相撞时所产生的平均撞击力。假设一个运动物体撞击一个静止的物体，依据冲量定律，对该物体则有：

$$Ft=m\Delta v=m\ (v_1-v_2)$$

其中，F 为撞击力；t 为撞击接触时间；$m\Delta v$ 为冲量变化。若一只飞行速度为 1.5km/h 的飞鸟不幸与一架飞行速度为 800km/h 的飞机相撞，两者亲密接触的时间为 0.3s。由于飞机速度远大于飞鸟速度，故飞鸟速度可忽略不计。若以飞机为参照物，飞鸟的速度 $v_1=$ 800km/h＝222m/s。在撞击后，飞鸟的速度变为 0，即 $v_2=0$，因此

$$F=1.5\times\ (222-0)\ /0.3=1111\ (\text{N})\ =113\ (\text{kgf})$$

以上计算了一只飞鸟与飞机相撞时产生的平均击力。然而我们在估计鸟击所造成损失时，应考虑鸟类与飞机相撞那一瞬间产生的瞬时击力。由于计算复杂，表 1－1 给出四种撞击物与飞机相撞所产生的瞬时击力。

表 1－1　常见击物产生实际撞击力统计表

飞机时速（km/h）	撞击物	撞击物质量（kg）	瞬时击力（kgf）
800	风筝	0.9	22500
800	秃鹫	3	40000
800	鹈鹕	7	100000
350	家鸽	0.5	200000

可见，尽管鸟的个体很小，一旦发生鸟撞，却可以给飞机造成相当大的损伤，甚至造成巨大的灾难。事实上，当一架飞机以 483km/h 的速度飞行时，与体重仅为 0.45kg 的鸟相撞，所产生的冲击力可达到 8.1t，这无异于一颗炮弹的能量，若飞机与一群鸟类相撞，后果则更加严重。

2. 鸟击发展趋势

根据中国民用航空局公布的报告数据显示，2012 年全国各机场、航空公司和飞机维修公司等单位和部门共上报了在中国大陆地区发生的鸟击事件 2628 起，其中事故征候 148 起，占总事故征候数的 50.7%，是第一大事故征候类型；因鸟击事件造成的经济损失约为人民币 18730 万元。图 1－4 为 2000—2016 年中国民航鸟击事件次数趋势分析，可见近年的增长速度也是逐年递增，尤其是在近几年，鸟击事件次数增长速度明显增加，鸟击事故征候次数不是很多，但平稳中亦有增长。

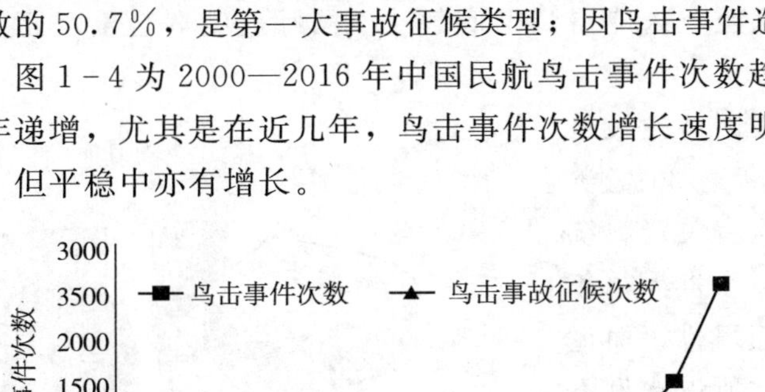

图 1－4　2000—2016 年中国民航鸟击次数趋势分析

综上所述，无论是从鸟击对飞机造成危害的角度，还是从其发展趋势看，鸟击事件都是不容忽视的，必须积极采取有效措施对其进行护控管理。

3. 鸟击分析

在过去 50 多年里，人类对野生动物采取了保护措施，生态环境得到了改善，为鸟类的繁衍创造了良好的环境条件，鸟类数量急剧增加，如在北美，加拿大鹅由 10 年前的 280 万只激增至现在的 480 万只，而且逐年扩大它们的生活地域，有人估计 10 年后可能蔓延到中国来。鸥的数量几十年来在许多滨海机场增加了 20 倍，鸬鹚增加了 40 倍。在我国黑龙江省三江平原水草丛生的湿地上也有鸟类 200 多种，约 480 万只；同时由于全球气候原因，周边国家的鸟类长途迁徙，活动频繁，并大量进入我国，特别是东南沿海地区。天空中鸟多了，因此鸟机相撞的机会也明显增多。图 1－5 为个别机场周边的生态环境。

图 1－5　个别机场周边的生态环境

特别是近年来我国经济建设持续高速发展，城市逐年扩大，逐渐包围机场，鸟类生存空间减小；机场周边的生活垃圾场、树林、鱼塘、水库以及机场内部大面积的草坪、伪装防护林地，成为鸟类生存的重要地带，使得机场鸟撞防治工作的难度越来越大。

当前，自由翱翔的鸟类无形中已经成为飞行安全的严重威胁，鸟撞防治问题一直困扰着世界航空界，而且至今未能得到彻底解决。国际航空联合会已把鸟撞列为 A 类安全灾难。

现在全世界每年因鸟撞飞机造成的直接损失就高达 26 亿美元。据国际民航组织有关资料统计，1990—2000 年，全世界每年约发生 33000 次鸟撞事件，而世界各地遭遇鸟撞事件所占比例不同，具体的情况如图 1－6。其中仅美国航空公司每年就发生 4000 多次，年平均损失超过 5 亿美元。20 世纪 90 年代以来，我国民航进入高速发展阶段，鸟撞飞机事件也逐渐增多。据了解，2004—2006 年民航鸟撞飞机事件呈逐年上升趋势，1991 年至 2006 年 6 月，我国民航共上报发生鸟撞飞机事件 900 起，

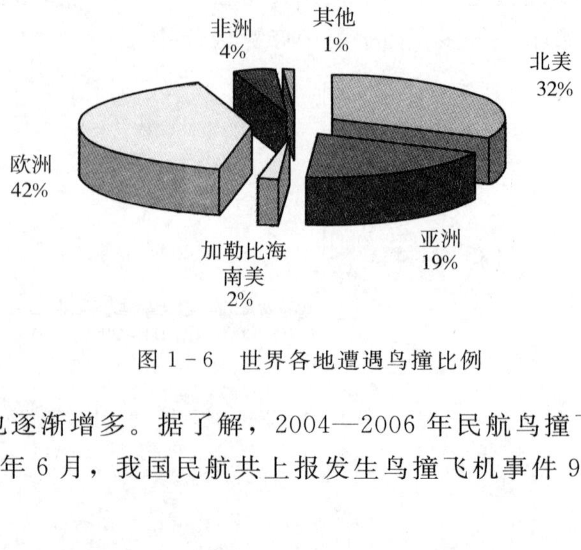

图 1－6　世界各地遭遇鸟撞比例

造成直接经济损失约合人民币 10 亿元。据统计，湖北武汉天河机场 2011 年接到鸟击报告 23 起；2012 年这一数字攀升到 51 起；截至 2013 年 6 月底，机场已接收鸟击报告 23 起，其情况统计图如图 1-7 所示。

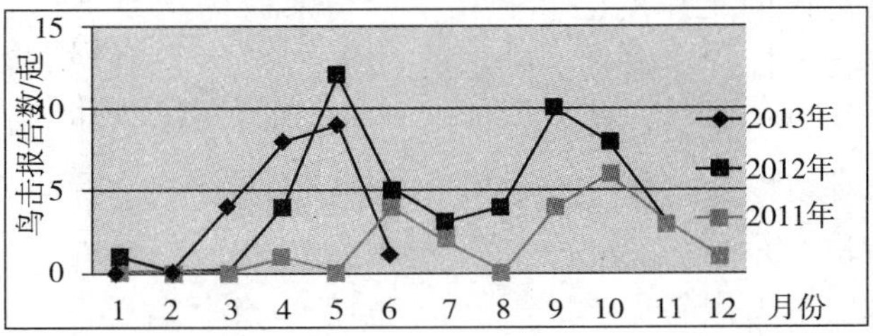

图 1-7　武汉天河机场近三年月度鸟击情况统计图

从飞机飞行、维修的报告可以得出如图 1-8 所示鸟撞飞机的部位及概率分布。

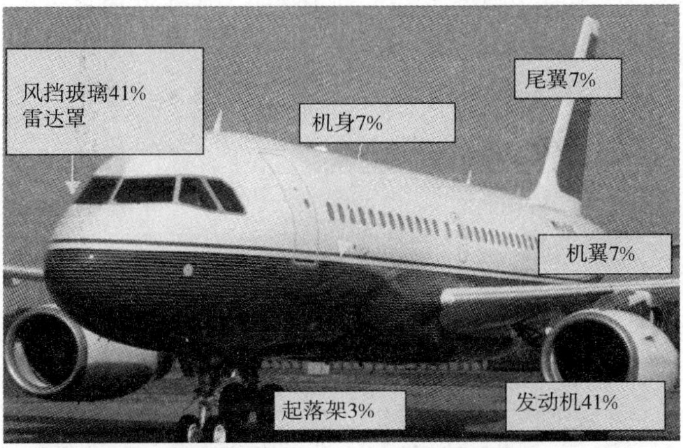

图 1-8　鸟撞飞机的部位及概率分布图

英国民航航空管理局估计，在已注册的航班里大约每千次航班就会遭遇相当于超过 12500lb（约 5700kg）的撞击，而 15%～20%的鸟撞都会给飞行器带来严重损害。大多数的鸟撞都发生在 500ft 以下的低空区域，具体的鸟撞高度分布图如图 1-9 所示。

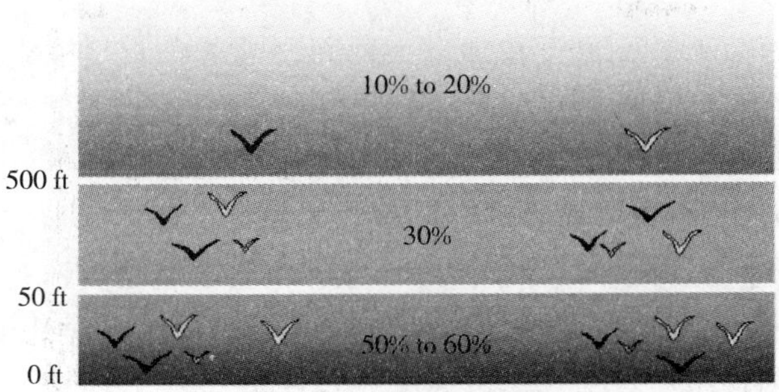

图 1-9　鸟撞高度分布图

二、机场鸟撞防治工作

机场鸟撞防治工作是一项长期性、综合性的工作，世界各国都非常重视。早在第二次世界大战期间，防治鸟撞的工作就已经开始了，但那时的主要工作是提高飞机的抗撞性能。直到1960年10月4日，美国波士顿发生了严重鸟撞坠机事故，造成62人死亡，9人重伤，才引起航空界的密切关注，从而将研究方向转向鸟类学，开始驱鸟防鸟。由于各国在地理、气候、生态环境以及鸟种、数量和鸟类生活习性上的差别，鸟撞防治工作便有了广泛的国际性和复杂性。

西方国家的鸟撞防治工作起步较早，于20世纪60年代就已开始，目前有比较健全的监测和信息传递系统、专门的机构和人员、比较完备的法规，已形成一套鸟撞防治体系。1966年，“欧洲鸟撞委员会”（Bird Strike Committee of Europe，简写BSCE）（参见图1－10）在德国法兰克福成立，下设八个工作组：即机场工作组、鸟类与航空器工作组、科普教育工作组、鸟类遗物工作组、鸟类避让模型工作组、飞机结构工程工作组、遥感工作组和统计分析组。到1990年5月，BSCE共召开了20次会议，交流鸟撞研究及防鸟技术进展信息，协调各国研究计划的实施，编辑出版了《不同国家用于机场周围减轻鸟撞危险的措施》。

图1－10　欧洲鸟撞委员会

国际民航组织（ICAO）则由设在加拿大的秘书总署负责鸟撞事务，收集和交流有关鸟撞的信息，召开世界鸟撞研讨会议，交流鸟撞防治经验，出版了鸟撞防治指导手册——机场勤务手册第三部分《鸟类的控制与减少》，发表了大量论文集。美国鸟撞委员会成立于1991年，目前由一个10人指导委员会所领导，成员包括美国航空管理局、农业部、国防部、航空工业界野生动物灾害工作小组的专家，主要职能是交流鸟撞信息，推动鸟撞数据的收集和分析，研究减少鸟撞灾难的新技术等。美国空军安全中心驱鸟组织（BASH）成立于1975年，目前该小组有5人，直属美国空军安全中心，建立有世界上最大的鸟撞数据库，任务是定期走访空军机场，为每个空军基地制订机场野生动物管理计划，减少鸟类或其他野生动物与飞机相撞，从而保证飞机的作战能力。俄罗斯空军早在20世纪80年代初就在各机场建立了有关组织，装备了驱鸟设备，并制定了防治飞行撞鸟的制度。

我国民航近年来开始重视机场鸟撞防治工作，投入大量经费进行研究，购置了驱鸟设备，综合治理了机场环境，在实践中摸索出了一些行之有效的鸟撞防治办法，建立了一套鸟撞防治的工作制度。1992 年 1～8 月，北京、上海、武汉等多地民航机场发生鸟撞事件共 13 起，此后我国民航开始重视鸟撞问题，民航总局下发了《关于加强机场鸟害防治工作的通知》，机场鸟撞防治工作开始起步。1994 年我国成立了“鸟撞专业委员会”，组织了一批鸟类学家、生物学家和航空技术专家，研究防治鸟撞问题。1995 年，民航总局与中科院昆明生态研究所合作，共同开展预防飞机与鸟类撞击事故的生态学研究。该项研究首先在鸟撞比较严重的重庆江北机场进行，1996 年底完成研究报告。报告详细分析了机场及其周围地区的生境、机场鸟类特点，提出了鸟类控制措施和机场周围生境改造方案。1997 年以后，民航系统多次在全国各地召开驱鸟工作会议，交流经验，研讨对策。图 1-11 为机场驱鸟人员驱鸟。

图 1-11　机场驱鸟人员驱鸟

机场鸟撞防治工作是保障飞行安全的一项重要工作。各级要以保证飞行安全为中心，坚持“驱避结合、标本兼治、综合治理”的原则，组织实施机场鸟撞防治工作，为飞行创造良好条件。

（一）机场鸟撞防治组织建设

1. 机场鸟撞防治工作的基本任务

（1）组织实施机场鸟情调查研究，建立鸟情档案，发布鸟情通报；

（2）组织飞行人员学习鸟类基本知识，了解掌握机场、空域、航线、靶场、空降场、野外着陆场鸟类活动规律，增强防鸟撞意识，科学制订飞行计划；

（3）组织实施飞行三个阶段驱鸟和日常驱鸟工作；

（4）组织实施机场及周边环境的管理与整治；

（5）管理维护机场驱鸟装备、设备及器材，使之经常处于良好状态；

（6）积极向驻地群众宣传鸟类对飞行安全的危害，防止因驱鸟发生纠纷；

（7）组织实施发生鸟撞飞机事件后的特情处置工作。

2. 机场鸟撞防治工作制度

为切实抓好工作落实，要逐步建立、完善机场鸟撞防治工作制度，形成鸟撞防治工作制度体系。

（1）飞行驱鸟工作签字制度

场站应建立飞行驱鸟工作签字制度。开飞前，驱鸟队值班干部应向外场值班员报告驱鸟工作完成情况，并由其提请外场值班首长和飞行指挥员对驱鸟工作完成情况复查签字。

（2）登记统计报告制度

场站应建立鸟撞防治工作登记统计及报告制度。场站机场鸟撞防治工作领导小组督促指导驱鸟队及时填写《机场鸟情表》《机场鸟类活动环境情况表》《驱鸟工作日志》《机场鸟害防治工作月报表》等各种登记统计。

（3）鸟情观察制度

场站应建立机场区域鸟类活动情况观察制度（图 1－12）。每日将观察收集到的过往鸟群、留鸟活动时间、数量、飞行高度、地段等情况及时记录，并输入本单位的《×××机场鸟撞防治信息系统》终端计算机，便于统计分析（图 1－13）。

图 1－12　哨站鸟情观察

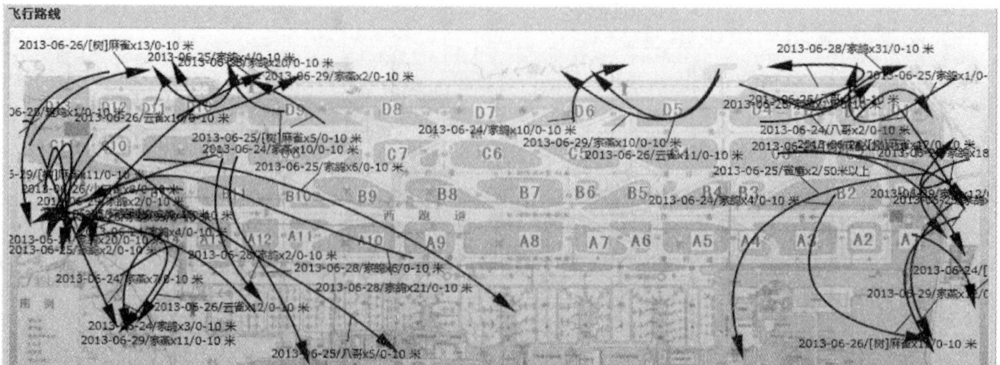

图 1－13　国内某机场鸟情信息管理系统鸟类活动图

（4）鸟情通报制度

场站应建立鸟情通报制度。场站机场鸟撞防治工作领导小组要定期以书面形式向飞行团通报机场鸟情，每月不少于一次，特殊鸟情应及时通报。遇有突发性鸟情变化，对飞行安全造成威胁时，也可及时以口头形式通报。

（5）鸟撞报告制度

场站应建立鸟撞报告制度。发生鸟撞飞机事件后，飞行区主要领导和有关专业人员要及时进行现场调查和分析研究，准确判别鸟撞性质、鸟的种类；查清原因，明确责任；在规定时限内，逐级上报有关情况。

（6）形势分析会制度

场站应建立鸟撞防治工作形势分析会制度。通常每月召开一次（鸟类活动频繁时期适当增加次数），由场站机场鸟撞防治工作领导小组组长主持，各有关单位人员参加，讲评鸟撞防治工作，分析鸟撞防治形势，总结经验教训，研究改进措施，布置工作。指定专人登记并保管好会议记录。

（7）工作协同会制度

场站应建立鸟撞防治工作协同会制度。通常每季度召开一次，由场站机场鸟撞防治工作领导小组组长组织，征求飞行部队对鸟撞防治工作的意见，研究解决存在的问题。指定专人登记并保管好会议记录。

（8）工作评讲制度

建立机场鸟撞防治工作讲评制度。场站驱鸟队每个飞行日对驱（猎）鸟工作进行讲评，无飞行时每周讲评一次，及时纠正问题，总结经验；场站每月对鸟撞防治工作讲评一次（可与形势分析会合并进行）。对在驱鸟责任范围内发生的鸟撞飞机事故征候或飞行事故，场务部在要 15 日内通报相关领导，并对责任场务部鸟撞防治工作进行讲评通报。

（9）安全管理制度

场站应建立鸟撞防治工作安全管理制度。对驱鸟用枪支弹药、易燃易爆、有毒化学物品等危险品，要按照有关规定完善使用管理制度，严格抓好落实，防止发生问题。

① 驱鸟猎枪（弹）的使用管理。对驱鸟猎枪（弹）的使用管理，严格按照相关的《×××机场鸟害防治猎枪及子弹使用管理暂行规定》执行。

② 雷鸣弹、钛雷弹、鞭炮、农药的使用管理。对驱鸟用雷鸣弹、钛雷弹、鞭炮、农药等危险品应严格使用管理，杜绝事故发生。

③ 禽流感的防范。蝙蝠是数十种病毒的自然宿主，其中有亨德拉病毒、尼帕病毒、狂犬病等烈性病毒，蝙蝠防治人员要采取防范措施，防止被蝙蝠抓伤咬伤。一旦被蝙蝠抓伤咬伤，必须及时注射狂犬病疫苗。蝙蝠危害较重的机场，场站卫生队要制定防范措施，做好应急准备。

④ 有毒动物的防范。在鸟撞防治工作中，驱鸟人员应小心谨慎，增强自我保护意识，必要时佩戴防护用具，防治毒蛇、蜈蚣、蝎子等有毒动物的伤害。

例如国内某民用机场的飞行区驱鸟制度（参见图 1－14）：

（1）每日工作前，按枪支弹药管理规定，做好驱鸟用枪支弹药的领取，并检查驱鸟设备是否完好，下班前将剩余子弹及时交回库房保存；

（2）每天开航前坚持对跑道、滑行道、联络道和机坪等飞行活动区上空进行鸟情检查工作，带好对讲机，发现有影响飞行安全的因素及时处理和报告（按报告程序）；

（3）从早晨第一个航班飞机起飞（或到达航班）前 30min 到日落时间段内，进行连续性巡逻驱鸟；

(4) 白天在飞行区内不间断巡场驱鸟，发现鸟情，要及时采取措施（猎枪、煤气炮、驱鸟车）进行驱赶防治，确保飞行器安全；

(5) 发现鸟群或较大的飞鸟时，如利用常规驱鸟方法驱赶无效，应及时报告塔台及指挥中心，并报告部门领导，采取有效措施保障飞行器运行安全；

(6) 驱鸟巡场员在飞行区巡场驱鸟时，要时时注意猎枪、煤气炮、驱鸟车、超声波驱鸟器、鸟网等驱鸟设施的运作状态，发现问题及时处理，严禁隐瞒不报或无故拖延；

(7) 驱鸟员严格按操作规程使用猎枪、煤气炮和驱鸟车、语音驱鸟器、鸟网等驱鸟设施设备，严禁对航空器发射驱鸟子弹，不得将驱鸟设备挪作他用或在机场外使用；

(8) 驱鸟巡场员要认真及时填报《驱鸟巡视记录表》，做好本场鸟类活动情况的收集整理工作；

(9) 航班运行期间，巡场驱鸟队员重点在飞机升降带及跑道安全端区域实施鸟害防治工作，但必须距离跑道道肩 75m 以外，尽量使用驱鸟车或煤气炮等其他设备设施驱鸟。

图 1－14　国内某机场鸟撞防治工作制度

（二）机场鸟撞防治对策

主要包括飞行“避”鸟和场区“驱”鸟保障两个方面，坚持驱避结合的方针。鸟撞防治工作不仅仅依靠后勤保障部门，也需要飞行指挥员、飞行人员、机务人员以及职工的大力支持和共同参与（参见图 1－15）。

图 1－15　鸟撞防治工作人员商讨防治工作

1. 飞行“避”鸟

场务保障单位对机场及周边的鸟情进行全面系统的科学调查分析，掌握各机场威胁飞行安全的鸟类种群、数量及其活动规律，准确实施飞行训练前的机场鸟情预测预报，并将鸟情及时通报飞行单位。飞行指挥员在了解掌握飞行区域鸟情后，从调整飞行训练计划和航线方面入手，合理安排，主动回避鸟类，同时还要制定可行的鸟撞飞机特情处置预案。飞行员平时要加强防鸟撞安全预防，熟练掌握鸟撞飞机后的判断与处置方法，并在飞行中，加强飞行观察，正确实施飞行活动，尽量避开鸟群。

2. 场区“驱”鸟

利用多种方法和手段，标本兼治，综合治理。

“治标”：利用驱鸟设备、器具、生物天敌、化学药剂等进行有针对性的驱赶、猎杀、毒杀鸟类，迫使鸟类飞离机场。常用设备基本借鉴国外理念，主要有气体炮、烟花爆竹、鸟类悲鸣声、天敌鸣叫声等听觉威慑型驱鸟设备；稻草人、彩旗、飘带、灯光、天敌模型等视觉威慑型驱鸟；猎枪、粘鸟网等捕杀拦截型器具。个别有条件的机场还采用猎鹰等动物驱鸟，喷洒化学药剂毒杀、驱赶鸟类。

“治本”：通常称为“生态链法”，就是对机场及周边环境进行科学管理和综合整治，以减少鸟类在机场活动的数量和频率。由于受条件限制，只能是对场区内容易吸引鸟类活动的草地、池塘、灌丛、林地、污水沟、垃圾场等场所，采取相应的措施进行整治，最大限度地消除鸟类食物链，破坏鸟类在机场的生存环境，达到场区环境美化，无露天垃圾，无密集灌丛、林地、高草，排水通畅，无污水沟塘、坑洼、积水等，从根本上减少鸟类在场区活动，达到驱鸟防鸟目的。

（三）机场鸟类活动环境治理

开展机场鸟类活动环境整治，其主要目的是要减少机场吸引鸟类的因素，降低鸟撞飞机的概率。它是机场鸟害防治的第一道防线，是最有效和应优先考虑的防治方法。机场环境综合治理主要针对机场场区内容易吸引鸟类活动的草地、池塘灌木丛、林地、污水沟、垃圾场等场所，采取相应的措施进行综合整治，做到场区环境美化，土质地带平整密实；灌木丛草地整治及时，无密集灌丛、林地，无高草；排水通畅，无污水池塘，无坑洼、无积水，无露天垃圾，等等。最大程度消除鸟类食物链，从根本上减少鸟类在场区活动，达到驱鸟防鸟的目的。如图 1－16 所示为湖北天河机场环境治理的内容，其包含了生物和非生物两大类进行针对性的整治，有效地减少了该机场的鸟撞事件。

场站必须根据机场周围鸟情和吸引鸟类活动的环境情况，在专家的指导下，结合场站自身人力、物力、财力条件，制订切实可行的机场鸟类活动环境综合治理方案，并根据季节气候变化更新完善。内容包括基本环境特点、环境与鸟撞的关系、应对策略、组织领导、人员装备、任务分工、实施方法、整治效果等。

1. 跑道、停机坪和滑行道

大雨过后，蚯蚓等地下生活的土壤动物会爬到跑道上；鸟类啄食破损道面上的粗砂，帮助消化食物；冬季混凝土及沥青道面比土壤温度高，提供鸟类舒适的栖息环境；沿着跑道及滑行道两侧的灯箱等为鸟类提供休息地。建议采取下列措施。

（1）对蚯蚓等土壤动物：在跑道两侧的低草区域、呈带状施用杀蚯蚓的化学物（如笨

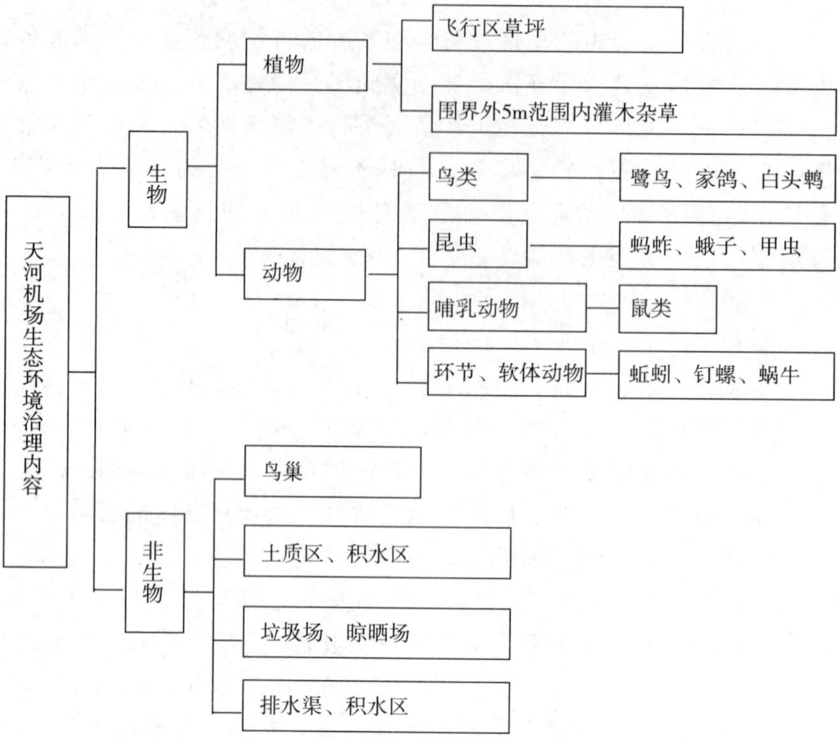

图 1-16　天河机场环境治理的内容

菌灵和钾盐镁矾）；在跑道两侧施用驱蚓剂。

（2）对昆虫：在跑道两侧喷洒杀虫剂（如灭虫威），但必须小心施用，随时监测效果；更换跑道灯光，在许多情况下，灯光能吸引大量的昆虫。目前已有研究表明，橙色吸引昆虫较少，故有专家建议用橙色灯替换白色灯。

（3）对指示牌、灯箱等：由于许多鸟类特别是猛禽类会停息在跑道、滑行道两侧的指示牌或灯箱上，因此，可以在其上方放置具尖齿的东西，或在其上方喷洒具黏性的物质，以阻止鸟类的停息。

（4）保持跑道的干净：经常检查跑道，尽快清除散落在跑道上的可能吸引鸟类的动物尸体、纸袋、面纸等。

2. 草地

机场上典型的多块植被组成大片开阔的草地，这些草地美化了机场环境，易于维护并且能吸收雨水和融雪，防止水土流失，但这些草地可能成为吸引鸟类的主要场所。草地是大量高风险鸟类的栖息地，它提供了鸟类觅食、休息和繁殖的安全区域。图 1-17 为武汉天河机场草地分布图。加强草地管理，是减少鸟类在机场活动的有效方法。

（1）对土道面草高的管理建议

一般来讲，高草会引诱鹌鹑、野鸡、野鸭、猫头鹰、鹅等筑地面巢的鸟类筑巢，同时会吸引大量的小型哺乳动物，如草兔（图 1-18）、鼠等。高草也会产生大量的昆虫从而吸引食虫鸟类。但对鸥类、鹬类等鸟类来讲，高草阻碍了其行动，不便觅食及有效防止天敌。因此控制草的高度在一定的范围可减少鸟类觅食昆虫。如果草太短，鸟类很容易发现昆虫，因而前来觅食；但草太高太长，可能昆虫会大量繁殖，从而会吸引大量的鸟类。许多鸟类，如椋鸟、八哥、田鹨等喜欢集群在草地觅食。如果将草控制在中等高度，可以减少它们在这些区域集群活动。

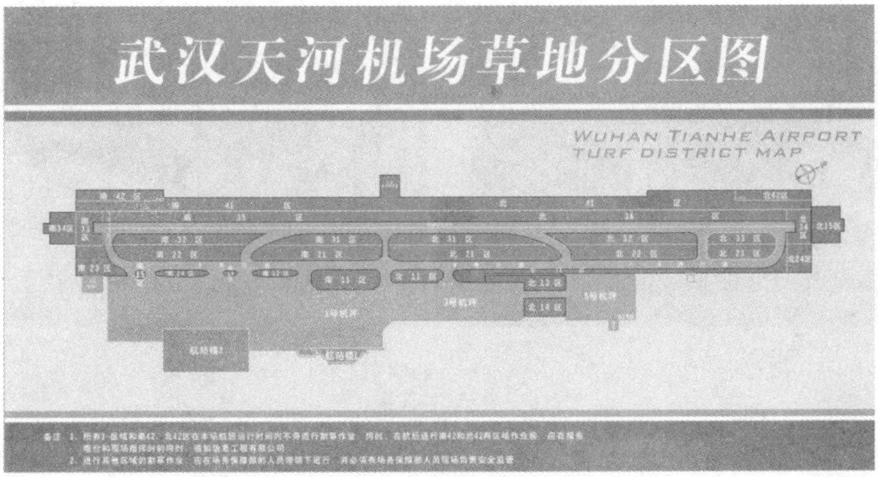

图 1－17　武汉天河机场草地分布图

对机场内跑道两侧、跑道之间的低草区，在春、夏季，场内的草高尽量控制在 15cm 以下。对草高高于 15cm 的区域，因有鸟类在草丛内繁殖与栖息，繁殖季节需及时捣毁鸟巢，以控制种群数量。在春季小云雀等繁殖时，可用驱赶寻巢的方法找到鸟巢并予以破坏，或用压路机将草地轧平，破坏草丛中的鸟巢。这两种方法对鹌鹑及其他地栖性鸟类效果较好。

图 1－18　机场草兔

（2）对草丛中土壤动物和昆虫的控制

草丛中土壤动物和昆虫作为鸟类食物，是机场吸引鸟类的一个主要因素，如春夏的腹足类（蜗牛等）、马陆、蚂蚁；秋冬季腹足类（蜗牛等）、蚂蚁、蚯蚓、蜘蛛、鞘翅类和双翅类等有较大数量，并且腹足类、马陆、蚂蚁在常年均有较多的数量；夏秋两季也是机场草地昆虫最多的季节，除破坏它们的生态环境外，应采用药物喷杀，如图 1-19 所示。

图 1-19　药物喷洒

机场是一特定区域，在使用药物时应考虑既不能对人、对设备有损害，又要有较好的效果，并且不污染机场草地生态系统和周围的鱼塘和农田。因此，可考虑使用低毒、长效药物，如表 1-2、表 1-3 所示。对周边农田较多的机场，当夏季周边农田喷洒农药时，也应在跑道两侧关键地区及时喷药，以防止蝗虫等昆虫从周边迁入机场。

表 1-2　常用的土壤动物杀虫剂

药物名称	主要防治对象	使用时间
石灰	腹足类、马陆类	春、夏和秋季隔月一次
乐果	鞘翅类、双翅类和蜘蛛类	秋、冬季隔月一次
杀灭菊酯	翅类、双翅类和蜘蛛类	秋、冬季隔月一次
Lumbricide	蚯蚓、蜘蛛类	春、秋和冬季隔月一次

表 1-3　常用的昆虫杀虫剂

药名 用药时间	灭多威	乙酸甲胺磷	氧化乐果	杀灭菊酯
4 月	*			
5 月		*		
6 月			*	
7 月				*
8 月	*			
9 月			*	

（3）对土道面植被的管理建议（图 1-20）

图 1-20　机场植被调查

由于植物在年周期内要经过生长期、花期、果期和枯败期，在不同生理阶段植被对鸟类的吸引程度不同，采取的措施应具有针对性。

① 生长期：该期一般在春季开始，植物开始逐渐长高，此期间除一些植物的叶子为鸟类觅食外，基本上对鸟类的吸引程度不大，且由于植被的覆盖率对鸟类的栖息影响较大，建议在此期间尽量提高土道面植被的覆盖率，减少泥土裸露面积和低洼地面积，以减少鸟类在机场的栖息。

② 花期：花期一般在每年的 4～9 月，此时的草场管理非常重要。由于许多种类植物的花具有蜜腺，其分泌的花蜜对昆虫有很大的吸引力，而昆虫对鸟类的招引很可能会影响机场飞行安全，建议在发现土道面植被开花时，应尽快将花打掉。

③ 果期：植物的结果期不一，一般在每年的 6～10 月。机场地区结果实植物种类较多，特别是一些野生豆科植物，其果实是鸟类喜好的食物，所以应尽量控制，在植被没有结果前割除，以减少果实对鸟类的吸引。

④ 枯败期：在枯败期的植物或割草后留下的草屑中，容易滋生昆虫和其他无脊椎动物，因此割草后应尽快将草屑移出飞行场区，不要让其在土道面腐烂或枯败。在冬季无飞行任务时，可试验采用燃烧枯草的办法，将枯草和腐败草屑烧成灰烬，可能会减少第二年草场和土壤动物数量。

（4）鼠类综合防治措施（图 1-21）

图 1-21　机场鼠类防治

控制鼠类的种群数量必须从综合防治着手：

① 清除高草丛、土壤，破坏鼠类隐藏、栖息场所。

② 控制食源，在每年植物种子成熟之前进行 1～2 次刈割。夏、秋季节用药物灭虫，减少食虫类小兽的食源。

③ 药物毒杀，在鼠类繁殖高峰期之前（即 3 月份、10 月份）和食物短缺的冬季（1 月份）用毒饵来控制种群数量。为了不造成机场周围的农田和鱼塘的污染，建议采用以下毒饵（表 1-4）。

表 1-4 常用的灭鼠药

药名（通用英文名）	用药时间	用法及用量
敌鼠钠盐（diphacin）	1、3、10 月	0.255%毒米
溴敌隆（bromadioloone）	1、3、10 月	0.5%毒米
杀鼠灵（warfarin）	1、3、10 月	0.025%毒饵
杀鼠醚（coumatetralyl）	1、3、10 月	0.03%～0.05%毒饵

注意：不要使用目前禁止使用的以下鼠药——氟乙酸钠、氟乙酰胺、毒鼠强、鼠立死。

敌鼠钠盐（diphacin）0.255%毒米，对黑线姬鼠有较好的毒杀效果。据资料介绍，在黑线姬鼠开始妊娠时用敌鼠钠盐灭鼠，防治效果达 92.77%。

溴敌隆（bromadiolone），是一种抗凝血剂，具有适口性好、毒力强、靶谱广的特点。用 0.5%的母粉或 0.5%的母液配制成 0.5%的溴敌隆毒米使用。

杀鼠灵（warfarin），对牛、羊、鸡和鸭的毒性很小，多次投药危险性也不大。最好用 1%的母粉配置成 0.025%的毒饵。

杀鼠醚（coumatetralyl），是一种慢性杀鼠药，药性潜伏期 7～12 天，二次中毒的危险性很小。用 7.5%和 3.75%的两种原母粉配制成浓度为 0.03%～0.05%的毒饵使用。

3. 灌丛地

灌丛通常覆盖了一些没有被开发的地段，其中较高的杂草、灌木丛会吸引鸟类栖息或繁殖。机场内及机场周边灌丛地的管理与整治（图 1-22），建议采取下列措施：

图 1-22 灌丛整治

（1）彻底清除机场围界的灌丛，至少距跑道、滑行道中心线两侧 200m 内的灌丛要彻底清除；

（2）协调地方政府，尽可能砍除机场邻近地区的灌丛和清除机场围界外侧 150m 范围内的灌丛，尤其是清除大面积的密丛灌丛；

（3）对场区内清除灌丛后的空地要平整碾压；

（4）场区内绿化用灌木，应选择抗虫害能力强、不结籽实的木种，定期修整、喷药灭虫，防止招引鸟类。

4. 农田果园

机场及其周边地区的果树种植、蔬菜地、谷物种植及畜禽的养殖均有可能成为吸引鸟类及其他野生动物潜在的食物源（图 1－23）。因此，机场及其周边地区的农副业生产活动均应严格检测，并尽一切可能加以控制，具体建议措施为：

（1）谷类作物的种植要尽可能远离跑道，并严格禁止在距跑道 400m 的范围内种植谷类植物；

（2）机场及周边地区农田耕作时间应尽量避开鸟类活动的高峰期；

（3）机场外边界地段种植的农作物种类要与周围地区一致，在同一时间收割，从而将机场吸引鸟类的可能减少到最低程度；

（4）收割脱粒方式——机场周围农田谷类等结籽作物的收割、脱粒应放弃较落后的打谷晒场式的操作方式，采用高效的机械化方式，尽量减少种子的散失；

（5）与附近的农户协商，将果树改成不超过 1m 的其他作物，如红薯、大豆、蚕豆、各种蔬菜等，使其不吸引鸟类，以减少各种鸟在周围的活动。

图 1－23　机场及其周边果园

5. 林地

林地是许多鸟类筑巢、栖息及觅食的场所（图 1－24），同时还会招引一些中型及大型的哺乳动物；结浆果及产大量籽实的树种会吸引多种野生动物；位于机场边缘的高大树木，为一些猛禽提供了觅食的有利位置。此外，林地还在人与自然两种生境间产生了边缘效应，使这里的鸟类多样性特别丰富。机场内及机场周边树木林地的管理与繁殖，建议采取以下措施：

图 1-24　机场及其周边林地

(1) 全面调查掌握机场内及周边的林地分布情况，重点掌握易吸引鸟类的林地情况，录入机场鸟情档案。

(2) 清理飞行场区内的杂木、果园。

(3) 清除距跑道两端和距跑道中心线两侧 200m 范围内易吸引鸟类的树木林地；对机场周边地区的树林，如果不能彻底清除，应将树木下层灌木清除；砍除部分树木，降低密度，使鸟类无法栖息；经常巡察，不断干扰，防止鸟类在林地占区、筑巢与繁殖。

(4) 对机场周边的果园，应积极与地方协调，改变植种类或采取驱鸟措施。

6. 湿地与水体

各种类型的湿地与水体（图 1-25）能够滋养大量昆虫，招引水生哺乳动物，并且往往被一些鸟类作为觅食地或掩蔽地，同时又为鸟类提供了必需的饮用水。

在机场野生动植物的管理方面，尽管对机场草高的选择有些争议，但在机场内湿地与水体管理上大家已达成共识，即机场周围的池塘、鱼塘、河流，机场内的积水坑（塘），开放的排水沟，以及紧连机场的沼泽湿地等将吸引鸟类。

图 1-25　机场周边湿地与水体

7. 机场内建筑物

机场内的建筑物，如飞机修理库、机棚等大型建筑物，会给鸟类提供合适的栖息、筑巢地点，人员活动还会给它们带来食物。鸟粪还会弄脏飞机棚以及腐蚀飞机体表等，当打开飞机进行检查时，鸟类的粪便、羽毛及巢材可能会弄脏飞机的电子仪器；刚学会飞的小鸟亦有可能误入飞机中引起事故。机场内建筑物的管理与整治（图 1-26、图 1-27），建议采取下列措施：

（1）封死或覆盖所有的废弃洞口，对通风孔可使用金属网覆盖；

（2）将建筑物外墙的裂缝、孔洞等用混凝土或砖头封死；

（3）在建筑物的屋檐及壁架上安装尼龙网、金属片或其他适宜材料，阻止燕子等鸟类的进出；

（4）在鸟类经常栖息处（如指示牌或灯箱）安装具有尖齿、带刺的物体结构，或在其上方喷洒具有黏性的物质（如黏鸟胶），以阻止鸟类的停息。

图 1 - 26　机场内建筑物环境整治

图 1 - 27　常见机场内的建筑

8. 生活垃圾、畜牧养殖及食品加工

生活垃圾可成为鼠类及一些杂食性鸟类所觅食的对象。垃圾场是吸引鸟类的一个主要因素，许多鸟类在此觅食。机场内及机场周边生活垃圾、畜牧养殖、食品加工行为的管理与整治，应遵照以下规定：

（1）全面调查掌握机场内及周边 5km 范围内垃圾场、畜牧养殖场以及食品加工场所的种类、规模与分布，记入机场鸟情与环境档案。

（2）场站应在飞行场区内统一配置加盖的垃圾箱，垃圾应封闭存放并定期清除，禁止露天堆放生活垃圾；机场飞行场区内严禁倾倒垃圾，外场的快餐盒等生活垃圾应做到袋装化，并尽快清除（图 1 - 28）；在场区内规划修建垃圾池，集中堆放、处理垃圾。

（3）飞行场区内禁止从事畜牧业、禽鸟养殖业或水产养殖业。

（4）禁止使用机场道面从事晾晒稻谷等活动，机场内不得有大型的食品加工厂。

（5）应积极与地方政府协调，严格禁止在机场及其附近地区随意倾倒垃圾，如果情况特殊必须要在机场附近倾倒的垃圾，应立即加土覆盖，并选在夜间进行；要尽可能关闭机场周边的大型垃圾堆放场并掩埋垃圾。

（6）对于机场周边的大型养殖场，应积极与地方协调，使其搬迁；对于难以搬迁的应严格管理，做到饲料不露天存放，粪便封闭式存储，投食区覆盖网体。

（7）对于机场周边的大型食品加工厂，应积极协调，尽量做到食品原料不露天堆放，不露天晾晒，产生的废品应封闭存储、处理。

图 1－28　机场内及机场周边垃圾清扫

9. 伪装防护地植被

机场由于伪装防护需要，一些重要设施、建筑物周围都栽满树木进行绿化，但这些会给鸟类提供食物、保护与筑巢地，或给猛禽提供辅食的观察地。伪装防护地植被的管理与整治，应遵照以下规定：

（1）尽可能间伐或砍除距跑道、滑行道中心线 200m 以内的树木、灌木篱墙等；

（2）到附近高校走访，并听取相关专家的意见，选择一些适合当地种植、不易招引鸟类的园艺品种进行栽植；

（3）对高度强调伪装防护功能的重要地带，如林地、灌丛等不能清除的，应安装驱鸟设备，必要时可在树冠覆盖网体，防止鸟类占区、筑巢，形成固定栖息地。

（四）驱鸟工作

目前，机场鸟撞防治工作已经成为飞行场务保障工作的一项重要内容。机场驱鸟工作主要有飞行驱鸟工作和经常性鸟撞防治工作两个方面。

1. 飞行驱鸟工作

飞行驱鸟工作直接关系到飞行安全，是驱鸟工作的重中之重。应采用效果好的设备，快速驱赶机场内影响飞行活动的鸟类，为飞机起降开辟一条安全通道，确保飞行安全。飞行组织分为飞行准备阶段、飞行实施阶段和飞行讲评阶段，各阶段对驱鸟工作提出的要求和组织程序也各有不同。

(1) 飞行准备阶段的驱鸟工作

① 驱鸟员利用简易机场驱鸟装备，环绕场区进行不间断驱鸟。

② 驱鸟员利用机场专用驱鸟猎枪，对飞行场区内特别是跑道两端、飞机起降等特殊地带的鸟类实施驱赶、猎杀。

③ 驱鸟员分组从跑道两头使用锣鼓、竹竿等工具对跑道两侧草地内活动的鸟类进行拉网式人工驱赶，人工利用自制的简易工具燃放爆竹弹或钛镭弹进行驱鸟。

④ 鸟情观察员携带装备进入指定的观察哨位、地段观察和巡视鸟情。

(2) 飞行实施阶段的驱鸟工作

① 驱鸟员必须根据航管中心的指令，在指定地带进行驱鸟，严禁随意靠近跑道、滑行道等飞行地带。

② 利用简易机场驱鸟装备在平地区或平行公路上进行往复驱鸟作业。

③ 各哨位的鸟情观察员，严密监视跑道周围，尤其是起落航线上鸟类的活动情况。一旦发现有危及飞行安全的迹象，立即报告航管中心。

④ 在飞行间隙，随时准备按航管中心指令组织驱鸟。

⑤ 对飞行中突发的鸟情，经航管中心批准后，必须迅速对鸟类进行有效驱赶或猎杀。

(3) 驱鸟工作应做的记录和统计

① 组织驱鸟员及驱鸟装备设备撤收、退场，检查驱鸟装备及器材情况，登记弹药、物资及危险品的消耗情况。

② 组织总结讲评当日飞行驱鸟保障情况，提出改进措施和意见，填写各种登记统计。

③ 定时定量分析鸟情及驱鸟工作效果。

(4) 夜间（黄昏、拂晓、跨昼夜）飞行驱鸟工作的特点

① 特别注重做好飞行准备阶段的驱鸟工作。对于在机场活动的夜行鸟类或蝙蝠，根据其生活习性和特点采取相应的措施。夜行鸟类采用噪声大、光照强的设备驱赶，而对于蝙蝠应采用超声波装置驱赶或将蝙蝠的食源吸引到场区外，目前还只能采用钛雷弹、锣鼓、粘鸟网等通常的手段驱赶。

② 飞行实施阶段，每批飞机起飞和降落之前，都要驱赶。多功能机场驱鸟车环绕场区一周进行驱鸟。

2. 经常性鸟撞防治工作

(1) 日常驱鸟工作

① 坚持日常驱赶和猎杀。每日组织驱鸟员对场区内的鸟类进行驱赶，猎杀危险等级较高的鸟种。

② 每日不定时利用简易驱鸟装备、煤气炮、烟花爆竹等驱鸟。

③ 沿跑道两侧架设粘鸟网，在草坪上放置恐怖眼、彩带、稻草人等驱鸟器材。

④ 在鸟类迁徙、繁殖等特殊时期，组织人员采用捅鸟巢、掏鸟蛋、鸣锣放炮等方法破坏鸟类正常生活规律。

⑤ 在机场草地定期喷洒农药并投放毒饵，切断机场鸟类的食物链。

(2) 整治机场环境

① 定期清除机场周边林地下层的灌丛、修剪飞行场区内的树林，降低树林密度。

② 适时整治机场草地。割除高草，保证飞行场区草高不超过 30cm；对外场草地进行机械碾压，使鸟类无法在草地筑巢和繁殖。

③ 消除飞行区内开放性水体。清理整治鱼塘、污水沟渠，保持水面无浮草、塘边无杂丛。

④ 清运、填埋露天垃圾（图 1－29）。

图 1－29　机场露天垃圾的清运、填埋

（五）日常驱鸟工作

日常驱鸟工作要持之以恒，坚持每日开展，主要包括坚持鸟情观察制度，建立机场鸟情档案，发布鸟情通报，制定、完善驱鸟预案和环境综合治理方案，并根据预案和应急方案具体实施日常驱鸟防鸟工作和环境整治，及时填报各种登记统计及灾害、特大自然灾害或重大任务时，机场应驱鸟，保证飞行安全。

1. 建立机场鸟情档案

（1）调查掌握机场周围 5km 范围内（以跑道边线为基准，下同）鸟的种类和活动情况，确定威胁飞行安全的鸟类，掌握其主要飞行路线、高度和聚集场所、种群数量等情况，研究其生活习性、活动规律和飞行特点。

（2）调查掌握机场周围 5km 范围内吸引鸟类活动、生存的环境情况，如食物、水源和栖息场所等，主要内容包括：

① 是否种植谷类等吸引鸟类的农作物；

② 是否存在垃圾场、沟塘、树林、灌木丛等吸引鸟类的场所；

③ 飞行场区草高是否符合规定；

④ 飞行场区是否存在鼠、兔等吸引鸟类的动物；

⑤ 飞行场区是否存在积水坑塘，排水系统是否畅通。

（3）根据机场周围鸟情和吸引鸟类活动的生态环境情况，建立机场周围 5km 范围内鸟情档案。包括：机场鸟情表（表 1－5）、机场鸟类活动环境情况表（表 1－6）、机场鸟类分布及环境情况示意图、机场常见鸟类基本情况展示图（或鸟类标本展示）等。机场鸟类分布及环境情况示意图，应标示清楚机场周围5km范围内主要威胁飞行安全的鸟类分布情况和吸引鸟类活动的环境情况。

2. 发布鸟情通报

场站机场鸟击防治工作领导小组应及时将机场鸟情通报空地勤有关部门和人员。鸟情通报应建立在鸟情观测与科学分析的基础上，通报内容一般包括鸟类活动情况、场站应对措施、防鸟击建议三部分。

表1-5　机场鸟情表

<table>
<tr><td>机场名称</td><td colspan="2"></td><td>机场位置</td><td colspan="2"></td><td>驻场部队</td><td></td><td>使用机型</td><td></td></tr>
<tr><td colspan="10">一、鸟情概述
（主要说明在机场周围5km范围内和飞行航线内，各季节出现的鸟的种类和活动情况）</td></tr>
<tr><td colspan="10">二、严重威胁飞行安全的鸟类详情</td></tr>
<tr><td>序号</td><td>鸟类
名称</td><td>大小
（cm）</td><td>体重
（kg）</td><td>数量</td><td>生活
习性</td><td>飞行
高度</td><td>食物</td><td>活动
规律</td><td>活动
区域</td></tr>
<tr><td></td><td></td><td></td><td></td><td></td><td></td><td></td><td></td><td></td><td></td></tr>
<tr><td></td><td></td><td></td><td></td><td></td><td></td><td></td><td></td><td></td><td></td></tr>
<tr><td></td><td></td><td></td><td></td><td></td><td></td><td></td><td></td><td></td><td></td></tr>
<tr><td></td><td></td><td></td><td></td><td></td><td></td><td></td><td></td><td></td><td></td></tr>
<tr><td></td><td></td><td></td><td></td><td></td><td></td><td></td><td></td><td></td><td></td></tr>
</table>

表1-6　机场鸟类活动与环境状况表

<table>
<tr><td>机场名称</td><td></td><td>机场位置</td><td></td><td>驻场部队</td><td></td><td>使用机型</td><td></td></tr>
<tr><td colspan="2">机场周围吸引鸟类的农作物种植情况</td><td colspan="6"></td></tr>
<tr><td colspan="2">机场周围树林（含果园）、灌木丛等吸引鸟类的场所分布情况</td><td colspan="6"></td></tr>
<tr><td colspan="2">机场周围垃圾场、饲养场、屠宰场、沟塘等吸引鸟类的场所分布情况</td><td colspan="6"></td></tr>
<tr><td colspan="2">飞行场区植被情况</td><td colspan="6"></td></tr>
<tr><td colspan="2">飞行场区吸引鸟类觅食的动物情况</td><td colspan="6"></td></tr>
<tr><td colspan="2">飞行场区积水坑塘、排水系统情况</td><td colspan="6"></td></tr>
<tr><td colspan="2">其他情况</td><td colspan="6"></td></tr>
</table>

填表日期：　　　　年　　月　　日

机场鸟类活动环境情况表填表说明如下：

（1）机场周围吸引鸟类的农作物种植情况栏：主要说明农作物种类、生长时间、离机场距离、面积、高度，以及易吸引的鸟类等。

（2）机场周围树林（含果园）、灌木丛等吸引鸟类的场所分布情况栏：主要说明其种类、生长时间、离机场距离、面积、高度，以及易吸引的鸟类等。

（3）机场周围垃圾场、养殖场、屠宰场、沟塘等吸引鸟类的场所分布情况栏：主要说明其离机场距离、面积以及易吸引的鸟类等。

（4）飞行场区植被情况栏：主要说明场区内种草面积、种类、生长环境、生长周期、特性及其是否符合规定等。

（5）飞行场区吸引鸟类觅食的动物情况栏：主要说明场区内动物种类、在机场内活动区域、生活习性以及易吸引的鸟类等。

（6）飞行场区积水坑塘、排水系统情况栏：主要说明坑塘面积、在场区的位置、用途、水深以及周围环境情况等；排水系统分布情况、最近一次整修时间、使用状况等。

（7）其他情况：

① 鸟类活动情况：总结上一阶段的鸟情，预测下一阶段鸟情，主要有鸟类组成、主要威胁鸟类、所处季节阶段（迁徙、繁殖、越冬等），飞行路线、高度、密度、时段规律、形体大小等与制订调整飞行计划密切相关的要素。

② 场站应对措施：场站针对鸟情所采取的针对性防治方式方法。

③ 防鸟击建议：针对鸟类活动规律，向驻场部队提出适度调整飞行计划、做好防鸟击应急准备的建议和意见。

④ 驻场飞行部队应认真研究《鸟情通报》，针对鸟情适当调整飞行训练计划，避让鸟类活动高峰期；针对不同的鸟类可能诱发的鸟击，制定针对性应急处置预案；鸟击严重季节，地勤人员应加强对飞机，尤其是夜航飞机的检查工作，及时发现并处理问题。

鸟情通报格式如下：

鸟情通报

（第×××期）

某某机场　　　　××××年××月××日

（可以续页）

主题词：

发：

抄送：

（共印××份）

承办单位：　　　　联系人：　　　　电话：

3. 制定机场驱鸟预案

根据机场鸟情、吸引鸟类活动的环境情况、季节、驱鸟设备等，结合飞行训练科目，制定有针对性的驱鸟方案，包括日常驱鸟预案和飞行日驱鸟预案两部分，主要内容为：驱鸟方法、采用的设备和器材、人员组织和分工，重点是飞行前、飞行中以及出现鸟类异常活动情况时的驱鸟预案。日常驱鸟应每天进行。

下面以华北某机场日常驱鸟预案和飞行日驱鸟员为例来做说明。

日常（飞行日）驱鸟预案及组织程序

根据机场鸟情和吸引鸟类活动的环境、季节、驱鸟设备等情况，结合飞行训练科目，特制定如下驱鸟预案及驱鸟组织程序。

人员组织和分工：人员分别由1名干部和6～8名驱鸟员组成；部门经理负责组织指挥，驱鸟员负责驱猎鸟工作。

装（设）备器材：机场驱鸟车1台，钛雷炮发射器5个，对讲机6部，粘鸟网等。

驱鸟方法：分为日常性驱鸟和飞行日驱鸟。

一、日常性驱鸟工作

（一）时间

1. 夏季：05：30—07：00，08：00—09：00，16：00—17：00，18：30—20：00，20：00—21：00（夜间网捕草丛地鸟和猎杀野兔等）。

2. 冬季：06：00—07：00，08：00—09：30，15：30—16：30，18：00—19：00，19：00—20：30（夜间网捕草丛地鸟和猎杀野兔等）。

（二）地点

1. 场区内

主跑道东西两侧草丛地；滑行道东西两侧草丛地；南北两头延长线1000m以内；西侧排水沟以西稻田、灌木丛、草地、池塘、苗木；南、北两头机窝。

2. 场区外

航修厂区；专用仓库区；油料库区；国道西侧稻田、水塘；1号公路东侧稻田、水塘。

（三）方法

1. 定人、定位驱赶

相对固定人员，在划定的责任区内对所有进入责任区鸟类，可采用叫子炮、锣、鼓、钛雷、煤气炮、猎枪等办法实施驱赶。此办法飞行前也可采用。

2. 重点区域驱赶

在场区两侧草丛地布哨位4或5人，在场区1号公路布哨位4或5人（包括南北延长线各1人），在鸟类活动高峰时段，发现进入重点区域的鸟情，采取鸣放钛雷、叫子炮、猎枪等办法驱赶，使鸟不敢接近，迫使鸟类改变飞行路线。此方法飞行实施阶段可采用。

3. 跟踪驱赶

针对场区留鸟和周边村庄的留鸟，在场区内草丛地全面展开地毯式驱赶，同时采取投毒网捕、猎杀、捣毁等方式进行跟踪驱赶。

4. 断绝食物链

在场区昆虫较多的草丛地及重点地段，实施喷洒农药灭杀各类昆虫，清除鸟类食源，降低鸟群数量，喷洒农药最好选择连续晴天，上午10：00左右喷洒（草地无露水后），烟熏注意选择上风口位置，投放毒饵要注意警示。

5. 网捕

利用网具，采用强力灯光照射办法在天黑后对草丛地栖息的鸟类实施网捕的办法。

6. 生态防治驱赶

春、夏季候鸟形成繁殖群体前，采取适当砍伐高大树木和灌木，减少分叉，连续不断地交叉采用鸣锣鼓、放钛雷、叫子炮和用高压水枪喷洒农药等办法使其不能安营扎寨，生栖繁殖。控制草高与喷洒农药相结合，及时清除机场生活垃圾；禁止放牧；加强灭鼠工作等办法，有效地断绝食物链，从而降低鸟害；对机场周边已形成沼泽、水塘，撒消石灰，减少水生昆虫，使鸟类无法在此觅食，有效地减少鸟类对机场的依赖。

7. 起飞、着陆重点地段驱赶

飞行实施阶段鸟害防治的重点，关键在于掌握鸟类活动规律与飞机起降范围的关系。着陆过程中重点掌握飞机四转弯对准跑道进入“近距”后至降落这个阶段的鸟情观察和驱赶工作，注意观察这个下降区域范围内的地面和空中鸟情变化，提前采取措施，尽最大努力控制下降区域范围（长1000m，飞机下降中心线左右各500m）内无鸟。起飞过程中重点观察和掌握从飞机两点滑跑到飞机离地80～100m高度区域范围内的地面和空中鸟情变化，提前采取措施，尽最大努力控制滑跑上升区域范围内无鸟。

二、飞行日驱鸟工作

（一）时间

以飞行计划时间为准实施。

具体分为拂晓飞行、昼间飞行、夜间飞行。

（二）地点

起飞、着陆鸟害防治重点地段见图1－30。

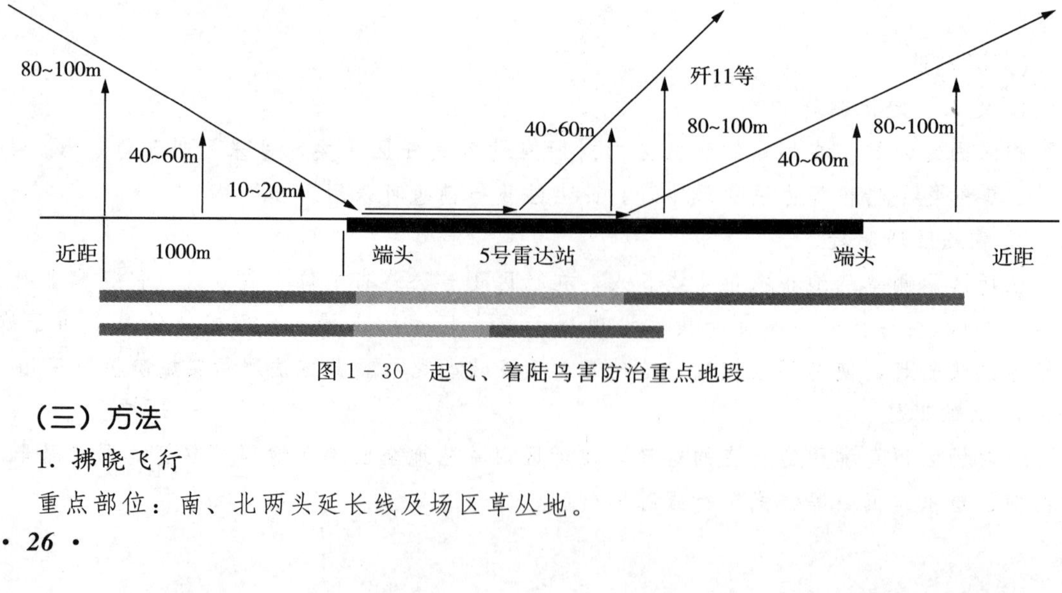

图1－30　起飞、着陆鸟害防治重点地段

（三）方法

1. 拂晓飞行

重点部位：南、北两头延长线及场区草丛地。

重点驱赶鸟类：过往鸟类（夜鹭、白鹭）、家燕、蝙蝠等。

时间段：04：30—09：30

具体方法：

准备阶段

(1) 3名猎鸟员乘车对主跑道两侧、滑行道两侧、长线两端进行灯光照射巡视猎杀。7名驱鸟员分别对平地区、迫降道采用灯光照射，利用叫子炮、钛雷、锣鼓、鞭炮等办法进行拉网式驱赶。

(2) 驱鸟车在整个场区内分别采用煤气炮、音频、灯光等办法进行驱赶。

(3) 迫降道西侧的警卫人员协助驱鸟班，采用叫子炮、钛雷等手段对迫降道及过往鸟类实施驱赶。

(4) 拂晓飞行的前一天晚上，在上风口方向适当位置，采用烟熏方法控制草丛地昆虫数量。

实施阶段

(1) 第三、四、五联络道区域分别布哨2名驱鸟员，分别带上叫子炮、钛雷、强光手电对所负责区域进行鸟情观察，发现鸟情及时报告并利用叫子炮驱赶，听令采用钛雷驱赶。

(2) 南头延长线上布哨2名驱鸟员，分别带上叫子炮、钛雷、强光手电对所负责区域进行鸟情观察，发现鸟情及时报告并利用叫子炮驱赶，听令采用钛雷驱赶。

(3) 北头机窝路口布哨1名驱鸟员，分别带上叫子炮、钛雷、强光手电、猎枪对所负责区域进行鸟情观察，发现鸟情及时报告并利用叫子炮、猎枪驱赶，听令采用钛雷驱赶。

(4) 1名猎鸟员随同驱鸟车在场区内来回巡视，随时听令处置各种突发鸟情。

(5) 西侧各警卫哨点注意随时观察空中鸟情，发现情况及时报告并利用叫子炮驱赶，听令采用钛雷驱赶。

讲评阶段

针对当日驱猎鸟情况，进行总结分析，并做好各项登记统计，并就下一步工作进行针对性的安排。

2. 昼间飞行

重点部位：南、北两头延长线及场区草丛地。

重点驱赶鸟类：本场区草丛地的云雀、燕子等过往鸟类。

时间段：07：30—10：30

具体方法：

准备阶段

(1) 3个猎鸟员乘车对主跑道两侧、滑行道两侧、延长线两端进行灯光照射巡视猎杀。

(2) 驱鸟员分别对平地区、迫降道采用灯光照射，利用叫子炮、钛雷、锣鼓、鞭炮等办法进行拉网式驱赶。

(3) 驱鸟车在整个场区内分别采用煤气炮、音频、灯光等办法进行驱赶。

(4) 迫降道西侧的警卫人员协助驱鸟班，采用叫子炮、钛雷等手段对迫降带及过往鸟类实施驱赶。

实施阶段

(1) 第三、四、五联络道区域分别布哨2名驱鸟员，分别带上叫子炮、钛雷、强光手电对所负责区域进行鸟情观察，发现鸟情及时报告并利用叫子炮驱赶，听令采用钛雷驱赶。

(2) 南头延长线上布哨2名驱鸟员，分别带上叫子炮、钛雷、强光手电对所负责区域进行鸟情观察，发现鸟情及时报告并利用叫子炮驱赶，听令采用钛雷驱赶。

(3) 北头机窝路口布哨1名驱鸟员，分别带上叫子炮、钛雷、强光手电、猎枪对所负责区域进行鸟情观察，发现鸟情及时报告并利用叫子炮、驱赶，听令采用钛雷驱赶。

(4) 1名猎鸟员随同驱鸟车在场区内来回巡视，随时听令处置各种突发鸟情。

(5) 西侧各警卫哨点注意随时观察空中鸟情，发现情况及时报告并利用叫子炮驱赶，听令采用钛雷驱赶。

讲评阶段

针对当日驱猎鸟情况，进行总结分析，并做好各项登记统计，就下一步工作进行针对性的安排。

3. 夜间飞行

重点部位：南、北两头延长线及场区草丛地。

重点驱赶的鸟类：本场区的云雀、燕子、蝙蝠、白鹭、夜鹭、猫头鹰等。

时间段：18：00—24：00

具体方法：

准备阶段

(1) 两台喷洒农药车对主跑道道面、迫降道、平地区分别在进场1小时前完成喷洒农药工作。

(2) 分别准备好烟熏的农药等物资，人员在外值班待命。

(3) 3名猎鸟员乘车对主跑道两侧、滑行道两侧、延长线两端进行灯光照射巡视猎杀。

(4) 7名驱鸟员分别对平地区、迫降道采用灯光照射，利用叫子炮、钛雷、锣鼓鞭炮等办法进行拉网式驱赶。

(5) 驱鸟车在整个场区内分别采用煤气炮、音频、灯光等办法进行驱赶。

(6) 迫降道两侧的警卫人员协助驱鸟班，采用叫子炮、钛雷等手段，对迫降道及过往鸟类实施驱赶。

实施阶段

(1) 实施烟熏人员到达指令位置开展工作。根据风向选择好有利地形听令进行烟熏，注意控制好火势和烟浓度。

(2) 第三、四、五联络道区域分别布哨2名驱鸟员，分别带上叫子炮、钛雷、强光手电对所负责区域进行鸟情观察，发现鸟情及时报告并利用叫子炮驱赶，听令采用钛雷驱赶。

(3) 南头延长线上布哨2名驱鸟员，分别带上叫子炮、钛雷、强光手电、猎枪对所负责区域进行鸟情观察，发现鸟情及时报告并利用叫子炮驱赶，听令采用钛雷驱赶。

(4) 北头机窝路口布哨1名驱鸟员，分别带上叫子炮、钛雷、强光手电、激光器、猎枪对所负责区域进行鸟情观察，发现鸟情及时报告并利用叫子炮驱赶，听令采用钛雷驱赶。

(5) 1名猎鸟员随同驱鸟车在场区内来回巡视，随时听令处置各种突发鸟情。

(6) 西侧各警卫哨点注意随时观察空中鸟情，发现情况及时报告并利用叫子炮驱赶，听令采用钛雷驱赶。

(7) 各驱鸟人员在所指定的位置，听令在飞机着陆前20min针对所负责的区域采用灯光、叫子炮、钛雷进行大强度的驱赶。

讲评阶段

针对当日驱猎鸟情况，进行总结分析，并做好各项登记统计，就下一步工作进行针对性的安排。

三、组织开展日常驱鸟防鸟击工作

（一）春季鸟类迁徙季节

应加大对迁徙鸟的驱赶和猎杀力度，使用雷鸣弹等高空驱鸟烟花弹进行驱逐，采用驱鸟彩色风轮、风动驱鸟仪等设备恐吓鸟类；对于迁徙到本地并在机场附近筑巢繁殖的鸟类，应加大其新选巢址附近的驱鸟工作力度，采用枪打、粘捕、烟熏、驱鸟车、锣鼓、烟花等方式，干扰其在机场附近的筑巢、求偶等行为；对于在本机场内筑巢、求偶的鸟类，采用碾压、割草、捣毁鸟巢等措施反复干扰鸟类在草地内的筑巢、产卵行为。

（二）夏季鸟类繁殖季节

在鸟类的孵卵期内，应采取猎杀或干扰孵卵的方式，采用烟火、音频等方式干扰其孵卵；鸟类进入育雏期后，应迅速采取猎鸟、捣鸟巢、杀幼鸟的方式驱鸟；对在场区草地内繁殖的鸟类应采取猎狗寻找鸟巢，压路机碾压迫降场、平地区等方式，破坏地表鸟巢，压死幼鸟；幼鸟进入学飞期时，应在场区内多设粘鸟网、捕鸟器等器材，驱赶、捕杀场区内的幼鸟。

（三）秋季鸟类迁徙季节

应加大驱鸟车、锣鼓、雷鸣弹、钛雷弹的运用，在鸟类飞行过程中，鸟情观测员使用望远镜观测机场周边鸟情，发现鸟群飞近机场上空时，及时使用雷鸣弹等烟火驱赶鸟类；机场内布设驱鸟彩色风轮、风动驱鸟仪等设备恐吓迁徙鸟；及时割除清理机场内的草类；大量布设粘鸟网，控制和预防突发鸟情。

（四）冬季鸟类越冬季节

应采取在机场空地上投放毒饵；使用鸟笼诱捕鸟类，尤其应注重对猛禽的诱捕；使用粘鸟网粘捕夜间在机场觅食的鸮类或者穿越机场的鸟群；加大巡猎力度，使用猎枪驱赶、猎杀鸟群；采取有力措施，大量灭鼠、灭兔；南方地区冬季越冬水鸟较多，还应采取春、秋两季的鸟击防治策略。

（五）蝙蝠的防治

蝙蝠严重威胁夜间航班和部队夜间飞行训练的安全，对蝙蝠的防治应做到：

(1) 调查掌握场区内屋洞或岩缝中蝙蝠数量、夜晚活动的范围及活动规律等数据，认真填写《机场动物调查表》。

(2) 根据蝙蝠白天隐匿于屋洞或岩缝中的习性，在其栖息地附近和活动频繁的路线上采取网捕、猎枪射杀等措施，最大限度地减少场区内蝙蝠数量。

(3) 对机场内已废弃不用的老房屋（尤其是木质结构）等尽可能拆除，对容易招引蝙蝠的房屋隔层，用铁丝网将其通风窗口封死，消除场区内蝙蝠栖息地。

(4) 在开展夜航飞行训练前，应适时组织对场区喷洒农药进行灭虫，充分降低蝙蝠食物数量和来源，切断蝙蝠的食物链，减控其危害。

(5) 夜间航班和部队夜间飞行训练时，采用超声波蝙蝠驱除仪驱除蝙蝠。利用生物技术有效控制机场蝙蝠繁殖。

（六）家鸽、信鸽的防治

机场周边家鸽、信鸽的防治，做好经常性基础工作非常重要，应坚持做到：

(1) 全面排查掌握机场周边 5km 范围内养鸽户（场）的分布、饲养规模及鸽子的活动情况，记入机场鸟情档案；

(2) 机场营区内禁止饲养、放飞家鸽、信鸽等影响飞行安全的鸟类；

(3) 充分利用当地新闻媒体，宣传鸟类对飞行的危害；

(4) 协调当地政府，发布通告，依据当地实际，明确划定机场净空保护区域包含的行政区范围，禁止在保护区域内放养鸟类；

(5) 积极走访当地的信鸽协会，及时了解有关信鸽分布、训练等方面的信息，了解信鸽比赛的时间、规模、路线等情况，对于影响飞行训练安全的信鸽训练、比赛等活动，应积极与地方协调，进行有效管控。

四、大力开展机场鸟类活动环境综合治理

根据机场周围鸟情和吸引鸟类活动的环境情况，在专家指导下，制定机场鸟类活动环境综合治理方案，主要内容包括：

(1) 对机场内场区的草坪进行矮化，适时割除飞行场区杂草、灌木，清理、修剪飞行场区树木，消除场区内鸟类栖息、觅食场所。

(2) 适时检查并疏通飞行场区排水沟管。

(3) 适时检查并清除机场周围鸟巢。

(4) 春秋两季喷洒化学药剂，灭除飞行场区内吸引鸟类的动植物，其他季节视情喷洒。

(5) 春秋两季及大、暴雨后平整碾压机场土质地区，填平坑洼，排除积水。

(6) 适时清理、整治飞行场区垃圾场、水沟、鱼塘等吸引鸟类的场所。

(7) 禁止在飞行场区种植和存放吸引鸟类的动植物。

(8) 积极与当地政府协调，限制在机场周围种植吸引鸟类的植物和规划招引鸟类的建设项目，劝阻居民在机场周围驯养鸽子及其他鸟类。

(9) 对机场周边地区的野生鸠鸽类投放诱饵，进行药物灭杀。

五、及时填报鸟击防治工作登记统计

（一）及时填写驱鸟工作日志

(1) 驱鸟队要及时填写《驱鸟工作日志》（表 1-7），记录当天飞行场区内鸟类活动情况、环境治理情况、驱鸟情况和驱鸟设备（表 1-8）、器材的使用维护情况。

表 1-7　驱鸟工作日志

时间		星期		天气		湿度		风向 风力		值班员	
参加 人数		驱鸟 装备 器材		猎枪 （支）		进场 驱鸟 时间		驱鸟 结束 时间		带队 干部	
驱鸟车消耗子弹		猎枪消耗子弹		其他器材消耗							
环境检查情况及发现的问题		处理措施		工作量		器材消耗量		工时	参加 人数	带队 干部	
记事											
待办事项											

填表人：　　　　　　　　交班时间：　　　　　　　　接班人：

《驱鸟工作日志》填表说明如下。

1.《驱鸟工作日志》用于日常驱鸟和机场鸟类活动环境治理登记。

2. 记事栏填写内容：

（1）鸟情状况，如鸟的种类、大小、数量、位置等；

（2）根据鸟情状况采取的驱鸟措施，取得的驱鸟效果；

（3）其他工作完成情况。

3. 待办事项栏填写内容：

（1）当天工作中未完成的事项；

（2）以后需改进的问题；

（3）需向上级汇报的问题；

（4）其他事项。

表 1-8　驱鸟装（设）备信息卡

单位名称			出厂时间	年　月　日
装（设）备名称			装（设）备型号	
出厂编号			配发时间	年　月
接单时间	年　月　日		已使用时间	(h)
质量状况	耗品　堪用　待修　待报修		存放方式	入库　露天
推理情况	大修次数	（次）	最近大修时间	年　月
	中修次数	（次）	最近中修时间	年　月
随机工具配性	齐全　不齐全　没有	使用技术文件		齐全　不齐全　没有
装备来源	空军配发　军区交军配发　自配　其他			
存在主要问题				
备注				
贴装 设备 照片				

调表时间：　　　　年　　月　　　　　　　　　填表人：

（二）每月汇总鸟击防治工作统计表

每月汇总鸟击防治工作表（表1－9），及时向上级主管部门汇报鸟击防治工作状况。

表1－9　　年　月鸟击防治工作总报表

填报单位：

项目名称		单位	数量	备注
飞行驱鸟保障	总场次	次		
	总架次	次		
	夜航场次	次		
	夜航架次	次		
	良好率	%		
鸟害环境整治	修剪树木	棵		
	消除鸟巢	个		
	疏通整修（污）水沟	延米		
	整治池塘、沼泽地	m^2		
	清运垃圾	m^3		
	平整场区	m^2		
	割草	m^2		
	喷洒农药	kg		
	投放毒饵	kg		
驱鸟装（设）备	小修	台次		
	大修	台次		
	完好率	%		
驱鸟猎枪弹	现有猎枪	支		
	完好猎枪	支		
	现有子弹	发		
	消耗子弹	发		
其他	场区现有稻草人	个		
	场区现有粘鸟网	m^2		
	猎杀鸟类	只		
	……			

制表人：　　　　　　　　　　　　　　制表日期：

六、飞行驱鸟工作

飞行驱鸟工作，在飞行指挥员和场站外场值班首长的统一领导下，由场站驱鸟队具体组织实施。机场驱鸟工作范围为机场飞行场区内高度 80m 以下。

（一）场站飞行准备阶段的驱鸟保障工作

飞行准备阶段的驱鸟工作，必须在开飞前规定时限内做好下列工作：

（1）根据机场鸟情、环境情况、季节特点、驱鸟装备器材和飞行训练科目，拟制具体驱鸟计划；

（2）检查驱鸟车、煤气炮、猎枪、粘鸟网等驱鸟装备、设备、器材的技术状态；

（3）登记领取猎枪（弹），补充雷鸣弹、钛雷弹等驱鸟物资器材；

（4）进场后，根据驱鸟计划安排驱鸟人员和装备进入指定区域进行驱鸟；

（5）驱鸟队值班员检查驱鸟效果并向场站外场值班员报告鸟情和飞行准备阶段驱鸟工作情况；

（6）场站外场值班员向飞行指挥员汇报驱鸟工作完成情况，提请飞行指挥员、场站外场值班首长在开飞前对驱鸟效果进行复查，并在《飞行驱鸟工作检查登记本》（表 1－10）上签字；

（7）开飞前，驱鸟执勤人员和机场驱鸟车等驱鸟装备到达指定地点、区域观察、待命。

表 1－10　飞行驱鸟工作检查登记表

<table>
<tr><td>日期</td><td colspan="2"></td><td>星期</td><td></td><td>天气</td><td></td><td>温度</td><td></td><td>风向
风力</td><td colspan="2"></td><td>值班
干部</td><td></td></tr>
<tr><td>飞行
单位</td><td></td><td>飞行
次数</td><td></td><td>开飞
时间</td><td></td><td>结束
时间</td><td></td><td>进场驱
鸟时间</td><td></td><td>驱鸟结
束时间</td><td></td><td>驱鸟带
队人员</td><td></td></tr>
<tr><td rowspan="4"></td><td colspan="2">上个飞行日
待办事项处
理情况</td><td colspan="7"></td><td colspan="2" rowspan="2">场站外场值班
首长检查签字</td><td colspan="2" rowspan="2"></td></tr>
<tr><td colspan="2">鸟情状况</td><td colspan="7"></td></tr>
<tr><td colspan="2">采取的措施、
消耗的器材、
弹药等</td><td colspan="7"></td><td colspan="2" rowspan="2">飞行指挥员
检查签字</td><td colspan="2" rowspan="2"></td></tr>
<tr><td colspan="2">驱鸟效果</td><td colspan="7"></td></tr>
<tr><td rowspan="2">飞行实
施阶段</td><td colspan="2">突发性鸟类
活动情况</td><td colspan="11"></td></tr>
<tr><td colspan="2">采取的措施、
消耗的器材、
弹药等</td><td colspan="11"></td></tr>
<tr><td colspan="7">总结评价</td><td colspan="7">待办事宜</td></tr>
</table>

交班时间：　　　　　　　　　　　　　　　接班人：

《飞行驱鸟工作检查登记表》（表 1－10）填表说明：

1. 该表用于飞行日驱鸟保障登记，场站需在每个场次开飞前必须填写。

2. 待办事项栏填写内容：当天工作中未完成的事项；以后需改进的问题；需向上级汇报的问题；其他事项。

3. 上个飞行日待办事项完成情况栏填写内容：上个飞行日未完成的任务继续完成的情况；存在问题的改进情况；上级的指示和需向上级汇报的问题等落实情况。

（二）场站飞行实施阶段的驱鸟保障工作

飞行实施阶段做好下列工作：

（1）驱鸟执勤人员应坚守岗位，密切观察飞行场区鸟类活动情况，随时准备实施驱鸟。

（2）驱鸟执勤人员发现危及飞行安全的鸟类活动时，应及时报告场站外场值班员（场站外场值班首长或驱鸟队值班员），并由其向飞行指挥员汇报鸟情。

（3）飞行指挥员根据鸟情报告及飞行要求向场站外场值班员下达驱鸟命令，场站外场值班员根据命令，指挥驱鸟。

（4）在场站外场值班员的指挥下，驱鸟员迅速实施驱鸟，实施完毕报告情况并向指定地点待命，继续观察鸟情，记录情况。

（5）驱鸟猎枪操作人员，应注意避让飞机。当使用猎枪等可能影响飞行安全的手段驱鸟时，不得擅自开枪驱鸟，必须经飞行指挥员批准后方可实施。

（6）驱鸟执勤人员和驱鸟装备应在指定区域进行驱鸟，不得随意变换位置，当发生鸟击飞机，出现飞机迫降等特情时，应立即避让。

（三）机场场务部门及部队场站飞行讲评阶段的驱鸟保障工作

飞行讲评阶段做好下列工作：

（1）驱鸟队值班员向机场场务部门及部队场站外场值班员报告当日驱鸟保障工作情况，参加机场及部队场站讲评和飞行保障场次质量评定。

（2）驱鸟队值班员组织驱鸟执勤人员及装备退场。检查驱鸟装备器材情况，发现损坏及故障，及时组织修复；登记统计弹药等物资器材消耗情况，清点、回收弹壳及剩余子弹，组织枪弹等危险品入库。

（3）组织讲评飞行驱鸟保障情况，提出改进措施和下一飞行日保障要求，按规定要求填写各种登记统计，并将有关保障情况录入本单位的机场鸟击防治信息系统终端计算机。

（四）特殊情况下的驱鸟保障工作

当机场及部队场站在接到紧急保障任务时，驱鸟队应根据飞行指挥员或机场及部队场站飞行保障指挥室的指示，并结合飞行准备阶段和飞行实施阶段驱鸟保障工作的有关规定，及时实施驱鸟保障。

（五）鸟击飞机事件处理

1. 鸟击飞机事件的分类

鸟击飞机事件根据对飞行的影响程度和飞机的损伤程度分为鸟击飞机问题、鸟击飞机事故征候、鸟击飞机事故。一般情况下根据飞行部门的划分依据同等执行。

2. 鸟击飞机事件处置

飞行中一旦遭遇鸟击，飞行员要沉着冷静，及时报告，正确处置；飞行指挥员接到鸟击飞机报告后，正确实施指挥，并组织指挥现场紧急处置工作。

(1) 机务人员要仔细检查报告鸟击的飞机，发现鸟击痕迹，报告飞行指挥员。

(2) 飞行指挥员要及时协调组织团、站主要领导和有关专业人员进行现场调查和研究分析，做出调查结论。现场调查主要是针对现场进行拍照、摄像，采集数据，搜集残骸、碎片等残留物。

(3) 对于造成飞行事故或事故征候（性质严重、问题典型）的鸟击事件，应准确判断鸟击的性质，查清原因，明确责任。民航分局要按规定逐级上报民航局，并由民航局向多部门通报，军方应由军区空军、航空兵师（基地）、飞行学院对飞行团的防鸟击工作情况、场站的鸟击防治工作情况进行检查，并形成报告［包括报告鸟击情况、防鸟驱鸟情况、改进措施及建议、鸟击报告表（表 1-11）等］，逐级上报至空军各有关业务主管部门。

对航空公司或部队飞行团，防鸟击工作情况检查的主要内容包括：组织领导和制度建立；飞行区域鸟类活动规律的掌握；飞行计划安排的合理性（时间、空域、航线、高度等）；机务保障方面、鸟击飞机的等级、统计、报告情况等。

对民用机场及部队场站机场，鸟击防治工作情况检查的主要内容包括：组织和制度是否健全；鸟类活动规律是否掌握；鸟类活动环境是否按要求治理；驱鸟装（设）备是否按规定要求管理使用；驱鸟工作签字、登记、报告制度是否落实；飞行日驱鸟工作是否落实等。

(4) 对于一般性鸟击飞机事故征候和鸟击飞机问题，要查明原因，团、站达成一致意见，填写制式《鸟击报告表》，上报至上一级部门，并按业务渠道迅速逐级上报至民航局。

(5) 如某一段时间内频繁发生鸟击时间，应高度重视，有效应对，并视情况及时上报。

(6) 各级应加强对所属机场鸟击事故、事故征候、鸟击问题规律的研究，制定针对性防范对策和措施。

(7) 当天无法识别击机鸟种时，应协调将收集到的鸟击残留物（残尸、血迹、体液羽毛等）寄（送）到有关研究机构，进行科学鉴定。

表 1-11　鸟击报告表

鸟撞时间			降水情况	
天空云量			温度	
飞机	型号编号		鸟撞地点	
	训练课目		飞行高度	
	飞机状态		飞行速度	
	鸟撞部位		受损部件	
	对飞行的影响			
	事先是否警告飞行员			

（续表）

鸟撞时间			降水情况	
鸟类	鸟的种类		鸟的大小	
	发现数量		鸟撞数量	
备注				

飞行单位：　　　　　　　　　机场名称：　　　　　　　　　时间：　　年　月　日

填表单位：（盖章）　　　　　　　　　　　　　　　　　　填报人：

注：本表参照空军鸟击报告表。

《鸟击报告表》填表说明如下：

1. 发生鸟击飞机问题、事故征候或事故时，场站必须及时填报《鸟击报告表》；
2. 鸟击时间：除填具体时间外，还需注明当地时间（黎明、白天、黄昏、夜晚）；
3. 降水情况：填雾、雨、雪；
4. 天空云量：填无云、少云、多云、阴；
5. 鸟击地点：填飞机和鸟击的高度与机场的相对位置；
6. 飞机状态：填停驻、滑行、起飞滑跑、爬升、航途、下降、降落滑跑；
7. 对飞行的影响：填无、中断起飞、预防性着陆、停发、其他；
8. 鸟的大小：填大、中、小；
9. 备注：填损坏、伤害情况和其他情况。

三、机场常见驱鸟设备

驱鸟又叫赶鸟、防鸟、防鸟撞等，英文叫作 bird repellent。广义上说，农场、果园、风力发电厂和军民用机场等一切防止有害鸟类侵入自己领地，从而危害自己劳动成果或设备安全的手段都叫驱鸟；狭义上说，驱鸟专指军民用机场为了保护飞行器起降安全，为了防止飞机高速起降时飞鸟被吸入飞机发动机，或撞击飞机机体、起落架、尾翼、挡风玻璃等所有飞机机体，从而在机场关键飞行区，尤其是在飞机起飞和降落的跑道或滑行道上采取的一切防止鸟类入侵的听觉恐吓、视觉震慑、直接捕杀、化学、生态或雷达预警等一切手段（图 1－31）。根据驱鸟的方式差异，对应的驱鸟设备也并不一样，其分类如表 1－12。

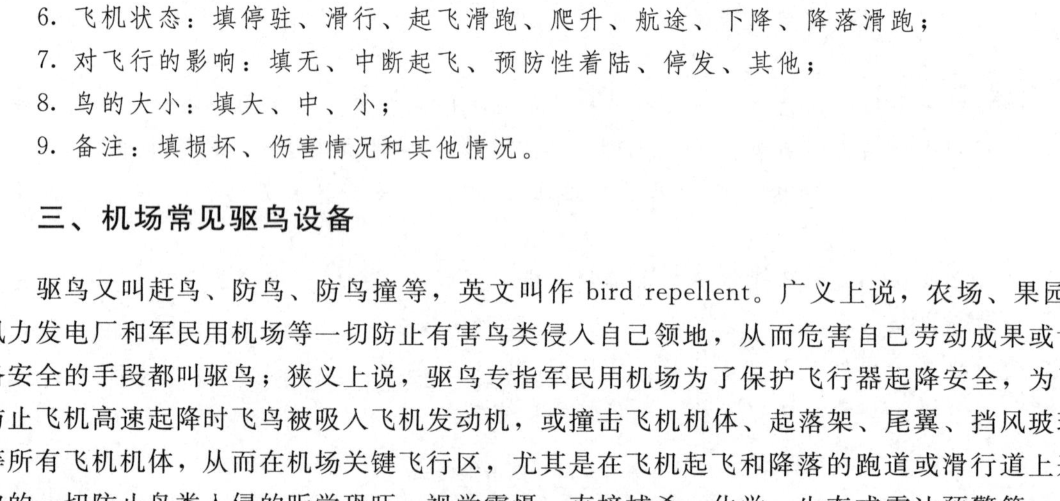

图 1－31　机场常见驱鸟设备

表 1－12　机场常见驱鸟方式

驱鸟方式	手段	特　点	优　点	缺　点
听觉	爆竹弹发射器	把类似过年过节时燃放的烟花弹装在地面的发射器里面，在飞机起降前燃放	瞬间效果不错； 传统简单	鸟类易产生适应性； 技术含量低； 累加成本高
	驱鸟车	把几个驱鸟设备集成在一台车上，驱鸟员开着驱鸟车巡场	车载驱鸟设备多； 巡场时较灵活	维修率高； 多种设备整合效果未验证
	定向声波	把大分贝的声音集束在一个方向，定向声音使声音的传播距离增大，分贝增强	范围较大； 操作简单； 瞬间效果不错	鸟类容易产生适应性； 影响地勤人员
	超声波语音	利用声波音效发出仿真天敌、同类的警告、悲鸣声	有一定补充效果； 成本较低	作用范围小； 对有限的鸟类有效
	电子爆音声波	利用特殊的刺激超声波驱鸟	声波波段特殊； 太阳能供电	作用范围小； 技术不成熟
	煤气炮	利用灌装液体煤气爆炸时发出的声音恐吓鸟类	爆炸声音大； 单个成本较低； 应用范围广	声音分贝不能变化； 鸟类容易产生适应性； 扰民
视觉	大型自动激光驱鸟器	利用 532nm/500MW/150mm 的绿色激光束，像一根绿色大棒子一样在机场的低空区域来回挥舞	鸟类没适应性； 适应夜航及低光条件； 防水防雷防辐射	单次投入成本高； 夜航和低空有效
	小型激光枪	驱鸟人员手持激光枪，发射绿色或红色的激光束，驱赶鸟类	使用方便； 便于携带； 成本较低	光束太小； 容易往上照射
	稻草人	采用最传统的稻草人驱鸟，把稻草扎成人的模样，吊在空中随风飘动来驱鸟	成本极低； 操作简单	有效范围极小； 技术含量低
	彩色风轮	使用五颜六色的反光材料编织成风车的模型，迎风传动时忽闪忽闪来驱鸟	成本极低； 安装简单	有效范围极小； 技术含量低
	恐怖眼	在氢气球上画上让鸟类害怕的图案，悬挂于机场草地中	成本较低； 容易上手	范围小； 气球容易爆炸
	充气人	在鼓风机上套牢一套防止漏气的人形材料，立于机场中，人形材料随着鼓风机的吸气和鼓起而站立或倒下	灵活性高； 驱鸟局部地区鸟类效果显著	作用范围小
	防鸟风车	采用转动式和反光式驱鸟措施，反射太阳光使鸟类受惊而逃跑	既可转动吓鸟，又可反光吓鸟，适合固定安装在高压电塔上	电力系统使用效果明显，农业上效果不是很明显

（续表）

驱鸟方式	手段	特　点	优　点	缺　点
捕杀	猎枪	直接猎杀目标鸟类，以防危害航空安全	直接了断； 效果明显	杀害野生动物； 光线低时不能使用
	粘鸟网	透明的丝织的鸟网，固定于鸟杆上，形成机场内一堵透明的墙，鸟类飞过时会被粘住	效果显著； 容易安装和维护	有效高度太低； 需要定期更换
	猛禽	饲养老鹰及类似猛禽，并训练其捕杀或驱赶其他鸟类，以达到驱鸟效果	生态环保	饲养和训练难度极大； 猛禽成活率低
化学	驱鸟剂	在研究鸟类的嗅觉后研制一种特殊气味的化学药剂，喷在草地上后，使鸟类厌恶这种气味	效果显著； 生态环保	气味只能停留几天，有效时间极短
	氨水	利用氨水挥发出的刺激性气味，熏走小鸟	成本极低； 原料易得	有效时间短； 只对少数鸟类有效
	农药	类似驱鸟剂，喷上鸟类厌恶的农药，使鸟类闻到气味后远离机场	效果不错； 原料易得	不够环保； 有效时间短
	动物粪便	从动物园讨来了狮子、老虎等猛兽的新鲜粪便，用这种“独特”气味吓走鸟类	生态环保	有效时间极短
	绝种药物	研制化学药剂，把此药剂添加到饲料中后，鸟类吃了会产下不能孵化的无效卵，防治鸟类繁殖	可控制鸟类数量； 环保有效	需要长期使用才会有效果
生态	割草	修剪草地，控制机场中草的高度，移去鸟类藏身之地	成本低廉； 效果显著； 从源头上驱鸟	修建工作需持续进行
	杀虫	喷洒农药，灭除草地里的昆虫，抑制蚂蚁、蚯蚓等动物的生长，减少杂草和植物开花结果	效果显著； 从源头上驱鸟	不够环保
	绘制鸟类地图	结合各个机场及周围的生态特点，绘制鸟类活动热点地区及主要危害鸟类的地图，供驱鸟人员学习	有针对性驱鸟； 从根本上杜绝鸟撞飞机	准确绘制鸟类活动地图需长期观察，难度较大

（续表）

驱鸟方式	手段	特点	优点	缺点
占位	防鸟刺	利用鸟刺覆盖住需要防鸟的地方，使鸟不能在此无法停留，如果是弹簧式防鸟刺，有风的情况下，鸟刺互相撞击产生声音，使鸟受到惊吓不敢靠近	成本低廉，安装简便，如果钢丝中间做成弹簧形式，则效果更加显著，有效地防止鸟在导线瓷瓶串的正上方筑巢、停留，确保电网安全运行	使用环境只适合于电力电信部门，机场或农业方面没有效果
雷达	探鸟雷达	实时给机场鸟控办人员提供机场里及机场周围有害鸟类的活动水平和准确位置，它就像机场里的一双电子望远镜，能够全方位持续地、更远地探测鸟情	有害鸟类预警； 有针对性驱鸟； 有效范围极大	成本极高； 只能探鸟和预警

第二节　机场驱鸟设备的布局

根据不同区域、不同季节的鸟情，重点区域重点布设驱鸟设施设备，不同原理的驱鸟措施立体交叉，形成科学的防控体系。下面以重庆江北国际机场驱鸟设备的布局为例（图1－32），说明如何在机场内合理分布驱鸟设备。可以从重庆江北国际机场飞行区围界及驱鸟设备分布图得知，在布设煤气炮、语音驱鸟器以及声波驱鸟器时应该在飞机的起飞与降落点重点布防，并且可以更密集些。集束强声驱鸟器与驱鸟机器鹰仅在跑道两端即飞机起飞与降落点重点布设，用于加强对这两个重点区域的鸟击防范，且集束强声驱鸟器一般用于针对鸟群出现的地方。激光驱鸟设备可以放置在候机楼一侧，在黎明、黄昏或夜晚时期不间断地向跑道扫射，并根据实际情况更改激光束的扫描速度、角度及激光功率，让鸟类防不胜防，不产生适应性。拦鸟网和驱鸟风轮放置在滑行道两侧，防止飞鸟从滑行道撞向飞机。驱鸟人员则在环场路驾驶驱鸟车进行驱鸟工作。

第三节　驱鸟设备功能与联动使用

数十种的驱鸟设备已经在国内各大机场服役，只有这些驱鸟设备能够有效地联动使用起来才能为鸟击防范起到至关重要的作用（图1－33），下面以昆明长水机场为例来说明：

随着秋冬候鸟南迁季节的来临，成千只灰头麦鸡、白鹭等鸟类频频飞抵长水机场，穿越飞行区和机场跑道，给往来的航班造成了严重的威胁，影响着航空安全。对此，昆明长水国际机场飞行区管理中心净空管理部鸟击防治办公室的鸟防人员在深入摸清鸟情的情况下，多次开展驱鸟行动，采用多种驱鸟设备和手段进行驱鸟（图1－34）。

秋冬换季期间，正是候鸟南迁的高峰季节。长水机场周边山林环绕，植被茂密，自然环境优越，有大量鸟类在此觅食和栖息。除了灰头麦鸡、白鹭等鸟类频频活动外，还有多种鸟类在长水机场飞行区和跑道附近活动。

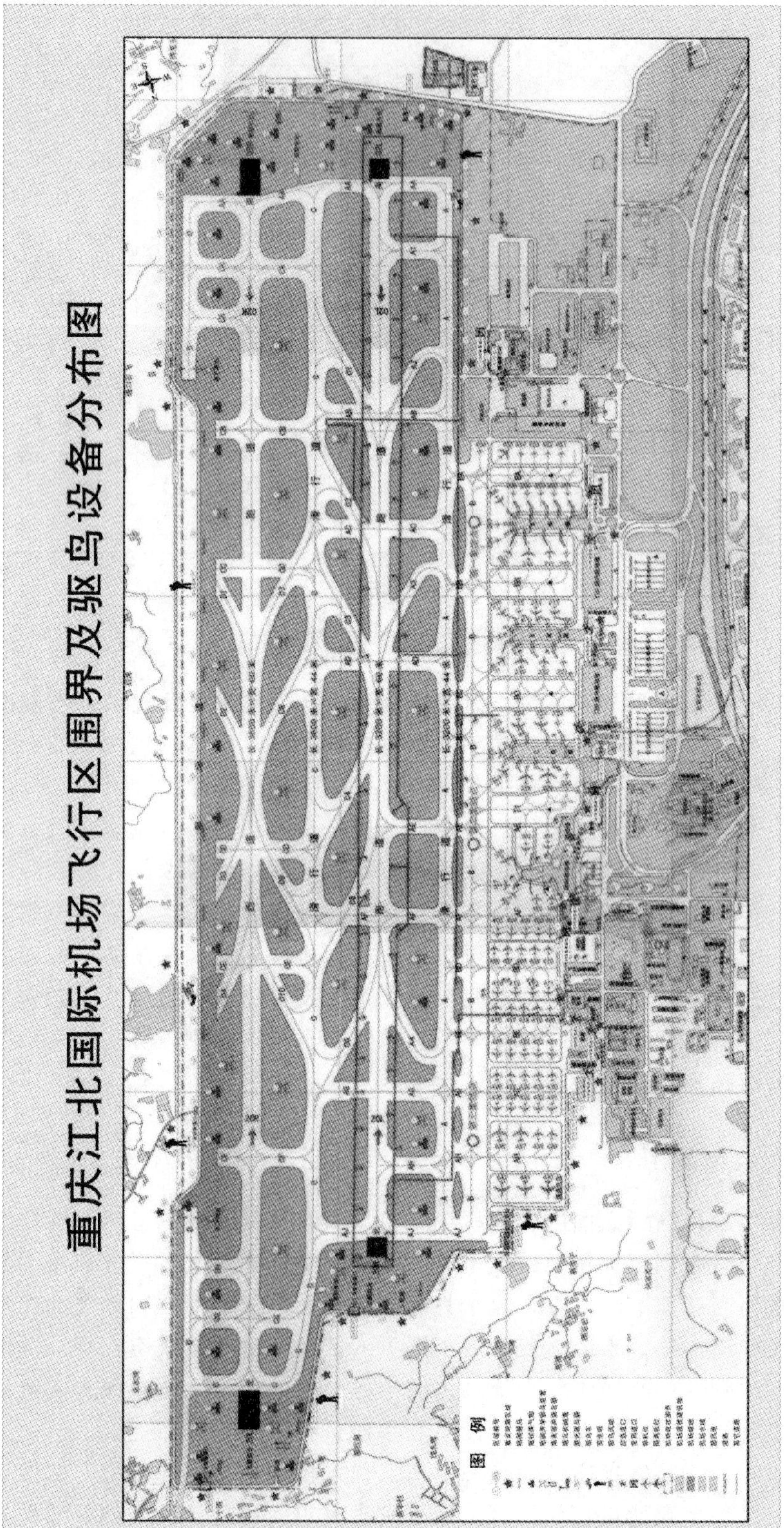

图1－32　重庆江北机场驱鸟设备分布图

于是，鸟击防治办公室鸟防人员就根据往年驱鸟工作的经验，从 2014 年 9 月 15 日起，连续多日在飞机跑道停航后，对在飞行区内活动的灰头麦鸡和白鹭进行了驱赶。同时在飞行区内开展了鸟情、虫情和草情的生态环境调研，对飞行区外的湿地、水库等重点区域进行了前期摸排和监控。

图 1 - 33　机场常见驱鸟设备的联动使用

2014 年 9 月 21 日晚 10 点，长水机场值班鸟防人员发现一群“不速之客”飞抵长水机场。在东、西跑道南端，停机坪和部分廊桥周边，有灰头麦鸡（鸻科麦鸡属，常见夏候鸟，体型较大）共 900～1100 只和白鹭（鹭科白鹭属夏候鸟，部分白鹭留下越冬，体型较大）不断盘旋，给起降中的航班带来了严重威胁。

对此，鸟防人员全体出动，一方面利用手持激光驱鸟器、车载集束强声驱鸟器、驱鸟枪等手段对鸟类进行了威慑驱赶；另一方面在植草区中投放了缓释型固体驱鸟剂，以达到长效驱鸟的目的；最后对 4 台激光驱鸟器的激光束角度及范围进行了调试，重点照射跑道滑行道两侧的植草区，以防灰头麦鸡或白鹭在植草区中栖息过夜。最终，在值班人员长达 4 小时的努力后，当天鸟情得到了有效控制。

图 1 - 34　机场常见驱鸟设备的联动使用

第四节　驱鸟设备与鸟类惯性适应证

鸟类惯性证制约了驱鸟设备在使用过程中效果的正常发挥，给飞行安全带来了隐患。为提升鸟击防范水平，发挥驱鸟设备的使用效果，对机场安装的各类驱鸟设备进行不同时段、不同功能和多种设备联动使用效果进行评估，为机场鸟击防范工作奠定了基础。

目前，国内外许多学者对鸟击都做了比较全面的研究，研究内容包括鸟击的危害、发生的频次、发生的时间与季节、发生的高度及空域、鸟撞与天气、发生鸟击的鸟类、飞机的防撞设计、鸟类的监控与预警、鸟击防范等。但是对于驱鸟设备使用效果的研究几乎没有展开，影响了驱鸟设备的使用，制约了驱鸟效果的正常发挥。本节将对北京某机场安装的各类驱鸟设备进行不同时段、不同功能和多种设备联动使用进行效果评估与分析，以说明鸟类对驱鸟设备的惯性适应证。

一、材料及方法

1. 试验的基本情况

驱鸟设备使用效果试验区设在北京某机场内，所有的声效、激光视觉驱鸟设备都安装在机场草坪区；高架鸟网架设在机场围界边沿区；地网铺设在南侧草坪区；化学驱鸟剂喷洒在机场南北两端灯光区和3个生活垃圾堆处。在驱鸟设备使用效果评估之前，该机场驱鸟设备的使用现状基本上是随机的或不间断开启，在使用驱鸟设备时既无具体的时空概念，也没有设备单一与复合功能合理使用方面的要求，驱鸟设备在使用时，并无针对性的驱赶对象。因此，机场驱鸟设备在使用成本、驱鸟效果和减缓鸟类惯性证产生方面的综合效果不够理想。对此，在空军后勤部鸟办、场研所和该机场场站的大力支持下，我们对现有的驱鸟设备使用效果进行综合测试评估。

2. 试验设计及方法

驱鸟设备使用效果的试验设计分为四个方面，一是研究必备工具；二是被测试设备单一与复合功能的驱鸟效果；三是不同设备与被驱赶对象在不同距离之间的驱赶效果；四是驱鸟设备在不同方位和不同时空的驱鸟效果。

在测试驱鸟设备效果的过程中，观察人员的测试工具主要有：10×25望远镜、夜视仪、测距仪、数码相机、数码摄像机、伞式鸟音声呐捕捉器及记录用具等。观察人员按该机场不同功能区的驱鸟设备分类，进行定点、定位观察。在驱鸟设备测试时，我们对每种设备单一功能和复合功能分别进行连续一周的观察，为获得更准确的数据，在测试后对声效、视觉或激光等设备采用随机抽样的方法，对其某种功能再复测观察一次，以保证观察数据的可靠性和科学性。

3. 测试时间、内容及观察方法

根据该机场内驱鸟设备的布局和特定的驱鸟要求，我们将机场现有的驱鸟设备分成声效类、视觉类、味觉类、粘捕类和猎捕类，并按不同时间段，进行单功能、多功能及综合功能的测试。其观察方法及数据的采集一般分为两步进行，即在未测试之前的一周，观察被测试设备与被驱赶对象之间不同的距离时每日鸟类数量和活动情况，然后，加权平均获得的百分比，作为测试的基础数据。

在驱鸟设备测试过程中，首先，观察人员分别在预设的定点、定位范围内，对声效驱鸟设备的使用效果，分别按50m、70m、90m、120m、140m、160m、180m、200m、220m、240m和260m、280m和300m的递进距离，对驱鸟设备的不同功能对鸟类驱鸟效果进行测试（图1-35）。同时，根据鸟类活动规律，驱鸟设备的测试时间分为上午6～10时和下午14～17时，对定点的距离和驱鸟效果进行连续的观察。此外，还选择降雪天两次，降雨天两次进行观察。

其二，2008 年 12 月 10 日，我们对驱鸟剂的使用时间及效果，也一并进行了观察与评估。其方法是，在喷施药物之前，对机场西侧和西南侧 3 个生活垃圾堆处的集群鸟类种类及数量进行调查，在大约 2260m^2 的区域内，有乌鸦（*Corvus macrorhynchos*）943 只；麻雀（*Passer montanus*）596 只；喜鹊（*Pica pica*）196 只；灰喜鹊（*Cyanopica cyana*）94 只；家鸽（*Columba rupestris*）163 只（分布在距离地面 200m 空间范围内）。然后，在鸟类集群区内，人工喷施化学驱鸟剂。此后，就化学驱鸟剂效果进行长达 60 天的连续观察。观察的方法为，每天分为 6 时 30 分至 9 时 30 分；11 时至 14 时 30 分和 17 时至 18 时，详细观察喷药区内鸟类种类和数量的变化。从而计算出化学驱鸟剂的驱鸟效果及化学驱鸟剂在自然条件下的持续效果等。

其三，对高架鸟网和地网捕鸟的驱鸟效果测试时间分别是 2008 年 12 月 12 日至 2009 年 2 月 28 日，高架鸟网测试不同空间的捕鸟效果；在同一时间内，测试地网驱鸟效果，主要观察铺设地网的区域鸟类降落和停歇的时间，并设同等测试面积的对照区（地网测试区与对照区相距 30m 左右）。

其四，CF 多功能驱鸟车，在 60 天内，相距 200～500m 跟踪测试，方法是：对多功能驱鸟车经过的段面，测试驱鸟车的驱鸟效果和对集群鸟类产生的惯性效应等。同时，对固定式煤气炮、车载流动式煤气炮和爆弹以及钛雷炮的驱鸟效果也进行观察。

其五，TOM500 激光驱鸟器及激光驱鸟手枪，测试时间为 2009 年 1 月 1 日～30 日，测试方法是：观察人员距 TOM500 激光驱鸟器 200m 处用望远镜进行观察，观察 TOM500 激光驱鸟器不同角度和距离的驱鸟效果。此外，对激光驱鸟手枪的驱鸟效果也进行测试。

图 1－35　驱鸟设备使用效果研究

其六，于 2009 年 1 月 1 日～30 日对驱鸟彩色风轮和风动驱鸟仪（恐怖眼）的驱鸟效果进行详细的观察，观察人员除进行该设备的距离观察外，还对风速与该设备的驱鸟效果进行观察。为验证视觉驱鸟设备的驱鸟效果，我们还与同等生态条件下，天津滨海国际机场视觉驱鸟设备驱鸟效果进行了对比分析。此外，对猎枪的猎杀和驱鸟效果以及猎枪与其他驱鸟设备的联动效果等，一并进行测试。对上述测试数据，采用 Duncan's 新复极差法进行统计分析。

二、试验结果与分析

（一）声效类驱鸟设备的效果测试

1. 智能遥控机器鹰（俗称驱鸟王）：驱鸟设备综合测试效果如下：驱鸟设备与被驱赶对象之间相距（以下同）50m，驱鸟效果 86%；70m，85%；90m，81%；120m，68%；140m，71%；160m，64%；180m，63%；200m，57%；220m，41%；240m，36%；260m，21%；280m，15%；300m，6%。对上述同等距离内的设备单一功能测试，测试的有效百分比分别为 57%，46%，31%，22%，16%，13%，9%；200m 以外驱鸟设备的单一功能驱鸟效果小于 5%。智能遥控机器鹰与固定式煤气炮、车载式流动煤气炮、TOM500 激光驱鸟器、BSO－1079 型电子爆音声波驱鸟器和猎枪等，在上午 7 时 30 分至 9 时 30 分，鸟类相对集中期间连动使用驱鸟设备，驱鸟效果明显提高。在上述距离内，驱鸟设备联动交替使用后，有效驱鸟百分比分别为 93.6%、93%、91%、87%、86.5%、81%、76%、75%、71%、64%、57%、43%、36%。在驱鸟设备联动使用情况下，智能遥控机器鹰的驱鸟效果比较理想。在驱鸟设备联动使用中，其中猎枪的驱鸟效果最佳，在 80m 内驱鸟效果高达 93%，特别是对乌鸦高达 100%。

2. BSO－1079 型电子爆音声波驱鸟器：综合测试效果为 91%、91.5%、87%、84%、85%、82%、76.4%、73%、71.6%、64%、61%、55%、43%。在电子爆音声波机和电子高音机两个部分停止工作时，该设备仿生恐怖眼驱鸟效果不明显，初步分析，这与仿生恐怖眼固定在一个位置，靠风能动力变化其方向，使鸟类产生惯性适应证有一定的关系。

在测试该驱鸟设备时，我们观察到一个值得研究的现象：在电子爆音声波驱鸟器有效范围内，发现距该驱鸟器越近的地方，鼠类越少。在距该驱鸟器 50m 范围内鼠类基本消失。从观察的结果看，50～150m 范围内，初步调查有鼠洞 21 个，经过认真调查鼠洞，结果鼠类为零；151～200m 范围内，有鼠洞 33 个，只发现 1 个鼠洞有新土，但是挖开鼠洞后未见到老鼠；201～300m 范围内，有鼠洞 23 个，有 2 个鼠洞有新土，挖开鼠洞后也未见有鼠类栖息，从鼠洞口的堆土看，初步分析，鼠洞可能是夜间挖的，鼠类天亮后藏在洞穴内，因 7 时 30 分后，机场电子爆音声波驱鸟器开启后，其刺耳的声波，使鼠类无法在此范围内正常生存，迫使鼠类迁到声波影响较小的区域，甚至迁出场外栖息。从鼠类旧洞看，有些很早就迁出机场。从现有调查的资料分析：电子爆音声波驱鸟器，不仅对机场鸟类驱赶有较好的效果，而且对机场鼠类的驱赶效果也十分明显。为验证这一意外收获，我们利用夜视仪观察机场内鸮形目鸟类的活动情况，从 2008 年 12 月 20 日至 2009 年 3 月 10 日的观察结果看，在机场飞行区内未发现长耳鸮（*Asio otus*）和短耳鸮（*Asio flammeus*）等夜行性鸟类的活动。初步分析，机场鼠类的减少切断了夜行性猛禽的食源，进而减少了夜航鸟击灾害的发生。有关声波驱鸟器驱赶鼠类及其他有害生物的机理问题，有待进一步的探讨。

3. 爆竹弹遥控发射器：在测试其有效驱鸟设备的驱鸟效果时，我们对该驱鸟设备进行驱鸟效果测试，综合测试效果为 96%，92%，86%，83%，75%，63%，55%，40%，41%，36%，31%，29%和 22%。该驱鸟设备对 30～150m 空中飞行的鸟类集群，驱赶效果十分明显，可改变家鸽的集群飞行和过境机场鸟类的飞行路径。

4. 固定式煤气炮和车载流动式煤气炮：在测试其驱鸟效果时，它们的驱鸟效果分别为 73%，57%；61%，45%；53%，41%；33%，26%；14%，8%；以外距离驱鸟效果不明显。车载流动式煤气炮的驱鸟效果在车体移动过程中，效果优于停止时的驱鸟效果。

（二）视觉类驱鸟设备的效果测试

1. TOM50 激光驱鸟器：2009 年 1 月 1 日～30 日，我们对该驱鸟设备进行驱鸟效果测试，综合测试效果为 86%，82%，77%，71.5%，64%，61%，54%，52%，47%，38%，22%，11%；300m 以外距离驱赶效果不明显。

2. 激光驱鸟手枪（测试用手电筒式激光枪，其原理基本相同）：该驱鸟设备的测试时间与 TOM500 激光驱鸟器同步进行，综合测试的效果为 65%，57%，51%，40%，31% 和 16%；160m 以外的距离驱赶效果不明显。该设备驱鸟效果不佳的原因初步分析有：一是该设备激光强度较小；二是从设备本身看，对鸟类也没有视觉冲击力；三是该设备受日光影响较明显。从该设备驱赶的效果看，在测试过程中，观察人员手持激光枪，对鸟类也有一定的驱赶效果，从 160m 以外距离驱鸟效果比较差，可以佐证这一分析。

3. 风动驱鸟仪和驱鸟彩色风轮以及鸟类天敌模型等设备：在驱鸟效果测试时，与上述视觉类驱鸟设备同步测试，从综合测试的结果看，其驱鸟效果都不理想，一般 50m 内的驱鸟效果不到 10%，特别对机场内的乌鸦、喜鹊的驱赶效果更差。究其原因，这类设备对鸟类已产生严重的惯性适应证。这类设备对产生惯性的留鸟、冬候鸟和夏候鸟驱赶效果比较差。但是，对春、秋季迁徙或过境的鸟类有一定的驱赶效果，持续时间一般在 6～10 天左右。

表 1－13 对部分驱鸟器驱鸟效果进行了对比。

表 1－13　部分驱鸟器驱鸟效果对比图

距离 / 驱鸟效果 / 驱鸟器	50m	70m	90m	120m	140m	160m	180m	200m	220m	240m	260m	280m	300m
智能遥控机器鹰	86%	85%	81%	68%	71%	64%	63%	57%	41%	36%	21%	15%	6%
BSO－1079 型电子爆音声波驱鸟器	91%	91.5%	87%	84%	85%	82%	76.4%	73%	71.6%	64%	61%	55%	43%
爆竹弹遥控发射器	96%	92%	86%	83%	75%	63%	55%	40%	41%	36%	31%	29%	22%
TOM500 激光驱鸟器	86%	82%	77%	71.5%	64%	61%	54%	52%	47%	38%	22%	11%	效果不明显
激光驱鸟手枪	65%	57%	51%	40%	31%	16%	160m 以外驱鸟效果不明显						
车载流动式煤气炮	57%	61%	53%	33%	120m 以外驱鸟效果不明显								
固定式煤气炮	73%	45%	41%	26%	120m 以外驱鸟效果不明显								
风动驱鸟仪和彩色风轮	一般 50m 内的驱鸟效果不到 10%，对机场内乌鸦、喜鹊的驱赶效果更差												

（三）味觉类化学驱鸟剂的效果测试

测试开始于2008年12月9日，试验人员开始在机场西侧及西南侧3个生活垃圾堆和机场南北两端的灯光区内喷施化学驱鸟剂，驱赶对象为乌鸦。综合测试驱鸟效果为第一周驱鸟效果83%；第二周91%；第三周96.5%。据2009年3月6日全天观察，近3个月后，化学驱鸟剂对乌鸦的驱鸟效果仍高达95%以上。

（四）粘捕类驱鸟设备

1. 高架鸟网：从高架鸟网和地网捕鸟的效果看，该机场4600多平方米的高架网，据场务粘捕鸟类数量统计记录来看，全年共粘捕各种鸟类1200多只，平均每天粘捕鸟类3.4只。从粘捕的鸟类种类看，对飞机起降危害较大的斑鸠类，约占总粘捕量的21.3%；小型雀形目占72.5%；喜鹊亚成鸟占0.6%；乌鸦亚成鸟占0.1%；其他鸟类为6.5%左右。春、秋两季鸟类迁徙季节粘捕的鸟类约占全年总粘捕量的64.8%，夏季约占16%（以亚成鸟为主）。

2. 地网：机场草坪区铺设地网是某机场在驱鸟工作中的一种创新，从铺设地网的实际效果看，它是一种有效阻止鸟类在机场集群或单独降落的新方法。测试地网的驱鸟效果的方法是在铺设地网的地段，随机取样1000m^2面积，观察其驱鸟效果。在2008年12月17日至30日期间，铺设地网的地段，小型鸟类和中型鸟类降落为零；未铺设地网的1000m^2对照区，此间，小型鸟类5～30只小集群共降落27次；1～3只鸟类降落63次；中型鸟类5～30只小集群鸟类共降落7次；1～3只鸟类降落共22次。从地网减控鸟类降落的频率看，在鸟类集群区域，适当铺设地网，可以有效地阻止鸟类在机场的降落，特别是在鸟类迁徙季节效果更加显著。

综上所述，从北京某机场驱鸟设备的使用效果评估结果分析，该机场现安装的驱鸟设备，在去掉各种制约因素和人为因素外，经综合评估，驱鸟设备驱鸟效果依次为，多种设备联动交替使用在50～100m距离范围内，驱鸟效果平均为96%，101～200m距离范围内，驱鸟效果平均为83%；一机多功能同步使用，在50～100m距离范围内，驱鸟效果平均为84.5%，101～200m距离范围内，驱鸟效果平均为72%；一机单一功能使用，在50～100m距离范围内，驱鸟效果平均为68%，101～200m距离范围内，驱鸟效果平均为52%。此外，机场驱鸟设备在使用中不依据鸟类活动随意开启，使用效果明显不如有规律定时开启的驱鸟效果好。必须说明的是，如果不按鸟类活动规律开启驱鸟设备，很容易使鸟类产生惯性适应证，从而降低驱鸟设备的使用效果。因此，机场驱鸟设备连动交替使用和定时开启驱鸟设备，是提高驱鸟设备驱鸟效果的最佳选择。同时，对减缓鸟类惯性适应证的产生具有明显的效果。实践证明，强化机场驱鸟设备的联动、交替和合理使用，对发挥驱鸟设备的使用功能、提升鸟击防灾水平、减少投入、保护生态环境等具有重要的现实意义。机场驱鸟设备的连动、交替和合理利用，作为实用技术的普及，应在全空军机场广泛推广。

此次设备使用效果评估，可得出以下结论：一是对机场使用的声效驱鸟设备，应在6～12个月更换一次录音芯片，以减缓鸟类惯性适应证的产生；二是在机场驱鸟设备的配置上，声学、光学、物理及化学味觉类应合理配置；三是驱鸟设备安装位置要合理，声效驱鸟设备安装位置距离跑道不宜太远；四是猎鹰驱鸟项目不适用于所有机场，在某些机场驱鸟，应慎用这一驱鸟技术。因为这些机场航班不像其他机场飞机起降有时间规律，假如猎鹰放出驱鸟后，突然机场接到飞行任务，一旦此时猎鹰不能及时召回，那问题就比较严重。

第二章 机场常用驱鸟设备

目前，世界各国用于驱鸟的措施很多，主要有听觉威慑、视觉威慑、网捕、猎杀、化学药剂驱除及猎犬、猎鹰驱鸟等各种各样的驱鸟方法，其效果也各不相同（图 2－1）。根据某一特定地方的情况，当某一种方法失效时，就可能需要采取多种方法。在大多数情况下，把几种方法结合使用是比较有效的。一旦选用了一种方法，就必须注意鸟类对这种驱赶方法的反应情况，这样就可知道这种方法是否成功。

图 2－1　早期的驱鸟设备

一、听觉威慑

听觉威慑包括用于驱散鸟类的自然和人工的声音。可用来驱赶鸟类的自然声音包括受惊恐鸟或遇险鸟发出的报警惊叫声和求救悲鸣声，以及鸟类天敌的鸣叫声。人工声音包括气炮声或爆竹声，以及用电子装置产生的各种抽象的电子声。重要的是，在使用恐吓装置前，要制定措施，避免在飞机起飞着陆期间使用，导致受到惊吓刺激的鸟类撞向飞机。

虽然听觉威慑被广泛地用于驱赶机场鸟类，而且也非常有效，但是，鸟类的适应性是个突出的问题。适应性是指当鸟类知道不会有危险时，它们对巨大噪声的反应降低了。鸟类适应对它们有某种含义的自然声音，如同类鸟的求救悲鸣声或其天敌的鸣叫声，形成习惯的可能性较小。然而，即使是对这类声音，鸟类也会逐渐习惯。为了降低适应性的影响，声源的位置必须经常更换，并要捕杀一些鸟，以向其他鸟类证明这种声音是有危险的。听觉威慑对偶然造访的鸟类和路过的鸟类来说，要比对留鸟的效果大。

（一）煤气炮

这是一种从听觉角度来驱赶或震慑鸟类及其他野生动物的技术。煤气炮是以煤气为燃料，电子点火激发而发出类似枪炮类爆鸣声的装置。一般有固定式（图 2－2）和流动式两种，其主要特点如下：

一是反应迅速及时。现在煤气炮已经可以做到定时起爆、人工遥控起爆和计算机控制起爆。过去有些机场在使用煤气炮时，往往采用定时起爆，如隔5min或10min起爆一次。在使用初期这种起爆方式的驱鸟效果往往比较理想，随着时间推移，效果逐渐减弱，其主要原因是鸟类对煤气炮的反应刺激阈值提高，使反应随着使用时间的推移而越来越迟钝。因此通过人工监测的办法，配合遥控煤气炮，做到发现鸟情再启动驱鸟炮，效果较为理想。

二是可以在人员无法到达的地方发挥作用。煤气炮能够在飞行期间设置在驱鸟人员不能进入的区域进行遥控作业，由于煤气炮作业时无碎屑和弹片，因此可以安装在跑道边的任何区域，而土道面上许多区域在飞行时是无法进入的，遥控式煤气炮就可以解决这个问题。

图 2-2　固定式煤气炮

三是流动车载煤气炮具有良好的机动性。机场配置流动车载煤气炮是比较理想的选择，原因是流动式煤气炮具有固定式煤气炮所不具备的特点，它除了可以在机场内进行驱鸟作业，配合固定式遥控煤气炮进行作业外，还可以进行场外作业，如可用于平时机场附近地区的驱鸟工作等。

一些专家推荐，驱散海鸥时，应沿着跑道每隔50m放置一门煤气炮。每两周检查一次，并经常变换煤气炮的位置，将会加强其使用效果。为减少鸟群对煤气炮产生适应性，可以偶尔杀死几只鸟或采用其他辅助技术。

煤气炮的优点是：劳动力和操作成本低，方向、时间间隔以及爆炸音量很容易调整，可携带，白天夜晚都适用。

煤气炮的缺点是：容易使鸟群产生适应性。目前机场常用的是太阳能式煤气炮（图2-3）。老式的煤气炮有火灾隐患（图2-4），不能放在燃料附近，射程短，覆盖面小。需要定期的维护。

图 2-3　太阳能式煤气炮

图 2-4　老式煤气炮存在火灾隐患

据有关部门报告，煤气炮对于水鸟和其他害怕枪声的野鸟以及非居留性的鸟群短期控制很有效，在早秋迁徙的幼鸟、家鸽可能很快就能适应。因此，鸟类控制不能仅依靠煤气炮，更不能把它当作鸟类控制程序的主要部分，建议将其作为机场驱鸟工作的一部分，与其他产品和技术结合使用。

（二）烟花

烟花是一种较为有效的驱散鸟群的方法（图 2-5）。无论在白天或黑夜，使用效果都非常明显。可以用散弹猎枪、发令枪、手枪以及专门制造的发射器（图 2-6）来发射，驱散的方向可以人为控制。

有些烟花发射时发出的突发性高音与霰弹枪发出的声音很像，有些烟花在使用中还带有闪光，给鸟群以视觉和听觉的双重威慑，有些装置发射烟花时发出的光能传播 25～

300m，还有些在发出连续声响的同时发出的光也能传播到100m远的地方。

图 2-5　使用烟花驱散鸟群

用烟花弹药来惊吓鸟群，对驱散那些短暂停留的鸟群非常有效，如海鸥、乌鸦、八哥和水鸟，在短暂射程内对猛禽也有一定的效果，而对鸽子、麻雀以及大部分海滨鸟类则无效。

烟花经常单独使用，但若将其与鸟类哀鸣的录音及其他驱鸟技术结合使用将会有更好的效果。

烟花的使用需要大量劳动力，会增加飞机跑道上的物体碎片，如果烟花使用过于频繁，鸟类便会适应，且在干燥的情况下使用烟花驱鸟容易引起火灾。

（三）遥控空爆弹

遥控空爆弹又称作高空鸣炮、声音炮弹（图 2-6），是一种类似于平时看到的烟花装备，可以用于驱散高空翱翔的鸟群，通过遥控或手动点火，在弹道的尾部爆炸（约 150m 高处），发出大而突然的响声来惊吓鸟群。

图 2-6　爆竹弹遥控发射器

遥控空爆弹在高空对鸟群的威慑相对有效。缺点是：难以瞄准，会产生残骸碎片，只能在目标远离飞机飞行区域时使用，而且不能快速清除鸟群。

(四) 鸟类悲鸣声或鸟类天敌鸣叫声

鸟群不容易对包含着某种意义的自然声音形成适应，比如同伴的求救呼叫和猛禽的叫声。因此，可以利用鸟的悲鸣声或其天敌的鸣叫声使鸟类认为其同伴已经蒙难而赶快逃走。通常是将各种鸟的悲鸣声或其天敌的鸣叫声用磁带或光盘录下来，再用大功率扬声播放驱鸟，如太阳能语音驱鸟器（图 2－7）。使用结果表明，开始使用效果明显，但一段时间后，鸟类还是能够习惯，因此，要延缓适应，可以时常移动声音源，确保声音发出的随机性并偶尔射杀一些鸟以使其确认声音代表真实的危险。

图 2－7　太阳能语音驱鸟器

1. 鸟类哀鸣

许多鸟类在被捕获、受伤或处于危险的时候会发出哀鸣，它象征着危险并且警告其他成员迅速分散。每个特定的种群都有自己特定的哀鸣，并只能影响到同类。而有些鸟类，如家麻雀，还没有发现有哀鸣。

哀鸣在不同鸟类和地区间都有区别。大多数鸟类都只对同类的求救声做出反应，即便在同一种类中，所处地区不同的鸟类求救声也不同。据研究表明，在北美洲驱散银鸥用的警告声对西欧的银鸥毫无用处，加拿大渥太华的海鸥对于俄罗斯的海鸥求救录音只有放到第四遍时才会有反应，所以为了驱散海鸥必须得准备大量的求救录音。要对录音进行分类，对不同的种群用不同的录音。为了达到最好的驱除效果，应该选择质量好的播放设备。如果可能的话，最好录制本地区鸟类的哀鸣声，让被驱赶的对象听懂。

不断变化地播放录音很有效，可以减少鸟群的适应。在机场和农田应用中，在 3～10min 以 5～60s 的间隔播放录音，建议采取 10s 开、10s 关循环播放 1.5min，或采取 15s 开、25s 关循环播放 2.5min。正确使用有效的录音可以在几秒内把海鸥驱散。

如果鸟群栖息的地方很大，而且鸟群是从好几个方向来的，这就需要更多的装置。在每一群鸟飞来时都要放求救录音，在接近日落时更要持续不断地放。第一天晚上播放哀鸣，可能还是会有相当数量的鸟群进入栖息地，因为这些鸟一旦找定了栖息地不会轻易离开。这时继续播放录音是无意义的。不过连续3～5个晚上重复这个程序可能会驱除栖息地里的鸟群。

哀鸣可以用来驱除八哥、乌鸫以及夜间栖息的乌鸦。操作人员应该在日落前两小时就位。至少需要两套设备来变化声音的位置。因为两只鸟发出哀鸣意味着更大的危险，会促使鸟群更快做出反应。

海鸥能被哀鸣录音有效驱除。它们可能不会在几秒之内被吓跑，而是逐渐接近声源并在周围盘旋几分钟，在它们盘旋时使用烟火会非常有效。海鸥在被哀鸣驱散后的一段时间内还可能会返回。根据在垃圾填埋场的观察报告得知其返回时间15～90min不等。海鸥经常在机场游荡，如果它们是在觅食的地方听到哀鸣而被驱散，这种驱散相对更有效，时效更长。乌鸦与海鸥的反应十分相似，在被驱散前会接近声源。

八哥和乌鸫这类鸟群会立即被整群驱散。不过有研究发现八哥群在牲畜围栏上进食时，哀鸣只能驱除大约50%的鸟类，而且10min后它们都会返回。哀鸣对驱除八哥和乌鸫聚集很有效，驱除过程可能需要几天的时间。

LGL公司研究表明，哀鸣可以在白天、黑夜及各种天气情况下使用，不论单独使用还是和烟火结合使用，都是最为有效的驱鸟手段之一，只是种群内或种群间的反应会有所不同。

鸟类天性对同类的求救声敏感，与人造声响相比，鸟群适应要缓慢得多，偶尔杀死一些鸟来加强效果很有必要。

BirdGardAVA是一种能放出预先录制好的鸟类哀鸣的驱鸟装置，它使用间隔30m的六个遥控扬声器。扬声器可以放在地面。装置用12V的电池或110V的交流电作为电源，可以在白天、夜间使用，也可以24小时循环使用。BirdGardAVA操作自动化而且不需要人照看，劳动力成本低。但此设备发出的哀鸣同样会引起鸟类适应，且不能驱除鸽子、斑鸠和海鸥，设备也需要频繁地改变位置。

BirdGardABC与BirdGardAVA原理相似，但是价格相对便宜，功能稍少一些。BirdGardABC将录制的鸟类哀鸣用电子手段复制，模拟它们中一员被猛禽攻击时发出的叫声，鸟群不能把它和真实的叫声区分开来。这套装置包括电子控制设备、扬声器、110V交流变压器、遮雨篷和一个固定支架，还可以选择配置移动传感器和外置扬声器。BirdGardABC可以在白天、夜间或24小时连续使用，每个装置的覆盖面积0.4～0.8hm^2。BirdGardABC装置对于一些难于处理的鸟群可能会有效。该装置自动运行不用人照看，可以用来驱除画眉、八哥以及知更鸟、红翅鸫、麻雀、燕雀和海鸥等鸟类。如果不经常移动位置容易引起鸟类的适应。

2. 报警鸣叫

报警鸣叫是指当鸟群被猛禽发现时，鸟类发出的警告同伴的声音。同伴听到警报的正常反应是惊慌并散开找地方隐藏。与哀鸣类似，报警鸣叫是有种类区分的。对以葡萄为食物的混杂鸟群的研究发现，最初所有鸟对其中某一种鸟的警报都有反应，几天后报警鸣叫只对它所属的种群有作用。这说明其他种类的鸟，最初只是因为看有鸟类对声音有反应而做出反应，而不是对警报本身的反应。但是由于许多种群的报警鸣叫很相似，所以一种报警鸣叫可能会有较为广泛的应用。

因为对警报的反应是鸟类的本能，所以适应的可能性会降低。鸟类报警鸣叫在音调上要比其他鸣叫高，音量上要小，所以警报声不能传播很远。报警鸣叫的使用和哀鸣方法类似，与烟火和偶尔射杀相结合使用能提高其有效性，报警鸣叫可以用于鸟类驱除。由于很难得到合适的录音，所以也很少对其有效性进行评估。图 2－8 所示为报警鸣叫器。

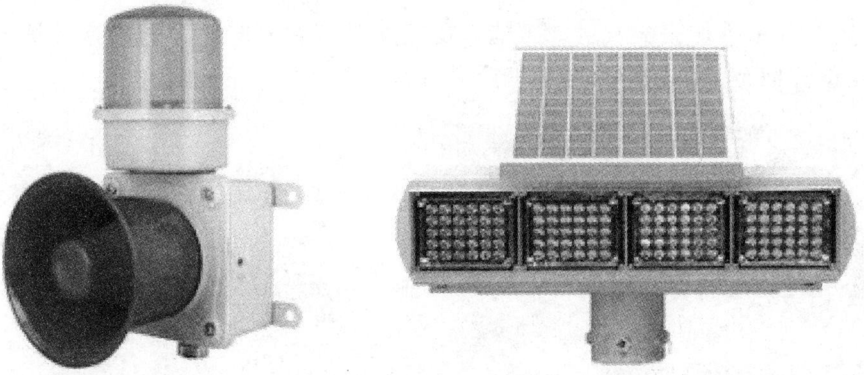

图 2－8 报警鸣叫器

3. 猛禽鸣叫

老鹰、猎鹰和猫头鹰发出的叫声会对驱除鸟群有一定效果，它用来警告鸟群有猛禽存在，鸟群听到后会惊慌，有时会飞散。猛禽叫声可以用与哀鸣和报警鸣叫相同的设备来播放。猛禽的叫声用于驱除特定鸟群。鸟类对于猛禽的叫声适应起来比较慢。猛禽的叫声相对驱除鸟群的有效性只做过一次比较笼统的评估，在那次评估中，游隼的叫声在Vancouvel国际机场成功地驱散了海鸥。不过值得注意的是，猛禽在狩猎时都是静悄悄的，不会暴露自己，所以使用它们的叫声与自然情况不太符合。

目前，国内多数机场使用的声响装置是国外公司进口设备。因不同的鸟类产生悲鸣声不同，故只适用于该地区；即使是同一种鸟，由于其语言结构的不同，国外的产品在国内也不一定有效。因此，需结合当地情况使用。

（五）霰弹枪

霰弹枪（图 2－9）现在被广泛用于惊吓鸟群。弹药筒能够容纳双发 12mm 口径的霰弹枪子弹，子弹发射到目标鸟群中爆炸。为了增加驱鸟效果和威慑力，有些弹药筒还加入了闪光粉，有些在飞行过程中还带有啸叫声。

霰弹枪在使用过程中要定期清理，正确的清理方法如下：将大小合适的毛刷绑在一根直棒上，将其放入枪管中来回刷，以清理未烧尽的火药粉末；更换一把毛刷重复刚才的操作；接下来用一块干净的布给枪管涂上专用的润滑油，枪支的外表也需要涂上薄薄的一层，以防止潮湿和生锈；最后检查武器的各部分以确保它们运转正常。

霰弹枪使用时还应注意的有关事项：

（1）无论有无装弹药，枪支不要指向任何人；

（2）不用时要卸下枪支中的弹药；

（3）使用前要确保枪管的干燥；

（4）不要在车辆中装卸弹药或者发射；

（5）小心放置弹夹以确保其不变形、不被损坏，并注意防潮；

（6）把弹药塞进发射筒时不要太用力，如果弹药不能顺畅地塞入，则作为哑弹处理；

（7）应该戴手套和袖套以保护皮肤不被烧伤；

（8）随时回收用过的弹壳，以防止未燃尽的火药再次着火产生危险；

（9）不要在飞机跑道上射击；

（10）霰弹如果不能完全发射，可能有的还会残留在枪管里，遇到这种情况，要将枪口指向安全的方向至少 3 秒钟后再检查枪的后膛。

图 2-9　手持式霰弹枪

通常说来，发射出的子弹在空中爆炸的效果要比在地面爆炸好得多。要用最少的发射次数达到预期的目标，过多的发射会导致鸟群的适应。第一枪能吓到鸟群，紧接着第二枪常常就能将它们驱散，要确保鸟的尸体迅速被移走处理，以免引来食腐动物。如果机场场域不存在食腐动物，在适当的位置放置鸟类尸体，将会有很好的威慑效果。

总之，经过周密安排的枪炮可以驱赶鸟群飞向安全的地方或者彻底离开机场，两个或更多的射击者合作效果会更好。

二、视觉威慑

视觉威慑包括：稻草人或其他假人；旗子和飘带；灯光；鸟类天敌模型；等等。

视觉威慑可应用于机场驱鸟。同听觉威慑一样，鸟类对于视觉威慑同样存在逐渐习惯的问题。

路过的鸟类更容易被视觉威慑所恐吓，因为它们没有机会对这种方法逐渐适应。问题仍然发生在常住鸟身上，因为它们被机场的一些永久性特点所吸引。如果把视觉威慑和听觉威慑（通常是爆炸物）结合使用，有时会提高驱鸟效果。

（一）风动驱鸟仪（恐怖眼）

这是通过视觉威慑来驱赶鸟类的一种技术。它是一种风动装置，风力使一块带有猛禽面部图案的板状物不停旋转，从而使一些鸟类产生恐怖的感觉。其基座可带反光装置，在晴天时可不停旋转反光，以加强对鸟类的刺激（图 2-10）。

图 2-10　风动驱鸟仪

（二）驱鸟彩色风轮

由红、绿、黄、蓝等多种不同颜色的叶片组成的彩色风轮在自然风力作用下围绕风轮连接绳快速转动，产生交替反光效果，对鸟类的视觉系统产生刺激，从而使鸟类因恐惧、害怕而远离彩色风轮布置区域，进而达到驱鸟效果。彩色风轮一般安装在机场平地区内，土跑道外侧、水沟和池塘等鸟类活动频繁地区，供昼间进行机场驱鸟（图 2-11）。

图 2-11　彩色风轮

（三）发射型飘带

飘带在驱除乌鸫、乌鸦和麻雀方面很有效。飘带由反射性聚酯制成，是一种三层的弹性膜，一面是镀银层，另一面是着色的合成树脂层。这种飘带会反射阳光，而且在风中鼓动时会发成响声。在试验中，将飘带每隔 3m 放置一根，每 30m 扭曲 2～4 次能达到最佳的使用效果，要确保飘带之间有足够的空间使其达到0.5～1.0m的波动，过多的扭曲和过紧绷得旗面部会影响使用效果。跨越池塘放置飘带可以起到很好的效果，特别是驱赶海滨鸟类和鸭子。

反射性飘带能显著减少乌鸫、八哥、家麻雀的数量，但是并不能彻底驱除这些鸟类，而且目前还未发现它对金翅雀和哀鸠有作用。

（四）激光驱鸟

激光驱鸟主要利用一定强度的激光对鸟类的视觉进行伤害，从而达到驱赶鸟类的效果（图2－12）。目前已研制的激光枪的价格较高，且使用不当会对人员的视觉有伤害。因此使用时需注意安全。

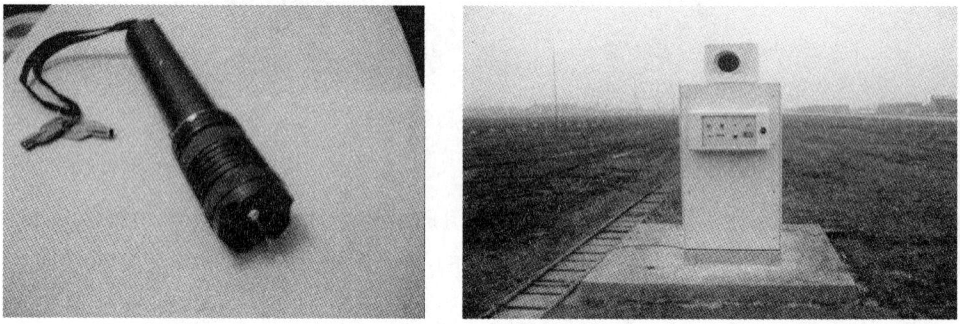

图2－12　激光驱鸟器

（五）无线电遥控航模

无线电遥控航模能用来骚扰和驱除机场的鸟群，这些航模可以制成猎鹰的形状（图2－13）。机场使用无线电遥控航模取得了不错的效果，但是，这需要训练有素的操作人员，控制航模需要很高的专业技术能力，需对机场驱鸟人员进行专业训练，而且需要经过足够的训练才可以成为合格的控制人员。

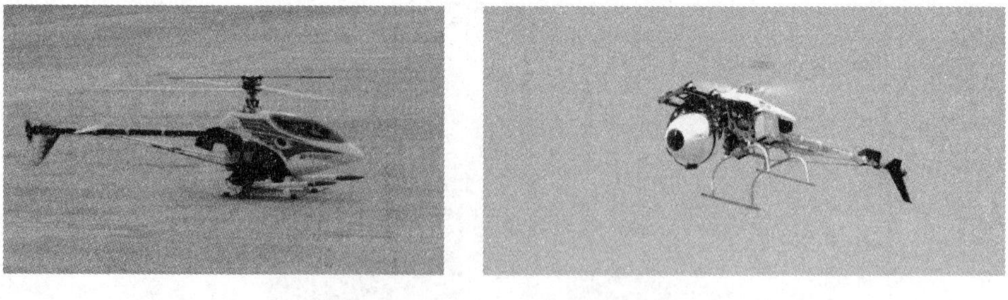

图2－13　驱鸟航模

无线电控制航模可以消除鸟群带来的危害，对很多种群都有效。航模可以覆盖很广的范围，可达到操作人员视线所及的任何区域，对于驱除在高空中盘旋的鸟类，如鹰、隼很有效。无线电控制航模随时在运动，可以遥控航模将鸟群按指定方向驱离机场的敏感区域，并防止鸟群在被驱散后返回原地。

航模不能在大风中使用，在雨、雪天气也要减少飞行。它对在水中栖息的鹅群无效，但可以用无线电模型船代替。虽然不会出现适应，但是威慑效果不能持久，因为鸟群经常在第二天甚至几个小时以后就返回。为了保证有效，航模必须一直围绕机场飞行，但是需要着陆补充燃油或电力，模型的维护也会非常耗时。机场使用无线电控制航模时，一定要注意其无线电不要干扰机场其他设备，同时，要防止航模失控撞击飞机或机场其他设施的情况发生。

三、架设鸟网

架设鸟网是最简单易行的机场鸟类驱除技术（图 2－14）。通过正确地架设鸟网，可以防止跑道或滑行道两侧草丛中的鸟类在受惊时突然冲向跑道而引起鸟撞事故。鸟网捕到的多为鹌鹑、云雀、伯劳等飞行高度较低的鸟类。

使用建议：

（1）鸟网高度一般控制在 4m 以下；

（2）鸟网在架设时应避免呆板单调的“一”字形的排序，可部分前后交叉排列，以提高鸟网拦截的效率；

（3）架设位置选择在靠近跑道边鸟类活动较多的地带，特别是飞机着落点及起飞拉升点的两侧；

（4）必要时需适当变换鸟网的位置；

（5）鸟网上捕获的鸟要及时取下，虽然鸟在鸟网上挣扎的惊叫、悲鸣声可在一定程度上使其同类远离该地，但鸟网上鸟的叫声又会吸引一些捕食者，故应将撞上的鸟及时取下。

图 2－14 架设拦鸟网

四、猎枪驱鸟

利用猎枪射杀是一种非常有效的机场鸟类驱除方法（图 2－15），但使用时必须注意随时回收弹壳，因为如果弹壳被吸入飞机发动机就可能造成发动机严重损坏。同时，要尽量减少弹壳落在平坦表面（如跑道），因为反弹出去的猎枪子弹的落地方向不确定，容易留下问题隐患。

许多鸟类受法律的保护不能随意射杀，机场人员必须得到特别的许可才能杀死顽固并且非常危险的物种。机场场务部门及部队机场营房部门要严格执行枪支的使用与管理规定，制定机场的枪支使用管理办法，并符合以下要求：

图 2－15　猎枪射杀

（1）遵守国家关于枪支的管理办法及猎枪弹具管理办法的规定。

（2）机场驱鸟人员持枪上岗前，应接受有关部门的培训，合格后才能持枪上岗。

（3）在条件允许时，驱鸟人员应当首先采用其他方式驱赶鸟类，如霰弹枪、人工驱赶等，无效后才能考虑使用猎枪驱赶方式。

（4）驱鸟人员在使用猎枪驱鸟时，应严格遵守避让飞机、人员、机场设施的要求。

（5）使用猎枪猎捕鸟类后，其尸体应妥善保存，进行鉴定和标本留存。

（6）猎枪和子弹必须由专人、专柜保管。平时保存时，枪弹必须分离。驱鸟人员在使用前后应登记持枪者姓名、枪支数量、弹具数量等使用情况。无关人员不得使用枪支，否则，将追究有关人员责任。

（7）驱鸟人员在携带枪支由生活区进入机场跑道周围前，枪弹必须分离。在没有发现鸟类影响飞机飞行安全的情况下，驱车或行走时，枪弹必须分离。

（8）枪支弹具严禁携带出机场范围。

（9）一旦发现枪支弹药丢失，应及时向上级报告，积极协助有关部门调查问题。

五、驱鸟药剂法

（一）致命化学药品

用于灭杀野生动物的化学品分为三类：烈性毒素（摄取致命剂量后被杀死）、抗凝血剂、脱钙物（通常应使用几次并要经过一定时间）和熏剂（使穴居动物窒息而死）。

通常仅限于对小动物（尤其是啮齿动物）使用毒物，这是因为诱饵放置在其他动物不易接近的区域（包括洞穴），少量的毒药可解决大量啮齿动物，成本相对较低，以及处理啮齿动物尸体的相关问题最少。因为尸体一般就掩埋在洞穴中，避开了肉食鸟类以及公众的注意。致命化学品也用于捕杀家鸽、麻雀和椋鸟等。

致命化学药品的使用应当确保使用者、环境以及非目标物种的安全，掌握正确的处理方法。所有的化学杀虫剂产品标签都包括安全使用指导，应当严格按指导使用这类产品。

如果使用不当，毒药有可能污染土壤和地表水。被毒死的动物有可能被肉食鸟或其他食腐动物吃掉，导致二次中毒。由于这些原因，所以要及时、正确处理有毒物质、移除动物尸体。

许多除草剂（控制野草）、杀虫剂（控制昆虫）、杀真菌剂（控制霉菌和真菌）以及杀死鸟类或其他动物的毒药，使用时应经过有关机构的批准。化学品需要经过试验以证明其功效和安全性，这些试验应当测定化学品的毒性及其潜在的对健康的危害、对食物和饮用水的不利影响以及对环境的总体影响。

由于毒杀化学药剂容易造成环境污染，且不易控制，因此建议使用驱鸟化学药物。

（二）化学药物驱鸟剂

化学药物驱鸟剂是一种人工配置的化学药剂，具有快速、简便、高效驱鸟的特点。它主要用来控制那些鸟类集群的地方，如栖息地、筑巢区、觅食区以及空中集群迁徙路线区和影响飞机飞行的敏感区域。实践中，化学剂驱鸟是机场应急驱鸟的良方，鸟类因摄入化学药品而导致味觉、嗅觉失灵，甚至会使鸟群生病。这种控制手段的最大好处是大部分化学药品只会引起动物的生理反应，而鸟类很难适应。因此，化学驱鸟剂被广泛应用于机场及周边地区的驱鸟（图 2-16、图 2-17）。

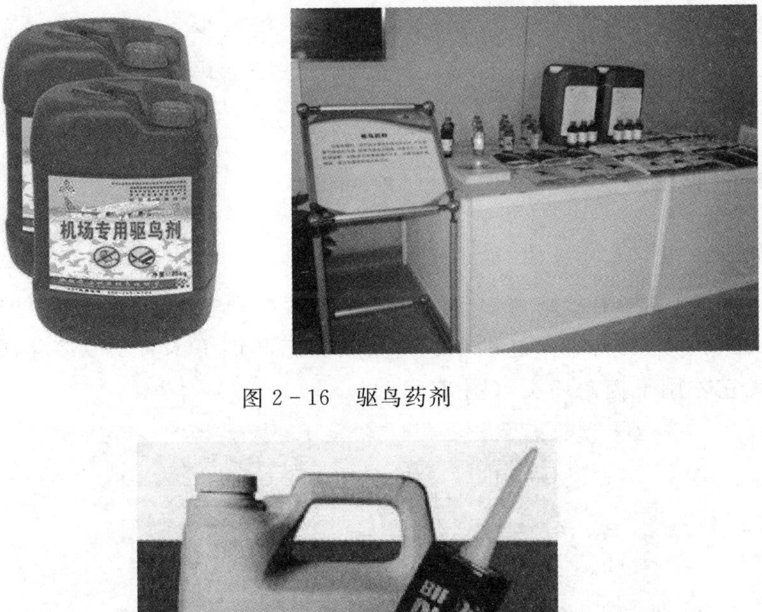

图 2-16　驱鸟药剂

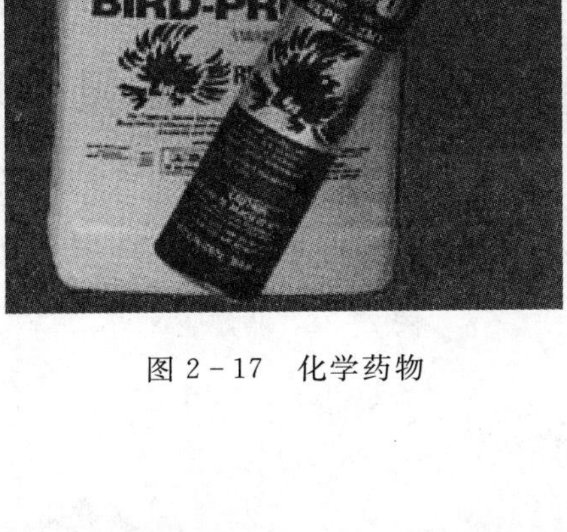

图 2-17　化学药物

从保护环境的理念出发，驱鸟使用的任何化学物质，包括使用可能致死的鸟类控制药品和驱除剂，都必须通过产品审核，必须达到安全、环保的要求。化学驱除剂产品的标签上都必须标注使用说明和安全注意事项。有些化学物质是受严格控制的，使用前需要得到批准或许可证。

化学药物驱鸟剂主要分为接触式、行为类、间接式、感官类化学驱鸟剂等。

六、生物类驱鸟剂

（一）驱除老鼠驱鸟

将 5～6 只老鼠，连皮毛一起捣烂，装在盛有 5000g 水的罐子内，用塑料薄膜将口扎紧，在阳光下暴晒 4～6 天，待鼠肉彻底腐烂后，罐内的液体变成酱油色时，用纱布取原液，兑水 75kg，均匀喷施到机场鼠类活动的栖息地，老鼠闻其味后会集群迁移搬出机场及周边地区。老鼠迁移出机场，会切断以田鼠为食的鸡形目鸟类在机场及周边地区的觅食活动，从而达到间接驱鸟的目的。

（二）驱除蚂蚁驱鸟

用鸡蛋壳 20～30 只，放在铁锅上烤至黄色，研成细末，投放在机场跑道或滑行道蚂蚁出没的地方，使用一周后，蚂蚁就会销声匿迹。蚂蚁少了，以其为食的鸟类或其他动物的食物链就被切断了，鸟类数量自然会少。此方法防治蚂蚁的效果十分明显，既环保又经济，值得大力推广。

七、其他驱鸟方法

（一）猎鹰驱鸟

猎鹰驱鸟利用了鸟类对猛禽恐惧的天性。经过训练的猎鹰，如隼、鹰等，会追赶、吓赶甚至猎杀机场上空的鸟群，达到驱赶的目的。猎鹰训练术有 100 多年历史，不过直到 20 世纪 70 年代它才用于控制鸟类（图 2－18）。

图 2－18　猎鹰驱鸟

据研究表明，应用猎鹰控制鸟类具有生物学基础，鸟群容易被驱除而不会发生适应，如果猎鹰偶尔实施捕杀威胁将会更大，不过猎鹰不能在大雾、高温、大雨或大风等恶劣的天气条件下使用，单独使用猎鹰并不能解决问题，应该将其和其他鸟类控制方法结合使用。需要注意的是，由于鸟群被驱散的方向不能控制，鸟群则可能沿着或者穿越飞机跑道飞行，机场里存在的任何鸟类都能对飞机造成威胁，所以猎鹰应该完全在驯鹰者的控制中，而且随时要和控制塔台保持联系。

驱赶机场内不同种类鸟群需要使用不同的猎鹰。一些庞大的鸟，如大鹰并不害怕猎鹰。猎鹰驱鸟不仅需要经验丰富的专业驯鹰人员，同时需要适合的鸟，但这又是很缺乏的。虽然在一些情况下，使用猎鹰是一种有效的鸟类控制手段，但是训练猎鹰需要相当高的专业知识，一套完整的猎鹰训练程序非常昂贵（国外一只鹰要数万美元至20万美元），而且猎鹰失控时会带来直接的严重鸟击威胁，机场在考虑使用猎鹰作为鸟类控制手段时必须要十分慎重。此外，鹰为国家级保护鸟类，在机场使用猎鹰驱鸟时，要得到鸟类保护机构的许可。

（二）牧羊犬驱鸟

牧羊犬在机场鸟类控制方面很有效果，能对鸟类构成严重威胁，这种控制手段的生物学基础很好，所以不会引来鸟类的适应（图2-19）。

图2-19　牧羊犬驱鸟

牧羊犬目前在全世界的民用机场和空军基地的使用都非常有效。KLECE生态咨询公司的研究表明，机场使用了一只牧羊犬后，鸟群的数量极大减少。Vancouver国际机场在使用牧羊犬一年后，机场出现的鸟群数量锐减近50%，同时烟火使用量也大幅减少，从而使鸟类管理费用显著下降。美国ColdLake空军基地在其机场使用了一只牧羊犬，便成功驱除了跑道周围的鸟类和鹿。

使用牧羊犬驱鸟需要合适的狗和优秀的训练员，牧羊犬必须由训练有素的机场工作人员、牧羊犬专职训练人员进行专门的训练管理。因为牧羊犬是由专业训练者直接控制，理论上它们可以在指定的地区按照指定方向驱除鸟类。如果接近飞机，牧羊犬可以及时在任何地点停下，可以通过训练员的指挥来避免潜在的危险。这就允许它在机场最繁忙的时候不间断工作。牧羊犬是靠视觉驱除鸟群，机场噪音不会影响它们行动的效率。

牧羊犬可长时间工作，而且能适应各种环境并随机应变，不受天气和地形条件的限制，甚至可以到沼泽或水塘里追赶水禽。牧羊犬驱赶成群的动物是它的天性，训练员也训练它们不要去捕杀动物，正因为它们不会伤害鸟群，所以可以用它们驱除受保护的鸟类。牧羊犬对环境没有任何破坏，而且这种方法在公众中印象很好。一个训练员，一只牧羊犬再配上一辆车就能控制一大片区域。训练员可以指挥牧羊犬改变方向、接近鸟群、撤退、搜寻目标，可以指挥牧羊犬按规定方向驱散鸟群，避免了驱散的鸟类重新结群。牧羊犬的寿命大约为 14～15 年，它可以在 1 岁的时候开始工作直到 11～12 岁。但是，狗对于很小的鸟类，如燕子和滨鹬的驱赶效果很差，而且它不能阻止海鸥和其他鸟群飞越机场，也不能阻止猛禽在机场捕猎。即便没有鸟群的出现，牧羊犬仍然需要每天外出工作训练。牧羊犬和训练人员都必须经过职业训练，合格的牧羊犬非常昂贵（价格相当于能辨别毒药和炸弹的狗），培训机场人员的花费也不小。

（三）机场车辆驱鸟技术

驱鸟车辆可用于指挥调度与驱赶鸟类，是机场驱鸟管理程序中必需的一部分（图 2－20），通常这里使用的车辆需要达到以下要求：

图 2－20　驱鸟车

（1）四轮驱动。四轮驱动的汽车稳定性、灵活性相对较好，不容易损坏机场草坪、弄脏道面吸引鸟群。

（2）耐损伤的轮胎。汽车经常在飞机跑道、滑行道以及不同的无路地点行驶，垃圾废物处理站中的物体碎片会对轮胎造成显著的伤害。“胎印”宽橡胶增加了轮胎在泥地和软地上的浮力，使车辆行驶时带起的泥和石头容易被甩掉。

（3）安全和通信设备。频闪灯具是所有机场车辆都使用的标准设备。VHF 频段的对讲机便于驱鸟工作的所有相关人员保持联系。可调聚光灯非常适用于夜间观察鸟和大型哺乳动物。盒式或数字录、放音装备，包括外置的扩音器，可以播放事先录制好的哀鸣。

（4）音效威慑。这是一种有效的惊吓技术，不过只能临时使用。这些音效包括警报、种群的哀鸣和猛禽的叫声、汽车喇叭、人造声音、放大的录音和烟火声音。

有研究表明，使用频率高于或低于人类听觉的音效，对机场及周边地区的鸟群有很好的威慑作用。此外，每个鸟类迁徙期间，在鸟击防灾预测预报的信息帮助下，使用该手段驱赶短期途经机场及周边地区的鸟类效果十分理想，甚至会改变少数鸟群的迁徙路线和栖息地。

总之，机场鸟撞防治应该遵循“环境治理为主，驱鸟措施为辅”的原则。场站在进行驱鸟工作时，应注意各类驱鸟方式综合运用，具体问题具体分析，总结适合自己的、更为有效的机场鸟撞防治措施。

应用篇

第三章 常用驱鸟设备的安装与使用

第一节　物理类驱鸟设备的安装与使用

一、拦鸟网

（一）拦鸟网布设的一般原则

1. 功用

拦鸟网的使用应为拦截低空飞行的鸟类到达跑道区域，而非以捕捉跑道两侧的鸟类为主要目的。

2. 一般结构及形态

拦鸟网一般是由网面、支撑杆及紧固拴绳等构成，如图 3－1 所示。拦鸟网的形态应与其功用相适应。通常情况下，拦鸟网的设置应兼具拦截与警示鸟类的功能，为此，网面和支撑杆可选用与环境具有明显差异的颜色，如红色或橙色。具有警示效果的网具同时利于人员巡视，并具有升降带内障碍物标示效果。当拦鸟网的设置是用于捕捉鸟类时，拦鸟网的形态则应尽可能隐蔽，如网面设置为黑色、草绿色或天蓝色，支撑杆设置为草绿色或土黄色，以提高捕获效果。

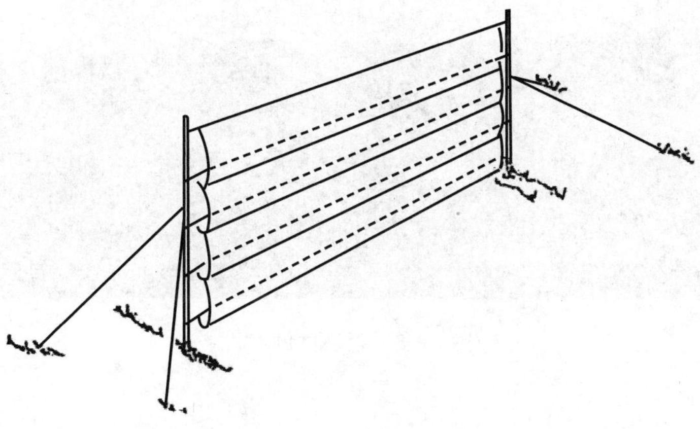

图 3－1　拦鸟网形态示意图

拦鸟网的网目尺寸应适应拦截对象的体量，常见鸟类适用网目尺寸的参考值参见表3-1，网片尺寸可根据实际情况设定，网兜数的设置应兼顾捕捉效果及维护的方便性。

表 3-1　网目尺寸参考值

编号	适用鸟种	网目尺寸（cm）
1	啄花鸟科、太阳鸟科、攀雀科、旋木雀科 绣眼鸟科、莺亚科、䴓科	1.2×1.2
2	鹟科、鹪鹩科、岩鹨科、山雀科、文鸟科 雀科、翠鸟科、鹡鸰科、河乌科	1.8×1.8
3	百灵科、鸫科、戴胜科、画眉科、鸮形目	2.5×2.5
4	鸠鸽科、沙鸡科、鹑属	3.5×3.5
5	鸡形目（鹑属除外）、雁形目（天鹅除外）	(6.5～8)×(6.5～8)
6	其他大型鸟类	(12～16)×(12～16)

3. 布设要求

拦鸟网应布设在机场升降带最小平整范围以外，并应充分考虑本机场运行的各类飞机安全净距的最低要求（图 3-2）。

在机场内布设的拦鸟网应网面完好，杆体挺直。多个拦鸟网共同布设时，应排列整齐，间距一致。

拦鸟网的布设数量应考虑保障区域的面积大小、当季上网鸟类的估计数量、人员巡网能力等因素。

图 3-2　拦鸟网的架设

4. 安全性要求

拦鸟网的各组成部分应具有足够的机械强度，并具有环境适应性设计，在正常使用时，应保证各组成部分不能失效。一般地，拦鸟网应能承受所在机场运行时可能的最大风速吹袭。

拦鸟网的支撑杆应满足易折性要求。杆体的根部应设置易折点，易折点高出地面应不超过38mm，能承受204Nm的弯矩而不失效，但应在弯矩达到678Nm以前迅速利落地从安装系统脱开。杆体及其安装部件架设完成后按长度计算的总重应不超过24.5kg/m。

网面与支撑杆的连接应足够牢固，网面因鸟类撞击或风力吹袭而破损时不应从杆体脱落；杆体应设置与地面的锚固装置，以防止杆体因风力或撞击折断时随处移动。

5. 操作及维护要求

基于作业效率和操作可靠性的考虑，拦鸟网的设计应便于安装和收纳，为此，可以采用尽可能少的构件数量以及“免工具安装”等设计方法。实践证明，可调高度及可快速更换网面的设计可较大幅度提高网具的适用性。

（二）拦鸟网的选择

1. 材料性能

拦鸟网各部件的材料性能应满足下列要求：

（1）温度适应性。各部件的物理性能应适应当地温度变化范围，不应因温度的变化引起材料性能的明显差异。

（2）湿度及水气适应性。各部件应允许长期暴露在较大湿度空气、水（雨、雾）和冰（雪、霜）环境中。

（3）抗辐射老化性能。在给定的使用寿命期间，各部件在阳光照射下不应发生超出可接受范围的老化现象。

（4）抗腐蚀性能。各部件（尤其是金属部件）应具有一定程度的抗氧化腐蚀性能，沿海地区还应考虑抗烟雾腐蚀性能。

（5）抗霉变性能。各部件本体应具有抗霉变性能，同时网体应设计得不易黏结易产生霉变的外来物。

（6）如采用金属支撑杆或金属拴绳时，应考虑防雷击性能。

2. 设计要求

（1）拦鸟网应设计得便于在土质地面上安装，且支撑杆及锚固装置与土面的接触部分应设计成可抵御风蚀、流水冲刷和浸泡以及动物翻刨。

（2）易折装置在折断后应易于更换。

（3）支撑杆应具有一定的刚度，且各方向刚度一致。在允许的风力载荷作用下，其顶端的横向位移量不应超过垂直高度的10%。

（三）拦鸟网的使用及相关处理

1. 网的巡视

鸟困在网中时间越久会缠得越深，难于解网，并有可能吸引同类或天敌鸟类活动，同时对鸟造成伤害的可能性也越大。因此，应定时巡视网场，及时解下上网鸟类（图3-3）。在繁殖季节或天气恶劣时，应增加巡视频次。无论拦鸟网张开还是叠起，每天应至少对网进行一次巡视。

图 3-3 工作人员在清除拦鸟网上的鸟

2. 网的保护

在大风、强降雨（雪）等不利于拦鸟网使用的环境下，应及时将网叠起或收网。如存放在原地，则应做好系留工作。

3. 解网技术

解网是指从网上安全、迅速地取出上网鸟的过程。

（1）解网顺序

解网的顺序就是把鸟上网的过程反转过来，最后把鸟取出的网面就是鸟飞进的网面。如鸟缠在两重网中，应先解开外面的一层；若鸟在网兜内已经转了几圈时，应小心把它转回。

（2）鸟的持握和传递方法

为避免鸟被缠得更深，需要尽可能用正确的持握方法抓住上网鸟，常用为抓握法，参见图 3-4。当鸟的头部和身体解出后，用抓握法可以很容易地拉开缠在脚上的网线。

鸟被从网上解下后应以正确的持握和传递手法（参见图 3-5 和图 3-6）转移至存放装置中。

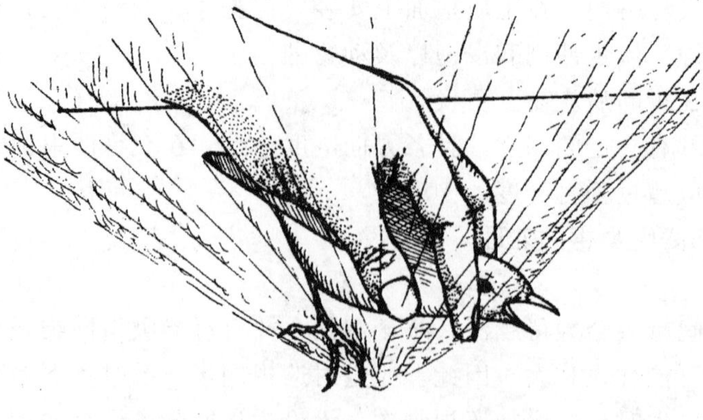

图 3-4 抓握法

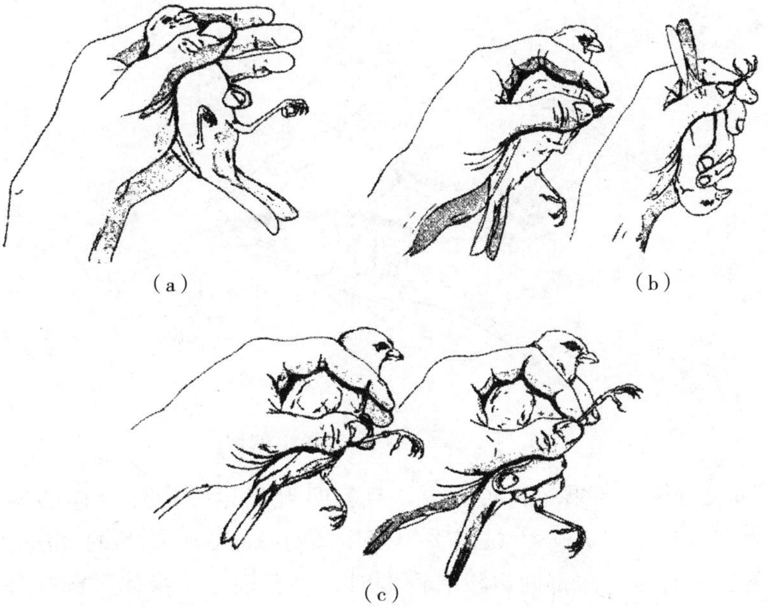

图 3-5　持握鸟类的方法

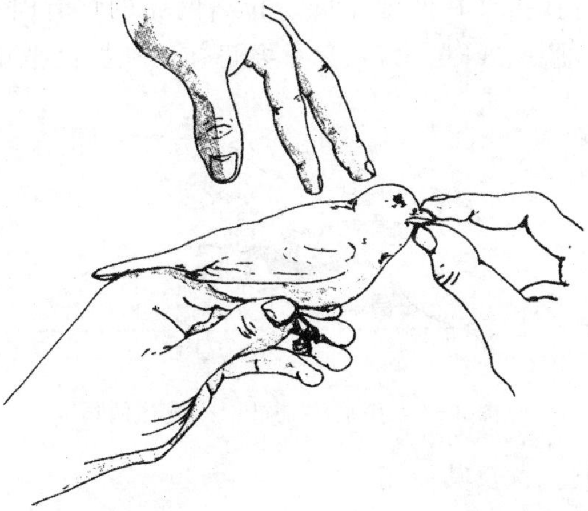

图 3-6　传递鸟类的方法

(3) 解网方法

鸟的不同部位被缠住时，解网方法不同。

① 足趾被网线缠住：可以把鸟腹部向上，脚伸直，轻吹其腹部，紧握的足趾会自然松开；如果缠得较紧，可用中指和拇指轻轻而牢固地捏住跗跖（也称“跗蹠”）近趾的部位，再以另一只手的食指和拇指轻且反复地向外搓动网线，参见图 3-7。如遇隼形目、鸮形目以及椋鸟等爪较弯的鸟类而难以解网，则可剪断网线。

② 双翅被网线缠住：先抓住初级飞羽的基部，另一只手把缠在翅上的网线解脱，同时也把缠在翅基部的网线解开，接着以抓握法抓住鸟体，最后将另一侧翅膀也解出。在解脱腕关节部位时要格外小心，尽可能把网线由羽毛基部拉向端部；如果网线紧绷关节部

位，解脱有可能对翅膀造成伤害时，最直接的解决方法是剪断网线。

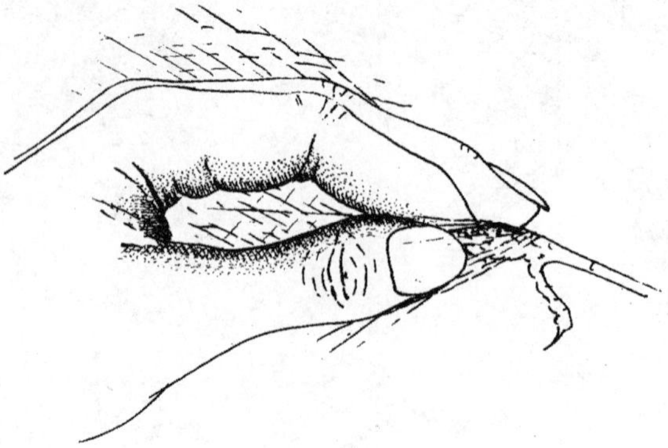

图 3－7　解脱缠在鸟足趾上的网线

③ 多处被网线缠住：如果鸟躺在网内，且其足趾又紧抓缠住身体的网线，以先解脱腿脚部的网线为宜，参见图 3－8。先用手指握住鸟的跗跖，用捻动的方法把趾上的网线脱开。每解脱一条腿，且腿与腹部间再没有网线时，可轻轻地从身体后部抓住鸟腿，避免鸟再次抓住网线。当腿部网线全部解脱后，用拇指和食指抓住鸟的跗间关节（不可抓跗跖，因为很多鸟的跗跖很脆弱），小心把鸟拉离网线。若是较小型的鸟，安全的做法是以拇指和中指抓住跗间关节，将食指夹在两腿中间。拉离网兜的鸟有时头部或翅膀还缠有网线，可让鸟自行挣脱。在鸟挣脱网线时，另一只手要迅速以抓握法把鸟握住。

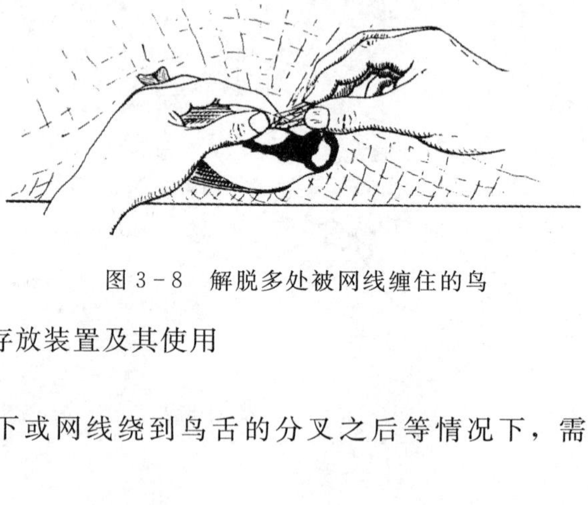

图 3－8　解脱多处被网线缠住的鸟

（4）解网工具、存放装置及其使用

① 小剪刀

在长时间难以解下或网线绕到鸟舌的分叉之后等情况下，需要用剪刀剪断一两根网线。

② 拉网竿

当上网的鸟位于较高的位置时，可用尖端带钩的拉网竿拉下顶层的网弦，这样可减轻解鸟时网线的张力。

③ 手电筒或头灯

如果需要在早晨或傍晚进行解鸟工作，应携带照明用具。

④ 存放装置

对从网上解下来的鸟，应送至远离飞行区的地方释放或处理。期间可将鸟类暂时存放在鸟袋或者鸟箱中。

鸟袋适用于每只鸟单独存放，通常由透气性好的布缝制成四方形袋，三边封口，另一边以抽绳收口。鸟袋的尺寸因捕捉对象个体大小而不同，一般有30cm×40cm（装小型鸟）和40cm×60cm（装大型鸟）两种规格。

使用鸟袋的注意事项如下：

一是注意及时翻转清理里面的粪便和羽毛等杂物，定期清洗，以避免霉菌快速滋长，尤其是在温暖潮湿地区，这一点对保护鸟和使用人员的健康尤其重要；

二是如缝合处有毛边，则须将毛边翻在外面，否则鸟腿可能会被线缠绕；

三是在取袋中鸟的时候，注意鸟在袋里的位置；

四是尽量避免摇晃和碰撞袋中的鸟，在鸟的放置地设置悬挂鸟袋的钩或杆，如果把鸟保留过夜，要将袋子系紧，并存放在阴凉的室内地面上。尤其注意，大型鸟切不能彻夜悬挂。

鸟箱适用于在短时间内捕获量很大、鸟种单一的栖息地捕捉，通常为木质或塑料材质。箱的上口中央贴一块切割成星状的硬橡胶板，作为放入和取出鸟的开口，箱壁可镶一个玻璃观察孔，箱底可放置一张纸，并及时更换，以保持箱内清洁。

使用鸟箱的注意事项如下：

一是保持箱内温度适宜，保证透气或通风；

二是避免箱内过度拥挤。

4. 运送和释放鸟类

在机场捕捉到的鸟类通常需要运送到远离机场的地区释放，存放时间越短越好，可记录捕捉和释放的时间和地点。释放鸟类的注意事项如下：

（1）把鸟放在手掌上或干燥的地面，让其自行飞走。不可把鸟抛到空中，这样鸟可能无法及时应变而坠落在地，受到伤害。释放攀禽时，应持蹠跖举高，迎风放飞。

（2）释放鸟的地点应远离机场，以免释放后的鸟又马上飞回机场活动。

（3）在黄昏时刻释放鸟类时，对眼睛较小的鸟类来说，最好保留过夜；对眼睛较大的鸟，即使天色已黑，也可在野外释放，但需要给鸟适应黑暗的时间。

（四）其他网具的应用简介

1. 地网

地网是将网面贴地面铺设的一种网具架设方式，常用于机场内外人员不易到达驱赶且存在吸引鸟类因素（如地表水、结籽植物）的地面区域，以捕捉或阻止在这些区域活动的飞鸟。地网可直接铺设于目标区域上方，或利用低高度的网杆平行于地面架设，参见图3－9。

图3－9　地网示意图

2. 扣网

扣网用于捕捉或诱捕特定的鸟类，由人拉动支撑网笼的机关（撑起网笼的木杆上系的拉绳），使进入网笼的鸟被关在网笼内而被捕捉。可根据捕捉地点的实际情况和所捕捉鸟的种类特点，制作不同大小、不同式样的扣网，图 3-10 为几种不同形式的扣网。该方法适于捕捉在地上觅食的鸟类。

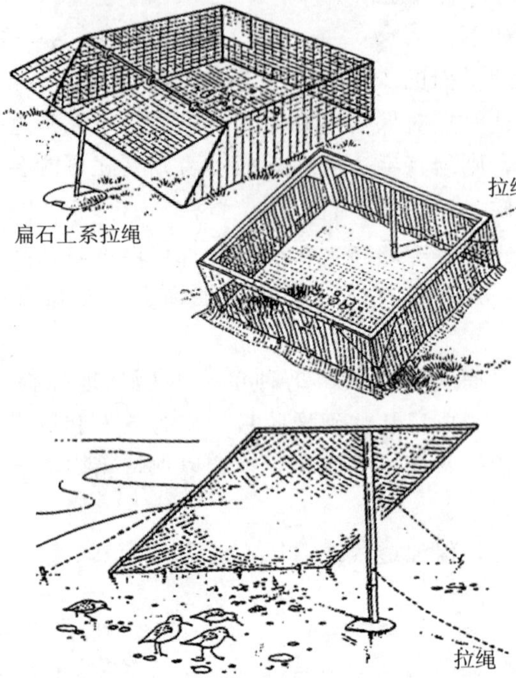

图 3-10　几种扣网示意图

3. 拍网

拍网常用于捕捉或诱捕集群取食或栖息的鸟类，如雁鸭类、鸻鹬类、鸥类等，每面拍网通常是 2m×5m 的规格，常用的有单拍网或双拍网。图 3-11 为双拍网示意图，立在两侧的拍网在拉绳后齐向内侧倾倒，拍捕两网之间的目标鸟类。

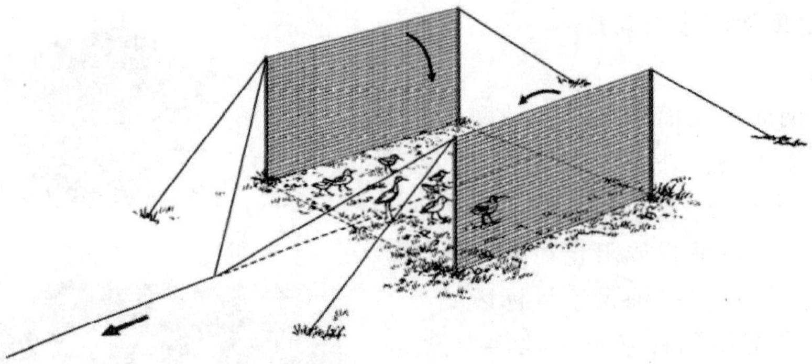

图 3-11　双拍网示意图

有风的情况下，建议把单拍网设在背风的位置，不仅能加快拍网的速度，且由于鸟类常逆风起飞，正好迎上拍下。

双拍网比两个单拍网的捕捉效果要好，因为双拍网能将远离一侧拍网的鸟及时网住，但要注意调好拉绳的位置和方向，使两个拍网能同时、迅速地拍合。

4. 抛射网

抛射网是利用小型火箭筒抛射出大型网以捕捉动物的猎捕工具，不仅可以捕捉鸟类，也可以捕捉大型的兽类。抛射网使用时不受季节和地区的限制，在灌丛、沼泽、浅水域中均可使用。抛射网由网具、小型火箭筒等部分组成，参见图 3－12。抛射网在捕捉雁鸭类、鸻鹬类、鹤类等鸟类时效果显著。

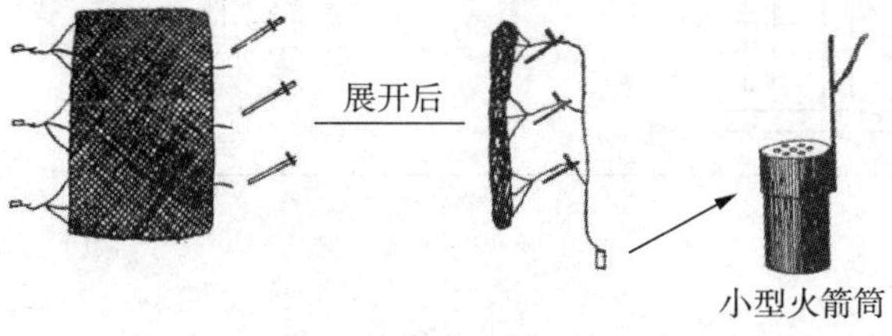

图 3－12　抛射网示意图

二、煤气炮

煤气炮是一种以煤气为原料，发出巨响以驱除鸟类的装置，对机场的鸟害防治工作有着十分重要的作用。

（一）煤气炮工作原理

图 3－13 为炮体结构简图，图 3－14 为煤气炮的工作原理图。主控电路上集成有定时/计数器，当设定的时间到达后，主控电路便通过控制电磁煤气阀往炮体注入煤气，待煤气与空气充分混合后，便控制高压点火系统点火，气体燃烧膨胀，通过炮管产生爆鸣声，从而达到驱鸟的目的。

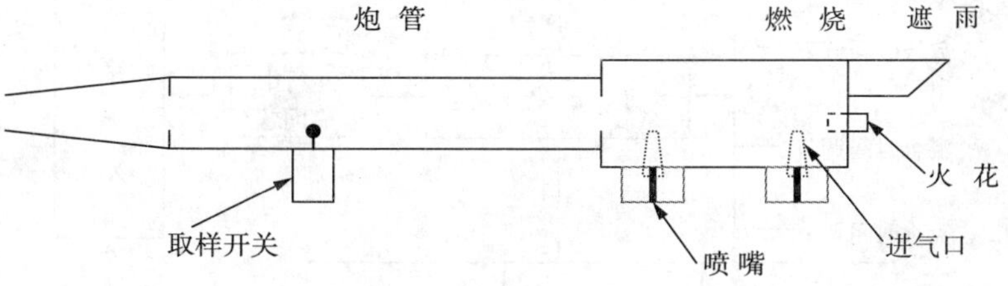

图 3－13　炮体结构简图

主控制电路作为煤气炮的核心部分，主要起到了对煤气炮各主要零部件的控制，其原理方框图如图 3－15 所示。220V 的市电交流电压通过降压、整流、滤波、稳压等过程后得到 12V 的直流电压作为电路板的工作电压。电路板具有系统时间调节、放气调节、混合时间调节、点火时间调节等功能（图 3－16）。各部分的功能通过电路板的核心元器件（一般为单片机）控制电磁煤气阀、火花塞、取样开关、状态指示灯等器件实现协调工作。

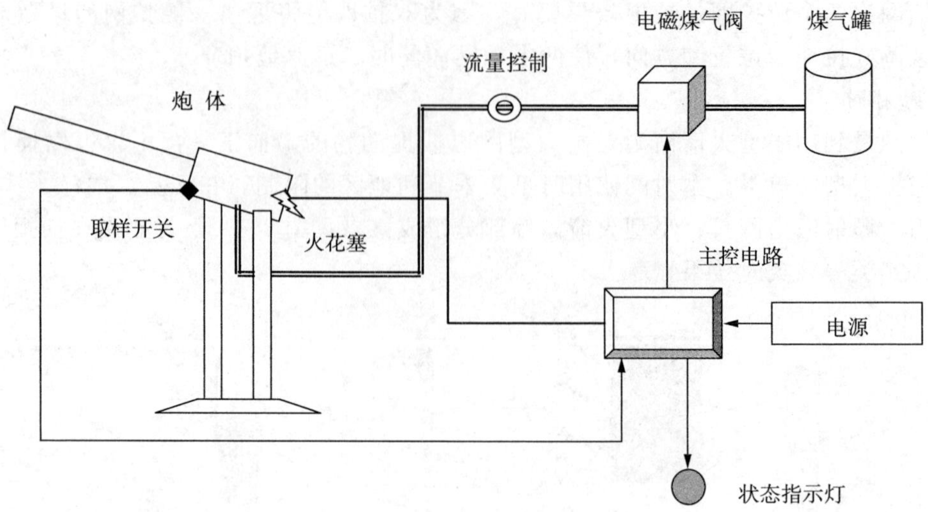

图 3－14　煤气炮系统工作原理图

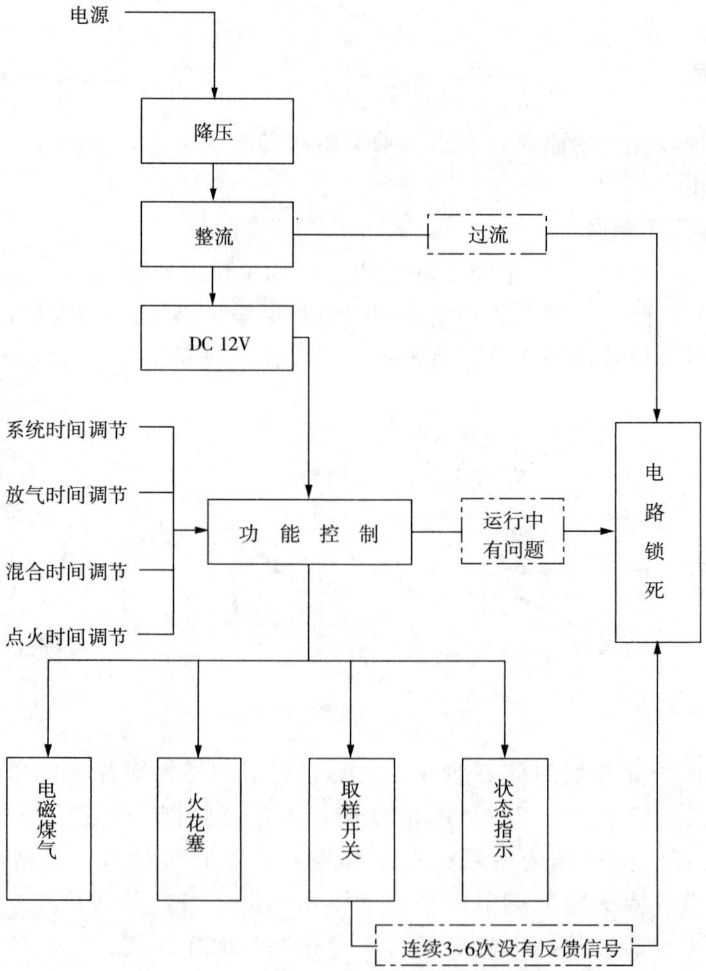

图 3－15　主控电路原理方框图

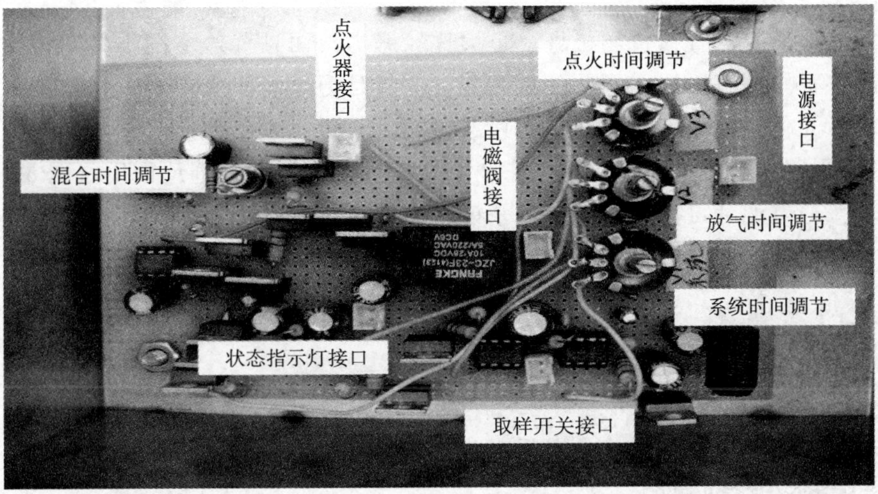

图 3-16 核心控制电路板

（二）电源部分

1. 直流稳压电源

由于控制电路部分工作在直流电压上，故从市电过来的 220V 交流电压需要经过相应的电路进行转换，也就是直流稳压电路，使输出的电压能适用于控制电路。直流稳压电路的组成框图如图 3-17 所示。U_1 为输入的交流电压，经过变压器后输出电压变为 U_2，但此时的 U_2 仍然为交流电，其波形为正弦。U_2 经过整流电路后变为 U_3，此时的电压仍然不是直流电压，其需要再经过滤波、稳压后才能最终输出直流电压。其中稳压部分决定了输出的直流电压幅值，常见的稳压器型号有 7805、7905、7812 等等，其外形如图 3-18 所示。

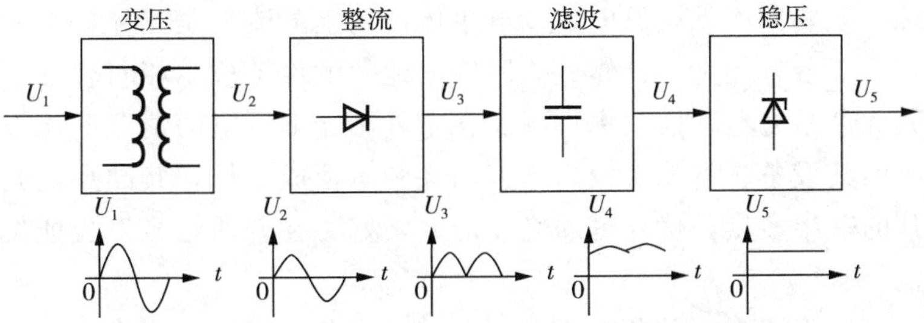

图 3-17 直流稳压电路组成框图

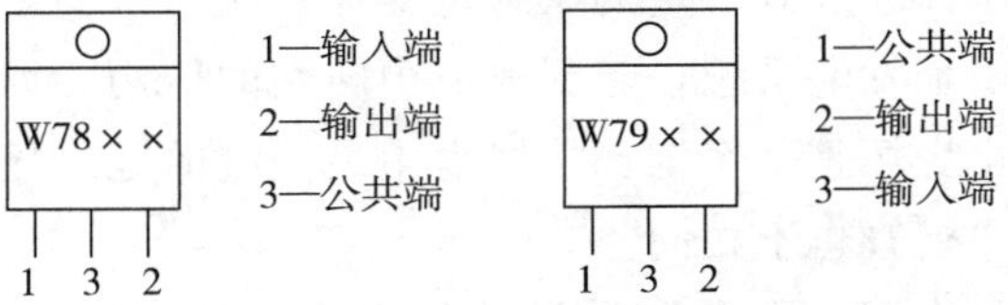

图 3-18 稳压器外形及管脚排列

2. 太阳能电池板

由于驱鸟器设备放置在机场机坪，环境比较恶劣，而且覆盖范围不易布线，故引入太阳能供电能够很好地解决这个问题。太阳能电池板是通过吸收太阳光，将太阳辐射能通过光电效应或者光化学效应直接或间接转换成电能的装置，大部分太阳能电池板的主要材料为“硅”，但因制作成本很大，以至于它还不能被大量广泛和普遍地使用（图 3－19）。

相对于普通电池和可循环充电电池来说，太阳能电池属于更节能环保的绿色产品。其结构组成一般包含七个部分（图 3－20）。

图 3－19　太阳能电池板

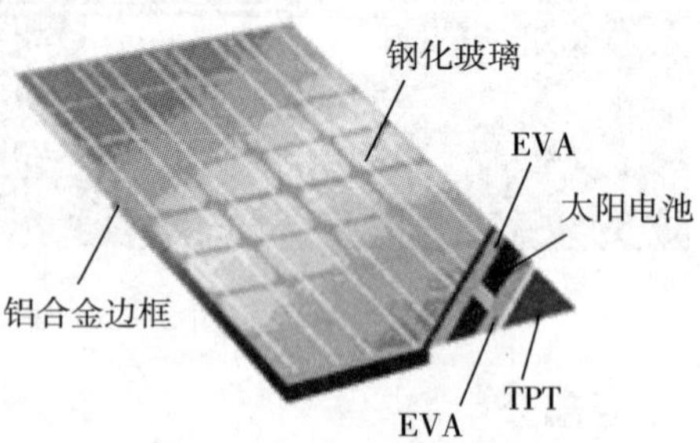

图 3－20　太阳能板的组成

（1）钢化玻璃。其作用为保护发电主体（如电池片），其选用是有透光要求的：透光率必须高（一般 91%以上）；超白钢化处理。

（2）EVA。用来黏结固定钢化玻璃和发电主体（如电池片），透明 EVA 材质的优劣直接影响到组件的寿命，暴露在空气中的 EVA 易老化发黄，从而影响组件的透光率和组件的发电质量。除了 EVA 本身的质量外，组件厂家的层压工艺影响也是非常大的，如 EVA 胶黏度不达标，EVA 与钢化玻璃、背板黏结强度不够，都会引起 EVA 提早老化，影响组件寿命。

（3）电池片。主要作用就是发电，发电主体市场上主流的是晶体硅太阳电池片、薄膜太阳能电池片，两者各有优劣。晶体硅太阳能电池片的设备成本相对较低，而消耗及电池片成本很高，其优点是光电转换效率也高。在室外阳光下发电的情况下比较适合使用薄膜太阳能电池，虽然其设备成本相对较高，但消耗和电池成本低，其缺点是光电转换效率只有晶体硅电池片的一半多点，优点是弱光效应非常好，在普通灯光下也能发电，如计算器上的太阳能电池。

（4）背板。作用为密封、绝缘、防水（一般都用 TPT、TPE 等材质，必须耐老化，大部分组件厂家都质保 25 年，钢化玻璃、铝合金一般都没问题，关键在于背板和硅胶是否能达到要求）。

（5）铝合金保护层压件。起到一定的密封、支撑作用。

（6）接线盒。保护整个发电系统，起到电流中转站的作用。如果组件短路，接线盒自动断开短路电池串，防止烧坏整个系统。接线盒中最关键的是二极管的选用，组件内电池片的类型不同，对应的二极管也不相同。

（7）硅胶。起到密封作用，用来密封组件与铝合金边框。组件与接线盒交界处的密封，国内普遍使用硅胶，因为其工艺简单，方便，易操作，而且成本很低。

当前，晶体硅材料（包括多晶硅和单晶硅）是最主要的光伏材料，其市场占有率在90%以上，而且在今后相当长的一段时期也依然是太阳能电池的主流材料。多晶硅材料的生产技术长期以来掌握在美、日、德等3个国家7个公司的10家工厂手中，形成技术封锁、市场垄断的状况。多晶硅的需求主要来自于半导体和太阳能电池。按纯度要求不同，分为电子级和太阳能级。其中，用于电子级多晶硅占55%左右，太阳能级多晶硅占45%，随着光伏产业的迅猛发展，太阳能电池对多晶硅需求量的增长速度高于半导体多晶硅的发展。1994年全世界太阳能电池的总产量只有69MW，而2004年就接近1200MW，在短短的10年里就增长了17倍。专家预测太阳能光伏产业在21世纪前半期将超过核电成为最重要的基础能源之一。

太阳能电池是一种对光有响应并能将光能转换成电力的器件。能产生光伏效应的材料有许多种，如单晶硅、多晶硅、非晶硅、砷化镓、硒铟铜等。它们的发电原理基本相同，现以晶体硅为例描述光发电过程。P型晶体硅经过掺杂磷可得N型硅，形成P－N结。

当光线照射太阳电池表面时，一部分光子被硅材料吸收，光子的能量传递给了硅原子，使电子发生跃迁成为自由电子，并在P－N结两侧集聚，形成了电位差。当外部接通电路时，在该电压的作用下，将会有电流流过外部电路，产生一定的输出功率。这个过程的实质是：光子能量转换成电能的过程（图3－21）。

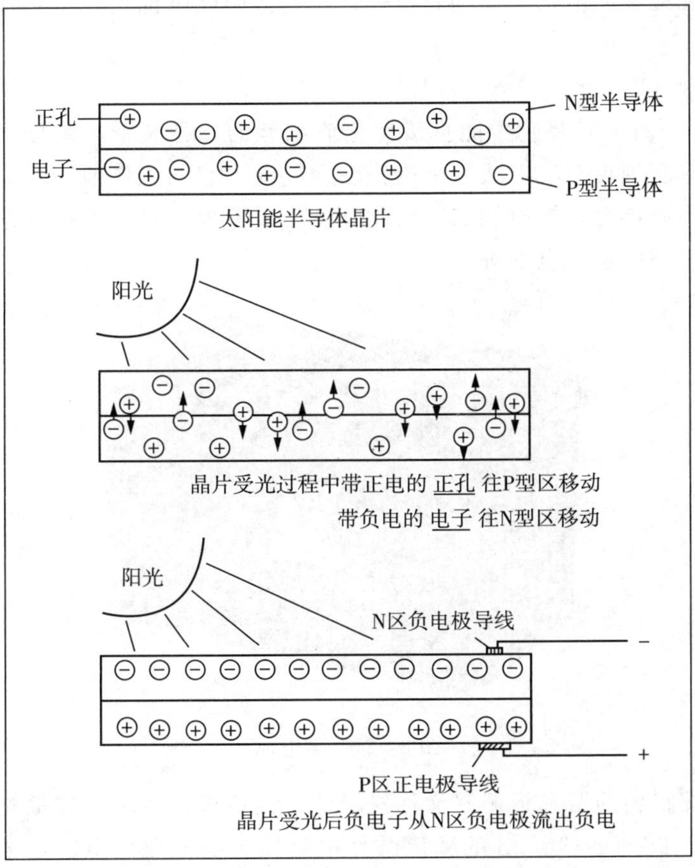

图3－21　太阳能板的发电原理

太阳能发电有两种方式，一种是光—热—电转换方式；另一种是光—电直接转换方式。

（1）光—热—电转换方式，该方式是通过利用太阳辐射产生的热能发电，一般是由太阳能集热器将所吸收的热能转换成工作的蒸气，再驱动汽轮机发电。前一个过程是光—热转换过程；后一个过程是热—电转换过程，与普通的火力发电一样。太阳能热发电的缺点是效率很低而成本很高，估计它的投资至少要比普通火电站贵 5～10 倍。一座 1000MW 的太阳能热电站需要投资 20 亿～25 亿美元，平均 1kW 的投资为 2000～2500 美元。因此，适用小规模特殊的场合，而大规模利用在经济上很不合算，还不能与普通的火电站或核电站相竞争。

（2）光—电直接转换方式。该方式是利用光电效应，将太阳辐射能直接转换成电能，光—电转换的基本装置就是太阳能电池。太阳能电池是一种由于光生伏特效应而将太阳光能直接转化为电能的器件，是一个半导体光电二极管，当太阳光照到光电二极管上时，光电二极管就会把太阳的光能变成电能，产生电流。当许多个电池串联或并联起来就可以成为有比较大的输出功率的太阳能电池方阵了。太阳能电池是一种大有前途的新型电源，具有永久性、清洁性和灵活性三大优点。太阳能电池寿命长，可以一次投资而长期使用；与火力发电、核能发电相比，太阳能电池不会引起环境污染；太阳能电池可以大、中、小并举，大到百万千瓦的中型电站，小到只供一户用的太阳能电池组，都可应用，这是其他电源无法比拟的。

3. 铅酸蓄电池

蓄电池（图 3-22）是将化学能直接转化成电能的一种装置，是按可再充电设计，通过可逆的化学反应实现再充电，通常是指铅酸蓄电池。它的工作原理：充电时利用外部的电能使内部活性物质再生，把电能储存为化学能，需要放电时再次把化学能转换为电能输出，比如生活中常用的手机电池等。

图 3-22　蓄电池

它用填满海绵状铅的铅基板栅（又称格子体）作负极，用填满二氧化铅的铅基板栅作正极，并用密度 1.26～1.33g/ml 的稀硫酸作电解质。电池在放电时，金属铅是负极，发生氧化反应，生成硫酸铅；二氧化铅是正极，发生还原反应，生成硫酸铅。电池在用直流电充电时，两极分别生成单质铅和二氧化铅。移去电源后，它又恢复到放电前的状态，组成化学电池。铅蓄电池能反复充电、放电，它的单体电压是 2V，电池是由一个或多个单体构成的电池组，简称蓄电池。最常见的是 6V 的，其他还有 2V、4V、8V、24V 蓄电池。如汽车上用的蓄电池（俗称电瓶）是 6 个铅蓄电池串联成 12V 的电池组。

对于传统的干荷铅蓄电池（如汽车干荷电池、摩托车干荷电池等）在使用一段时间后要补充蒸馏水，使稀硫酸电解液保持 1.28g/ml 左右的密度；对于免维护蓄电池，其使用直到寿命终止都不再需要添加蒸馏水。

（1）电池反应

铅酸蓄电池的正极活性物质是二氧化铅，负极活性物质是海绵状金属铅，电解液是稀硫酸，在电化学中该体系可表示为：

$$(-)\ Pb \mid H_2SO_4 \mid PbO_2\ (+)$$

其反应式如下：

负极反应：$Pb + HSO_4^- - 2e \underset{\text{充电}}{\overset{\text{放电}}{\rightleftharpoons}} PbSO_4 + H^+$

正极反应：$PbO_2 + 3H^+ + HSO_4^- + 2e \underset{\text{充电}}{\overset{\text{放电}}{\rightleftharpoons}} PbSO_4 + H_2O$

电池反应：$Pb + PbO_2 + 2H^+ + 2HSO_4 \underset{\text{充电}}{\overset{\text{放电}}{\rightleftharpoons}} PbSO_4 + 2H_2O$

（2）极板化成

铅酸蓄电池与锂离子电池不同，锂离子电池是装配成电池封口后再进行化成工序，但铅酸蓄电池的极板在干燥固化后就进行化成。化成过程如下：固化干燥好的极板，在稀硫酸电解液中，用直流电进行电解。把正极板与直流电源的正极相接，负极板与直流电源的负极相接。使正极板上的活性物质发生阳极氧化，生成二氧化铅；同时在负极上发生阴极还原，生成海绵状铅。

化成的电流密度应根据极板类型、厚度来选择。这时的电流密度指的是单位极板表面积上的电流，即表观电流密度，通常为 $2 \sim 10mA/cm^2$。

化成用的电流密度小，则化成延续时间长，生产周期长，生产效率低。而化成用的电流密度大，则化成时间可缩短，但电流大引起极板的极化加大，副反应加速，造成气体析出加剧，使得电流效率低。可根据实际情况选择一个合适的电流密度以期在不影响生产效率的前提下尽量节省电能消耗。一般汽车用蓄电池极板要用 20～40h 完成。目前有的工厂采用分段化成方法，即在化成初期采用大电流密度，经过一定时间后改用小电流密度化成，这既可以保证活性物质充分转化又减小气体析出的副反应，一般延缓 18～22h。

化成工序一般是在专门的化成槽中进行，如橡胶槽、陶瓷槽等。将同名极板并联在一起，异极板对插起来，为保持异性极板间的距离均匀，极板被均匀分布地夹于梳形板（绝缘体）中。根据不同类型的极板，选用合适的化成工艺条件进行化成。在化成末期进行 10～30min 的短时间放电称为保护性放电，使极板的表面形成一薄层的硫酸铅，它可以增强正极活性物质的强度，减少在下一步装配工序中活性物质的脱落，也减少负极活性物质与空气接触时的氧化。

(3) 充放电特性

单只蓄电池的充电电压为2.1～2.8V，放电电压为2.0～1.5V。一般来说，铅蓄电池的标称电压为2V。铅蓄电池的充、放电曲线形状较复杂，这是由充放电过程中活性物质组成变化和活性物质表面硫酸浓度变化引起浓差极化和电池内阻变化造成的。

铅蓄电池的放电工作电压较平稳，对工作温度及放电电流密度有较强的适应性，既可以小电流放电，也可以用很大的电流放电；既可以在较高的环境温度下（65℃）工作，也可以在－40℃的低温下工作。

根据不同的电池类型、不同的放电条件，对电池容量的寿命要求不同，电流放电终止电压的规定也不同。一般在大电流或低温条件下放电时，终止电压可取低些。因为在此条件下生成的硫酸铅量较少，即使终止电压低，也不会使电池受到损害。在小电流放电时，终止电压不可过低。由于放电时间长，放电的电量较多，生成的硫酸铅量也多，导致其体膨胀引起较大的内应力，容易造成极板弯曲变形或活性物质脱落。

铅酸蓄电池充电的方法有恒流充电、恒压充电和脉冲充电三种。

恒流充电是在充电过程中使充电电流固定，随着充电进行，活性物质被恢复，电极反应面积不断缩小，电极极化不断增加，充电电压升高，充电电压过高会使副反应增加。为克服这一缺点，可采用分段定电流充电。

恒压充电是控制充电电压一定，充电电流随时间而变化。开始充电电流较大，随着电极反应面积减少及极化增加，充电电流逐渐减少。由于充电过程中控制电压，从而可减少充电时的副反应，但充电时间较长。

脉冲充电是近几年发展起来的新技术，脉冲充电可缩短充电时间，提高活性物质的转换率。

(4) 电量与电压关系

蓄电池的剩余电量可通过测量蓄电池的电压粗略地得出。车用12V铅酸蓄电池电压与剩余电量的关系见表3-2：

表3-2　12V铅酸蓄电池电量与电压关系

电压（v）	剩余电量
12.7	100%
12.5	90%
12.4	80%
12.3	70%
12.2	60%
12.1	50%
11.9	40%
11.8	30%
11.6	20%
11.3	10%
10.5	0%

（5）充电电路

蓄电池充电电路如图 3-23 所示，其工作原理：220V 市电经变压器降压桥式整流电路整流及电容滤波后得到 15V 直流电压，由 TIP42 控制给铅酸蓄电池充电，2 个二极管在 9013 导通时把 TIP42 基极钳位在 1.4V，充电电流由 1Ω（Ω 为欧姆单位）电阻调整，大约为（1.4V～0.7V）/1Ω＝0.7A。充电前，应首先查看电池的容量再决定充电电流的大小，一般按 0.1C 考虑。理论上电流越小对电池越有好处，国标规定的低倍率充电时 0.2C（仲裁充电制式），以 1000mA·h 容量电池为例，就是 200mA，即该电池 5 个多小时可以充满。充电终止由电压比较器 LM339 控制，2 个 100K 电阻串联采样充电电压的一半接到反相端，同相端由 100K 电位器整定终止充电电压，当充电电压低于整定值时，LM339 输出高电平，9013、TIP42 导通，开始充电；当充电电压高于整定值时，LM339 输出低电平，9013、TIP42 截止，停止充电。LM339 是 OC 门输出，所以必须有 10K 的上拉电阻，10Ω/10W 电阻是为了降低 TIP42 功耗、减少发热，9013 集电极的 10Ω 电阻也是这个作用。

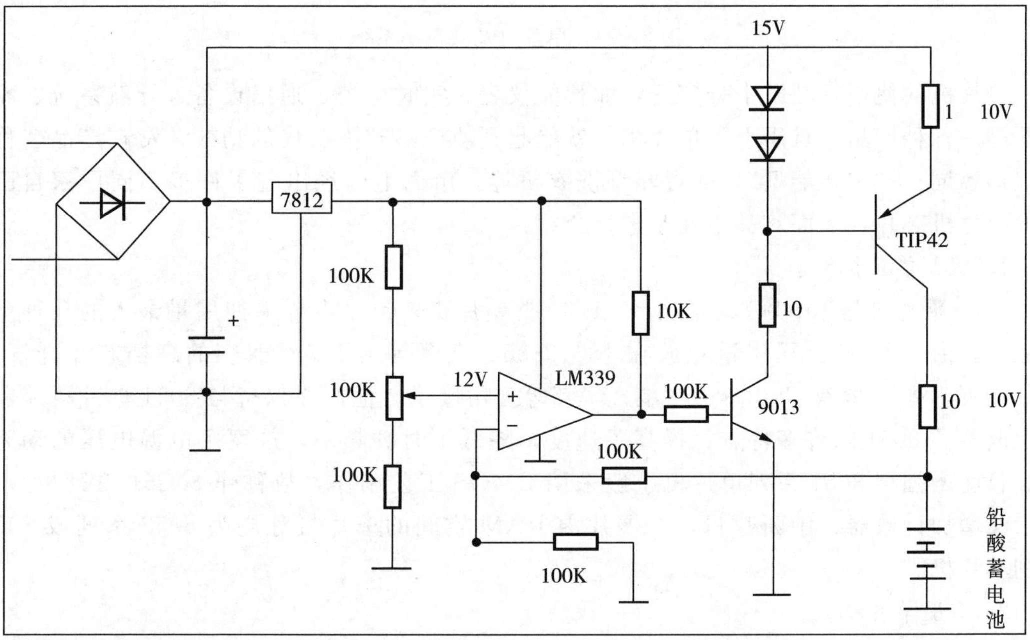

图 3-23 蓄电池充电电路

（三）控制部分

控制部分的核心元器件为单片机。单片机（Microcontrollers）是一种集成电路芯片，是采用超大规模集成电路技术把具有数据处理能力的中央处理器 CPU、随机存储器 RAM、只读存储器 ROM、多种 I/O 口和中断系统、定时器/计数器等功能（可能还包括显示驱动电路、脉宽调制电路、模拟多路转换器、A/D 转换器等电路）集成到一块硅片上，构成的一个小而完善的微型计算机系统，在工业控制领域广泛应用。单片机的发展很快，已从 20 世纪 80 年代，由当时的 4 位、8 位单片机，发展到现在的 300M 的高速单片机。

单片机又称单片微控制器，它不是完成某一个逻辑功能的芯片，而是把一个计算机系统集成到一个芯片上，相当于一个微型的计算机。和计算机相比，单片机只缺少了 I/O 设备。概括地讲，一块芯片就成了一台计算机。它的体积小、质量轻、价格便宜，为学习、应用和开发提供了便利条件，其最小系统的构成如图 3-24 所示。

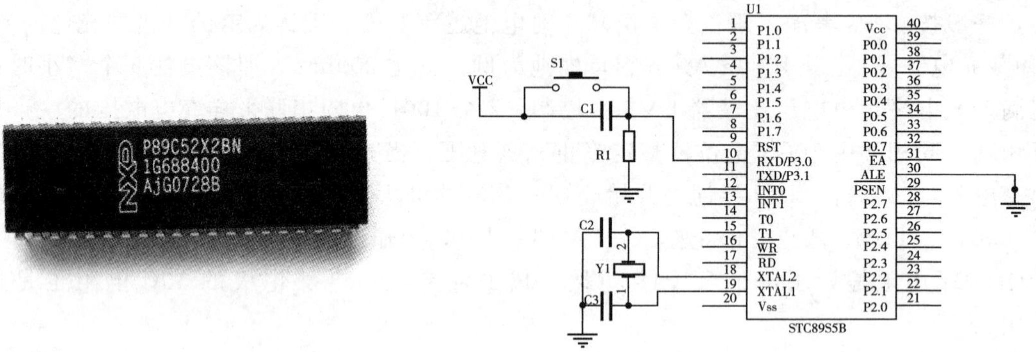

图 3-24　单片机及其最小系统

单片机的使用领域已十分广泛，如智能仪表、实时工控、通信设备、导航系统、家用电器等。各种产品一旦用上了单片机，就能起到使产品升级换代的功效，常在产品名称前冠以形容词——“智能型”，如智能型洗衣机等。市面上已经出现了许多不同厂家自己生产的单片机芯片，下面对其中几家进行介绍：

1. 8051 单片机

8051 单片机是 Intel 公司推出 8051/31 类单片机，也是世界上使用量最大的几种单片机之一。由于 Intel 公司将重点放在 186、386、奔腾等与 PC 类兼容的高档芯片开发上，8051 类单片机主要有 Philips、三星、华邦等公司接手。他们在保持与 8051 单片机兼容基础上改善了 8051 的许多特点，提高了速度，降低了时钟频率，放宽了电源电压的动态范围。目前增强型 8051 系列单片机一般采用 CMOS 工艺制作，故称作 80C51 系列单片机。之后又增加计数器、中断数量，扩展片内 RAM 空间的单片机称之为 8052 系列或 80C52 系列单片机。

2. 三星单片机

三星单片机有 KS51 和 KS57 系列 4 位单片机、KS86 和 KS88 系列 8 位单片机、KS17 系列 16 位单片机和 KS32 系列 32 位单片机。近年来，三星以 ARM 核为基础，开始转投 32 位高端嵌入式处理器，代表作有 S3C2440、S3C5410。

3. Motorola 单片机

Motorola 是世界上最大的单片机厂商，品种全，选择余地大，新产品多，在 8 位机方面有 68HC05；16 位单片机 68HC16 也有十多个品种。32 位单片机 683XX 系列也有几十个品种。Motorola 单片机特点之一是：在同样的速度下，所用的时钟较 Intel 类单片机低得多，因而使得高频噪声低，抗干扰能力强，更适合用于工控领域以及恶劣环境。

4. 美国 Atmel 单片机

Atmel 公司的单片机是目前世界上一种独具特色而性能卓越的单片机。它将 8051 内核与其 Flash 专利技术结合，具有较高的性价比。它有 AT89、AT90 两个系列。AT89 是 8 位的 FLASH 单片机，与 8051 兼容，其中 AT89S51 十分活跃。AT90 系列是增强型 RISC 内载 FLASH 单片机，通常称为 AVR 系列。

5. 美国 TI 公司单片机

美国 TI 公司将 8051 内核与 ADC、DAC 结合起来，生产具有模拟量处理功能的单片机。MSP430 系列单片机是由 TI 公司开发的 16 位单片机。其突出特点是超低功耗，非常适合于各种功率要求低的场合。有多个系列和型号，分别由一些基本功能模块按不同的应用目标组合而成。典型应用是流量计、智能仪表、医疗设备和保安系统等方面。

6. STC 单片机

STC 系列单片机是深圳宏晶公司的产品，为全球最大的 8051 单片机设计公司。STC 即 SysTem Chip（系统芯片）的缩写，因性能出众，领导着行业的发展方向，被用户评为 8051 单片机全球第一品牌，51 单片机中的佼佼者。

三、割草机

机场大部分的区域为草地覆盖，虽然这些草地具有美化机场环境、吸收雨水和融雪以及防止水土流失的作用，但倘若任由其生长，不控制其生长的高度的话就会吸引鸟类前来栖息与觅食，因此定期地对草高进行控制已成为场务人员的一项必备工作。机场草地的维护一般会用到割草机，割草机又称除草机、剪草机、草坪修剪机等，是一种用于修剪草坪、植被等的机械工具，有柴油机和汽油机之分，常见的割草设备如图 3－25。

图 3－25　机场常见割草设备

（一）侧挂式割草机

该设备（图 3－26）主要用于割草丛和灌木丛，不能将其用作其他用途，如边缘或树篱切割，否则容易造成人身伤害。

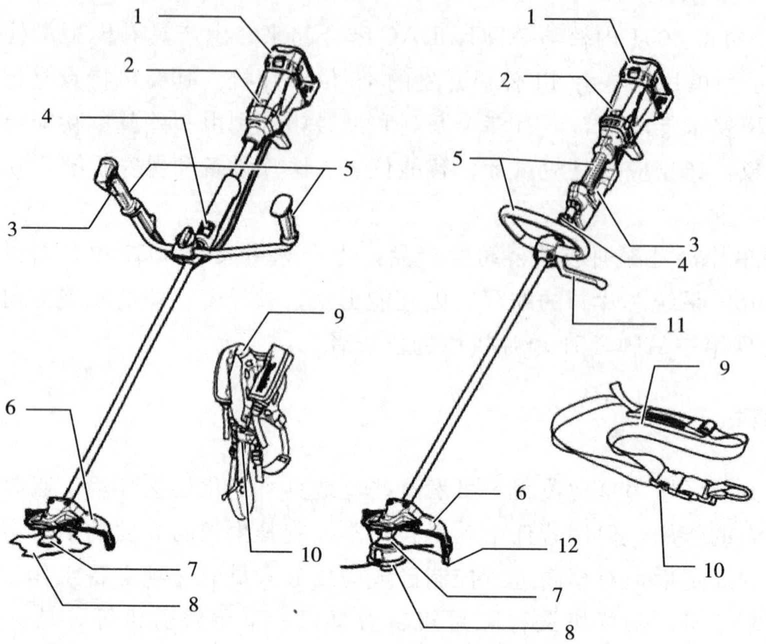

图 3－26　侧挂式割草设备结构图

1—电池组；2—指示灯；3—开关扳机；4—吊架（悬挂点）；5—手柄；6—切割工具保护罩；7—齿轮箱；8—切割工具；9—肩带；10—带扣；11—挡杆；12—保护罩延伸件

1. 使用前准备

（1）注意衣装。着装应实用得体，如应穿着紧身但不能妨碍运动的衣服。请勿佩戴首饰或穿着可能会与草丛或灌木缠在一起的衣服。佩带保护头盔来保护长发。

（2）在操作设备时，为避免头部、眼睛、手或足受伤以及保护听力应佩戴以下防护设备并穿着防护服（图 3－27）。

图 3－27　防护装备

（3）务必佩戴头盔以防下落物体致伤危险。应定期检查防护头盔是否损坏并至多 5 年更换一次头盔。仅使用经认可的防护头盔。

（4）头盔面罩部分（或用护目镜）可保护面部免受飞溅碎屑及石子的伤害。操作设备期间，务必佩戴护目镜或面罩以保护眼睛免受伤害。

（5）佩戴充足的噪音防护设备（耳罩、耳塞等）来避免听力受损。

（6）工作服起到防护飞石和碎屑的作用。

（7）由厚皮革制成的特殊手套是指定的配套工具之一，务必在操作设备时佩戴。

（8）使用设备时务必穿具有防滑底的结实的靴子。这可以避免受到伤害并确保立足稳固。

2. 启动设备

（1）确保无儿童或其他人员在 15m 的工作范围内（图 3－28），并确保工作区域没有任何其他动物。否则请停止使用设备。

（2）使用前务必检查并确保可以安全操作设备。检查并确保切割工具的安全性以及保护罩、开关扳机/杆可以正常工作。确保把手清洁干燥并测试起动/停止功能。

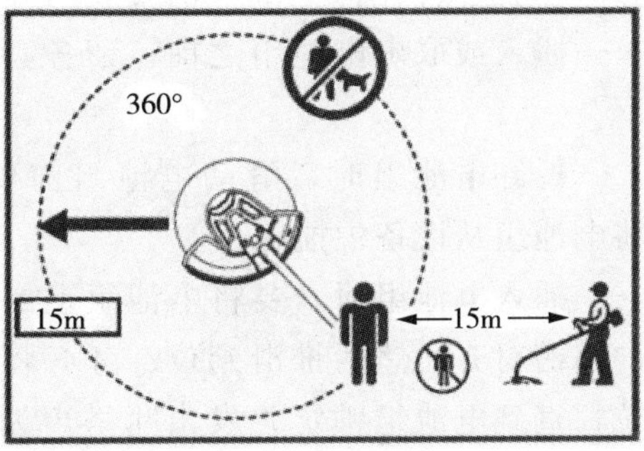

图 3－28　安全范围

（3）进一步使用设备前请检查受损部件。应仔细检查保护罩或其他部件有无损坏，以确定工具是否以正常的工作性能正确运转。检查运动部件是否对齐，是否被粘连，部件有无损坏，并检查可能会影响到工具运转的安装条件和其他条件。

（4）确认身体不和切割工具接触后方可打开电机。

（5）打开切割工具前确保其不与枝干、石头等硬物接触，否则会导致工具起动时打转。

3. 操作方法

（1）仅在光线及可视性良好的环境下使用工具。在冬季，要注意打滑或潮湿区域以及冰雪等（打滑危险），务必确保立足稳固。

（2）除去工作范围内的砂石、砾石、钉子等。异物颗粒可能会损坏切割工具并会导致危险的工具反弹情况。

（3）如果切割工具打到石头或其他硬物，应立即关闭电机并对切割工具进行检查。

（4）在较短的固定间隔内检查切割工具是否受损（通过敲打辨音测试检查发纹裂缝）。

（5）开始切割前必须使工具达到全速。

（6）仅当装上适当调节的肩带后才能操作设备进行切割。有必要根据用户身材调节肩带以避免工作时容易劳累。

（7）操作时务必用双手握住设备。切勿在使用时仅用一只手握住设备，务必确保立足稳固。

（8）切割工具必须配有合适的保护罩，切勿在保护罩受损或未将保护罩安装到位时运行设备。

(9) 操作期间，必须使用设备附带的所有防护性工具和保护罩。

(10) 操作时切勿使用设备击打、碰撞杂草或类似物体。

(11) 除紧急情况外，切勿抛掷或弃扔设备到地面上，否则可能会严重损坏设备。

(12) 当移动设备时，切记要从地面提起整个设备。

(13) 出现以下情况时，务必从设备上拆下电池组：

——设备无人照看时；

——清除堵塞物前；

——检查、清洁或处理设备前；

——击打到异物后；

——设备开始异常振动时。

(14) 务必确保通风口无碎屑堵塞。

(15) 电池组（图 3-29）的安装与拆卸：

——插入或取出电池组之前，请务必关闭设备电源。

——拆卸电池组时，滑动电池组前侧的按钮，同时将电池组从设备中抽出。

——插入电池组时，要将电池组上的舌簧与外罩上的凹槽对齐，然后推滑到位。务必将其完全插入到位，直到电池组锁定并发出咔嗒声为止。如果插入后仍能看到按钮上侧的红色部分，则说明电池组未完全锁紧。此时，须将电池组完全插入，直到红色部分看不到为止。否则其可能会意外从设备中脱落出来，从而造成自身或他人受伤。

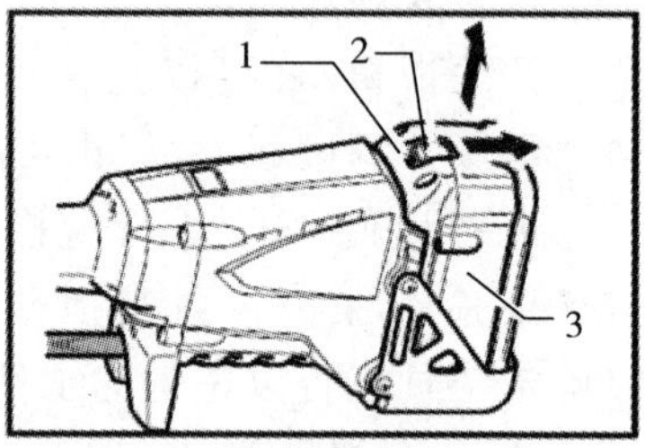

图 3-29 电池组部位

1—红色部分；2—滑动钮；3—电池组

——插入电池组时不可使用蛮力。如果电池组难以插入，可能是插入方法不当。

(16) 电源开关（图 3-30）的操作：

——在将电池组插入设备之前，务必检查开关扳机是否能扣动自如，以及松开时能否退回至“OFF”关位置。

——为避免使用者不小心扣动开关扳机，本工具采用锁止按钮。

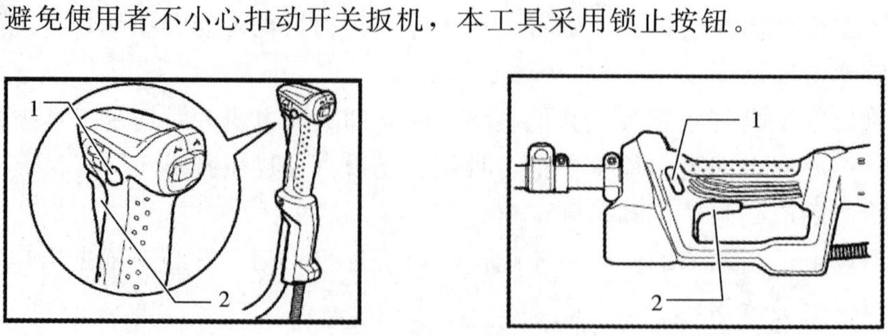

图 3-30 电源开关

1—锁止按钮；2—开头扳机

——要启动设备时，按下锁止按钮，然后扣动开关扳机即可。随着在开关扳机上施加压力的增大，工具速度会提高。松开开关扳机工具即停止。

（17）反转开关（图 3－31）的操作：

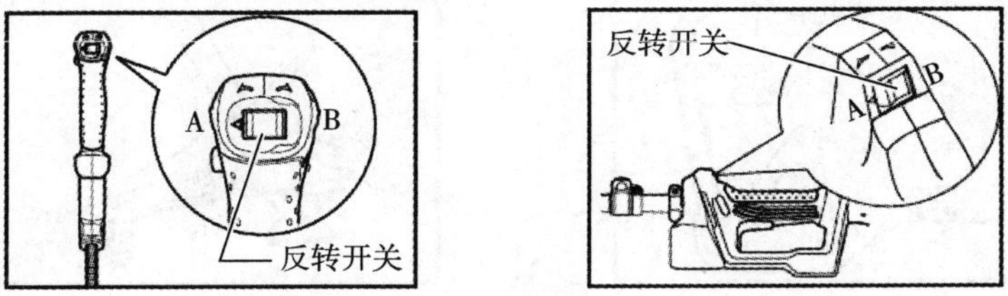

图 3－31　反转开关

——操作前务必确认工具的旋转方向。

——只有当设备完全停止转动后方可使用反转开关。如果在设备停止之前改变旋转方向，可能会损坏设备。

——设备配有反转开关可改变旋转方向从而除去结缠在切割工具中的杂草。自 A 侧按压反转切换柄可进行逆时针方向旋转（正常）；自 B 侧按压则进行顺时针方向旋转（反转）。在反转模式中，设备会在起动后自动暂停一小段时间。

（18）改变速度：

图 3－32 为速度挡位图。

图 3－32　速度挡位

——使用变速切换杆可以预选两种速度范围。

——要改变速度范围，需转动变速切换杆使其指向“1”（低速）或“2”（高速）。

（19）电池/电机保护系统（图 3－33）：

——电池组和机器均配有保护系统，可自动降低或切断输出电源以延长使用寿命。

——在过载情况下，保护器会降低转速以保护电机。此时以下两个指示灯不会亮起或闪烁。工作时，可通过如下两个指示灯来识别其他功能。

（20）金属锯片的使用：

使用如图 3－34 所示的两个螺栓将保护罩固定在夹具上。均匀紧固右侧和左侧的螺栓。

锯片必须打磨良好，无裂缝或裂痕。如在操作时锯片碰撞到石头，请停止电机并立即检查锯片。

每隔 3 小时操作即请打磨或更换锯片。

处理锯片时，务必佩戴手套。

当不使用机器或在搬运时，务必安装锯片罩。

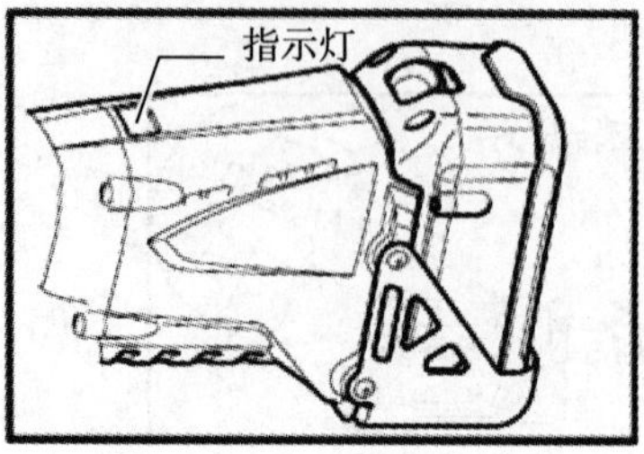

图 3-33 电池/电机保护系统

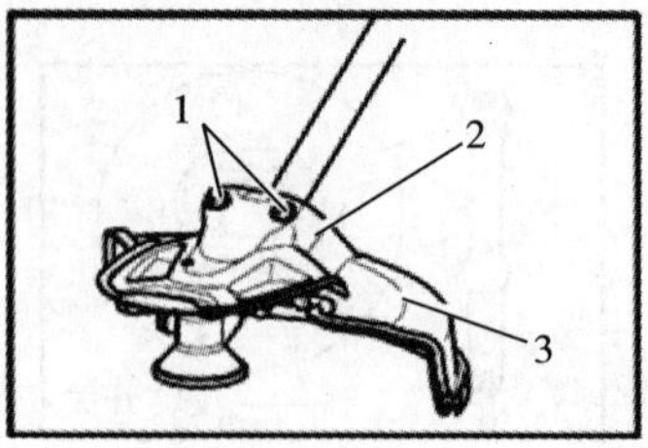

图 3-34 金属锯片

1—两个螺栓；2—保护盖板；3—保护罩

（21）尼龙打草头的使用：

使用如图 3-34 所示的两个螺栓将保护罩固定在夹具上。均匀紧固右侧和左侧的螺栓。如图 3-35 所示，通过从保护罩侧面将保护罩延伸件滑动到位以将其安装。

（22）正确的使用姿势：

务必将设备置于右手侧以使左把手的轴总在前面。正确的姿势可降低因反弹造成损害的危险。如图 3-36 固定肩带并将机器牢固悬于您的右侧以使左把手的轴总在在前面。

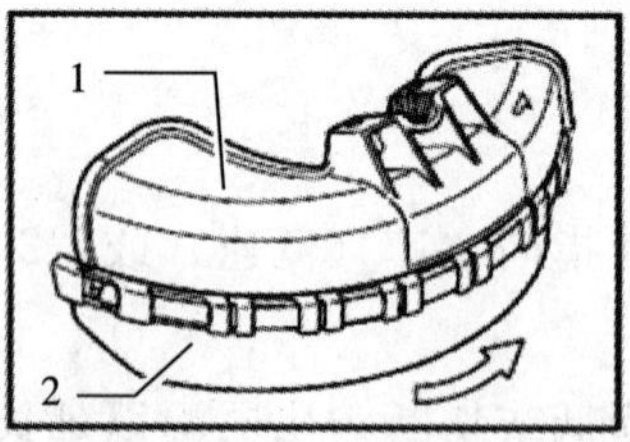

图 3-35 保护罩

1—保护罩；2—保护罩延伸体

图 3-36 正确使用姿势

（23）肩带的固定：

将肩带佩带于背部并将其扣合直至听到咔嗒声为止。确保其在拉动时不会脱落。如图 3-37 所示悬挂机器。调节肩带长度使锯片平行高于地面 10～30cm。

（24）肩带的拆除（图 3-38）：

如遇紧急情况，可用力按压带扣杆以取下肩带和机器。

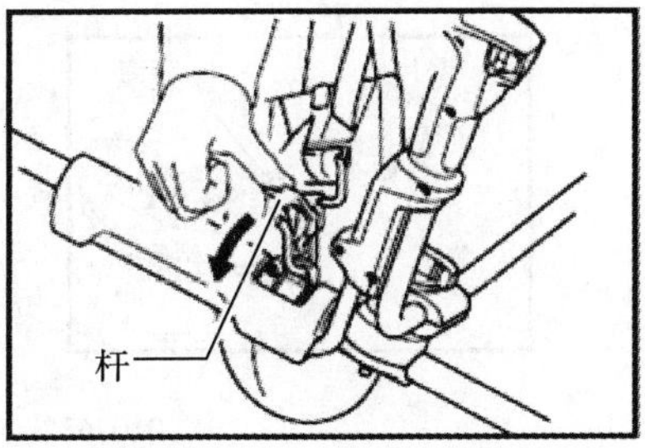

图 3 - 37　肩带固定

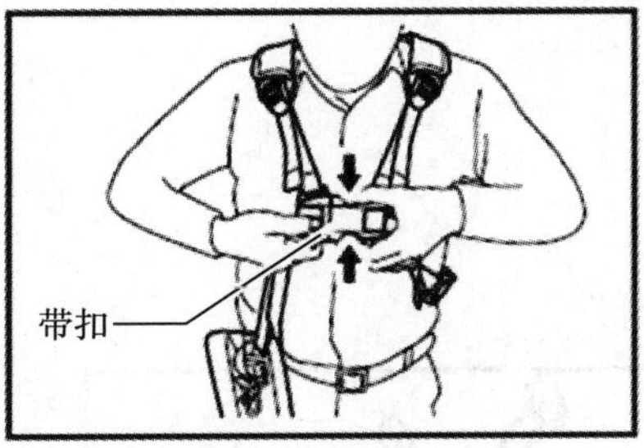

图 3 - 38　肩带拆除

4. 注意事项

(1) 反弹（锯片逆冲）

① 操作设备时，可能会发生非受控的反弹（锯片逆冲）（图 3 - 39）。

② 试图用锯片的 12 点和 2 点区段部位（图 3 - 40）进行切割时特别容易发生反弹。

③ 切勿使用 12 点和 2 点锯片部位进行切割。

④ 切勿使用锯片的该部位切割灌木、树干等直径超过 3cm 的硬物，否则锯片会在强力下偏离，十分危险。

(2) 防止反弹

① 使用锯片的 12 点和 2 点区段部位执行操作具有很大危险性，尤其是使用金属切割工具时。

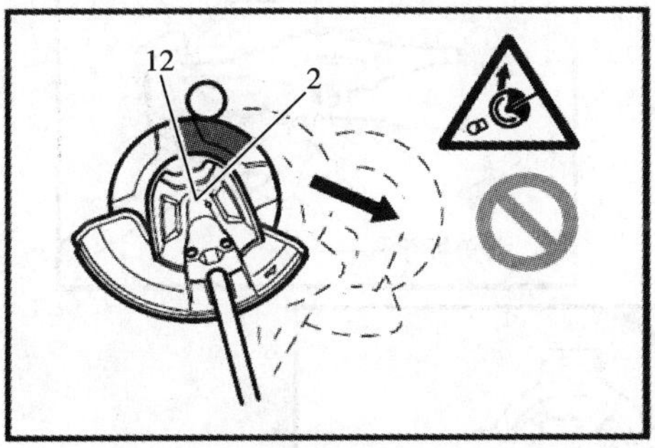

图 3 - 39　锯片反弹示意图

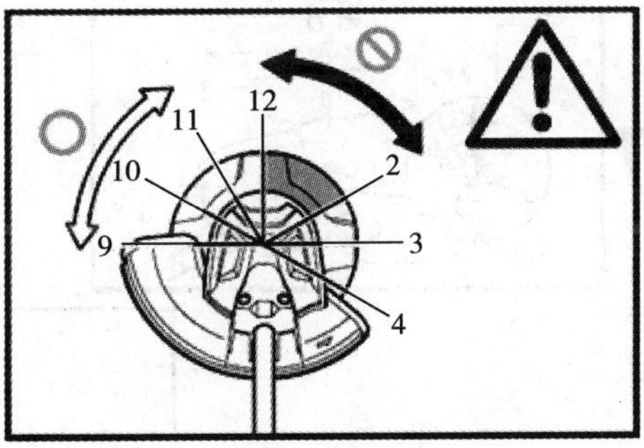

图 3 - 40　锯片区段图

② 仅有受过培训的熟练操作员方可使用锯片的 11 点和 12 点以及 2 点和 5 点区段部位进行切割操作，并且自担风险。

③ 使用锯片的 9 点和 11 点区段部位可轻易完成切割且几乎无反弹。

5. 设备装配

(1) 安装把手：

松开旋钮。将把手置于把手夹和把手托架之间。调节把手角度至可舒适操作的位置，然后紧固手拧旋钮将其固定（图 3 - 41）。

(2) 安装保护罩（图 3 - 42）：

仅可使用以下指定的切割工具/保护罩组件。否则会导致严重人身伤害。切勿使用未安装保护罩的设备。

锯片外直径必须为 230mm。切勿使用外直径超过 230mm 的锯片。

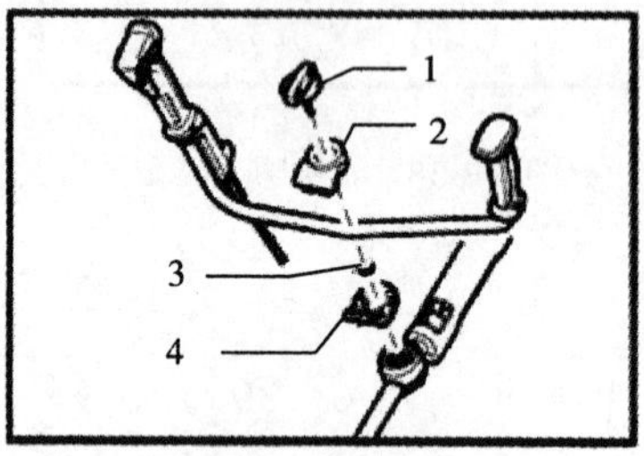

图 3-41　把手安装

1—旋钮；2—把手夹；
3—压缩弹簧；4—把手托架

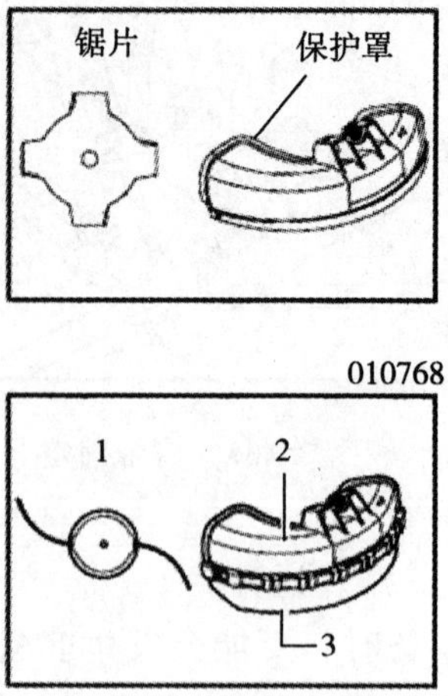

图 3-42　保护罩安装

1—尼龙打草头；2—保护罩；
3—保护罩延伸件

(3) 安装金属锯片：

倒置机器以便更好地完成锯片更换操作（图 3-43）。

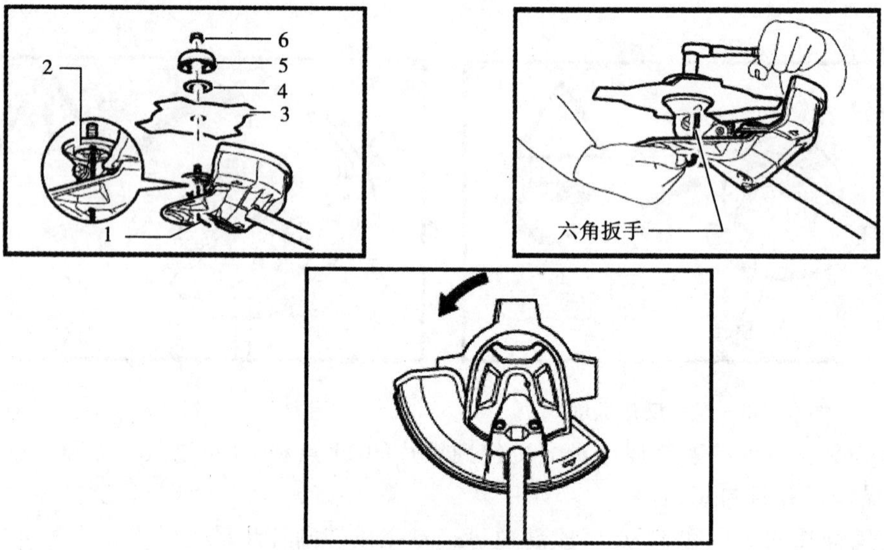

图 3-43　金属锯片安装

1—六角扳手；2—挡圈；3—锯片；4—锁紧垫圈；5—护罩；6—六角螺母

要拆卸锯片，可通过保护盖板和齿轮箱上的孔插入六角扳手。使用六角扳手旋转挡圈直至其被锁定。使用套筒扳手松开六角螺母（反螺纹）并拆下螺母、护罩、锁紧垫圈和六角扳手。

将锯片安装至轴上，使挡圈导片插入锯片上的轴孔。在用六角扳手固定挡圈的同时，安装锁紧垫圈、护罩并使用六角螺母以 13～23Nm 的紧固扭矩固定锯片。

确保锯片左侧在上。

（4）安装尼龙打草头：

倒置机器可以轻松完成尼龙打草头的更换操作（图 3－44）。

通过保护盖板和齿轮箱上的孔插入六角扳手，然后用六角扳手旋转挡圈直至其被锁定。直接将尼龙打草头安装至螺纹主轴上并逆时针旋拧将其紧固。取出六角扳手。在使用六角扳手固定挡圈的同时，顺时针旋拧尼龙打草头可将其拆下。

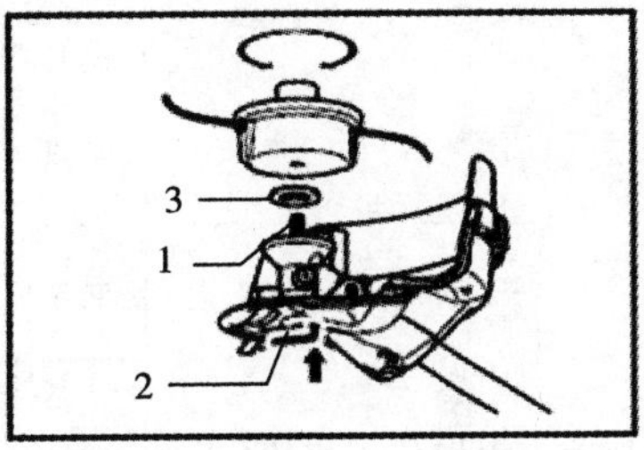

图 3－44　尼龙打草头安装

1—螺纹主轴；2—六角扳手；3—挡圈

6. 设备保养

（1）开始工作前，必须检查设备，特别是切割工具、防护设备和肩带等的状态。

（2）特别注意必须正确打磨锯片。

（3）执行保养、更换/打磨切割工具或清洁设备或切割工具前必须关闭电机并拆下电池组切割工具前必须关闭电机并拆下电池组。

（4）检查是否有松散扣件、损坏部件，如切割装置上的裂痕等。

（5）根据说明进行润滑和更换附件。

（6）不使用时，将工具存放至室内干燥的高处或加锁位置，避免儿童接触。存放前对工具进行清洁和保养。

（7）仅使用制造商建议的替换部件和附件。

（8）定期检查和保养设备，特别是在使用前后。

（9）保持把手干燥、清洁，没有油污和润滑脂。

7. 设备故障排查

当设备出现故障时，可对照下表（表 3－3）进行故障的排查与检修。

表 3－3　故障排查对照表

故障状态	原因	措施
电机不旋转	未安装电池组	安装电池组
	电池故障（欠压）	给电池充电。如果充电无效，则更换电池
	驱动系统未正常工作	请当地授权维修服务中心进行修复
起动后电机停止一段时间	反向旋转	使用反转开关改变旋转方向
	电池电力几近用尽	给电池充电。如果充电无效，则更换电池
	过热	暂停使用设备
转速未达到适当的速度	电池安装不当	按本手册所述安装电池组
	电池电力下降	给电池充电，如果充电无效，则更换电池
	驱动系统未正常工作	请当地授权维修服务中心进行修复

（续表）

故障状态	原因	措施
切割工具不旋转；立即停止机器！	如枝干等异物卡在保护罩和切割工具之间	消除异物
	锯片弯折	更换锯片
	驱动系统未正常工作	请当地授权维修服务中心进行修复
异常振动；立即停止机器！	尼龙线的一端受损	驱动设备时，用尼龙打算头碰撞地面可馈送尼龙绳
	锯片弯折、开裂或磨损	更换锯片
	锯片固定螺母松弛	按本手册所述适当紧固螺母
	锯片固定不当	
	驱动系统未正常工作	请当地授权维修服务中心进行修复
切割工具和电机无法停止，立即卸下电池组！	电力或电子故障	拆下电池并请当地授权维修服务中心进行修复

（二）手推式割草机

这款割草机（图 3－45）从结构上可以分为 5 个系统：动力系统；动力传递系统；行走系统；切割系统；操作系统。各系统相互配合，完成机器自走和割草任务。

图 3－45　手推式割草机

1. *动力系统*

动力系统主要有两种形式，一种是传统的以小型汽油机或柴油机为代表的常规内燃动力系统。这种动力系统的特点是：功率较大、持续工作时间长，但其最大的缺点是噪声和振动较大，所以，此类动力系统的产品适宜在环境要求不高的场所。另一种是新型的以蓄电池作为动力源的动力系统。这种动力系统的特点是：工作噪声小、运行平稳，其最大的缺点是功率较少，持续工作时间短，需要经常充电，不适合在远离充电电源的场所工作。另外，传统的以汽油机和柴油机动力源的动力系统，可选用 5～7 马力的柴油机或者汽油机，发动机提供机器行走和割草的全部动力，发动机用螺丝安装在下面的发动机支架上。发动机主要部件有：油箱、水箱、燃烧缸，油箱上面有油箱盖，打开油箱盖后，里面有一层滤网，通过滤网向油箱加燃油时，可以滤掉油中的杂物。在油箱的下部是油箱开关，油箱中的燃油通过油路管将燃油送到发动机燃烧缸。水箱上有水箱盖和水位浮标，水箱中水位越高，浮标位置越高，水箱中的清水主要是为发动机降温的。这款机器使用的是单发动机，使用手柄手摇启动发动机。空气滤清器，外面的空气经过空气滤清器进入燃烧缸。机油加油口，上面装有机油油标尺，可以显示机油油位，机油从这里加入，机油是用来润滑发动机的。油门开关，用拉线儿可以控制油门的大小，开关处于最上面位置时，油门关闭，机器停止，开关处于最下位置时，油门最大，在发动机的另一侧有发动机动力输出轮，卸下一侧的金属护板，就可以清楚地看到动力传递系统。

2. 动力传递

在动力输出轮上装有两副动力传输皮带，向前的一副皮带将动力传向切割系统，称为切割动力皮带，向后的一副皮带将动力传向行走系统，称为行走动力皮带。切割动力皮带，通过这个转动轮与切割系统相连。压带轮，与一个拉线开关相连，当拉线开关拉紧时，压带轮压紧传输皮带，发动机的动力传向切割系统。拉线开关松弛时，就切断了动力向前传输。在行走动力皮带的一旁也装有一个压带轮，压带轮与一个拉线开关相连，当压带轮处于这个位置时，皮带处于松弛状态，发动机的动力不能向后传递，同样，拉紧拉线开关时，压带轮靠近并压紧动力皮带，从而将发动机的动力传到后面的转动轮上，与这个转动轮相连的是变速箱。变速箱里面是几组齿轮组合，通过齿轮的不同组合方式，完成发动机转速和转动方向的调整，对于变速箱，这个转动轮是它的动力输入，变速箱内部的齿轮组合由这个变速杆操作完成，这是变速箱的动力输出轴，将动力输出到行走系统。

3. 行走系统

行走系统是由这一对行走轮胎组成的。由变速箱输出的动力驱动轮胎行走。

4. 割草系统

动力系统通过皮带传动将动力传送到这个转动轮，转动轮连接的是割台部分，割台里安装的是齿轮传动箱，割台下面连接的是圆形割盘，割盘上均匀地安装着三片割刀，割台带盘上均匀地安装着三片割刀，割台带动圆形割盘高速旋转割。割台通过两个连接点与机器架相连，上面的这个连接处的位置可以改变，通过改变这两个螺丝的位置，可以适度地调节割台离地间隙，达到调整割茬高度的目的。割台防护罩，连接在机架上面，主要作用是挡住割刀作业时卷起的杂物，以免伤到后面的操作员。

5. 操作系统

以上几个系统必须在操作系统的统一控制下才能完成各项作业操作，操作系统处于整机的后部，所有的操作都在变速器操作杆和操作手把上完成，操作手把不仅是操作员的扶手，它上面还安装有各种操作手柄。这里是手把与机器的连接孔，分为高、中、低三个连接孔，操作手把可以根据操作员的身高，进行适当的调整。在操作手把的这一边，安装有变速箱离合手柄，手柄的下方与一根金属拉线相连，这个拉线的另一端与前面介绍的变速箱压带轮相连，因此变速箱离合手柄可以控制动力向变速箱传递。

在操作手把的另一边安装有切割系统的离合手柄，同样这个离合手柄的下方也连接着一根金属拉线，它的另一端与前面介绍的压带轮相连，同理：当离合手柄处于前面位置时，拉线拉紧，压带轮靠紧皮带，动力连接上，通过皮带将动力传送到割台部分；当离合手柄处于后面位置时，拉线松弛，压带轮松开动力皮带，动力断开，因此这个离合器手柄可以直接控制割台的运转和停止。

油门控制手柄也是通过一根金属拉线与发动机油门相连的，这个油门控制手柄有三个位置区域，分别是前面、中间、后面，分别对应油门上的这三个区域，当手柄放在最后位置时，油门关闭，当控制手柄放在中间位置时，油门适中，一般在发动机启动时，手柄放在中间位置，当手柄向前推时，油门逐渐加大。油门越大，发动机输出的动力越强劲，在行走、收割时可以随时调整油门手柄位置，以获得所需要的动力。

再来看看变速箱操作杆，它与变速箱相连，其实就是挡位手柄，发动机传来的动力，必须经过变速箱进行动力变换，才能输出到行走轮，这款割草机设计了6个前进挡，2个倒退挡，可以区分为高速挡和低速挡，它的位置分布是：当手柄处于最下面中间位置时，处于空挡位置，变速箱没有动力输出；当手柄往左扳时选择低速挡位，当手柄向右扳时，选择高速挡位。

6. 维护与保养

（1）更换机油

新机第一次运转3.5小时后应更换机油，以后每使用30～50小时更换一次机油。更换机油应在热机刚停下时，在刀盘下部机油底壳的放油孔放油，也可打开加油口，把机左倾放油（空滤一定要在上部）。并拆下火花塞点火线后立即把油放干净，复原，重新加上合适的机油于规定的刻度。注意放出的废机油应保存好，交废油回收商，不可污染环境。

（2）使用检查

每次使用割草机之前，必须要先检查机油油面，看是否处于机油标尺上下刻度之间。加注的机油不能过多，否则将会出现黑烟大，动力不足（气缸积炭过多、火花塞间隙小），发动机过热等现象。加注机油也不能过少，否则将会出现发动机齿轮噪音大，活塞环缸筒加速磨损和损坏，甚至出现拉瓦等现象，造成发动机严重损坏。

向油箱添加汽油时应经滤网过滤，清洗化油器时应用化油器专用清洗剂，其清洗周期视化油器的脏污程度决定。当化油器出现故障，或发动机不能发动，或发动后熄火，则应立即清洗。每次使用前和使用后应检查空气滤清器（图3-46）是否脏污，应勤换勤洗。若太脏会导致发动机难起动、黑烟大、动力不足。如果滤清器滤芯是纸质，可卸下滤芯，掸掉附着在其上的尘土；如果滤芯是海绵质，可用汽油清洗之后，适当在滤芯上滴些润滑油，使滤芯保持湿润状态，更有利于吸附灰尘。要经常对滤芯进行换洗，保持机器的正常运行。

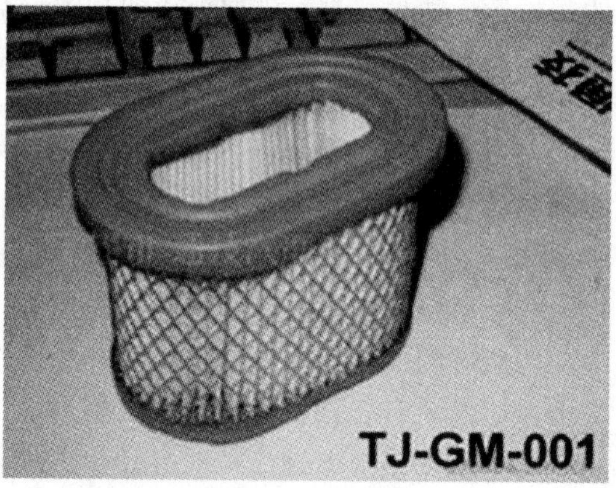

图3-46 除草机的空气滤清器

（3）散热器

散热器主要功能是消声、散热。当割草机工作时，打飞的草屑会附着在散热器上，影响其散热功能，严重时会造成拉缸现象，损坏发动机，因此在每次使用割草机后，都要非常认真地清理散热器上的杂物。

（三）新型割草机

1. 太阳能除草机（图3-47）

随着科学技术的进步，越来越多的高智能产品问世，一方面提高了工作效率，另一方面可以替代原有产品，从而大大减少了原有产品对资源的消耗和产生的废弃物对环境的污染。比如前段时间问世的智能机器人“瓦力”——太阳能割草机，无需人力操控，而且是节能环保产品。

优点：由于割草机工作燃烧汽油会产生温室气体：一氧化碳、碳氢化合物和氮氧化合物，但是割草机发动机不能像汽车排放控制那样易于调控，所以如何减少割草机的温室气体排放成为环保工作的一个重点研究内容。

缺点：由于是在阳光充足的时候可以进行除草行动，但遇到阴天，阳光比较弱，太阳能无法进行更有效的电能转化。如果平时储藏的电量本身消耗较多，那么会导致无法正常除草。

2. 智能割草机

智能割草机（图 3－48）可以自动行走，防止碰撞，在一定的范围内能自动返回充电，具备安全检测和电池电量检测功能，具备一定的爬坡能力，尤其适合家庭庭院、公共绿地等场所进行草坪修剪维护。它能自动完成修剪草坪的工作，无须人工控制和操作，且功率低、噪音小、外形精巧美观，可大幅度减少人工操作，大大提高工作效率，节省开支。智能割草机功能示意图参见图 3－49。

智能割草机的一些特点为：自动割草、清理草屑、自动避雨、自动充电、自动躲避障碍物、外形小巧、电子虚拟篱笆、网络控制等。

图 3－47　太阳能除草机

图 3－48　智能割草机

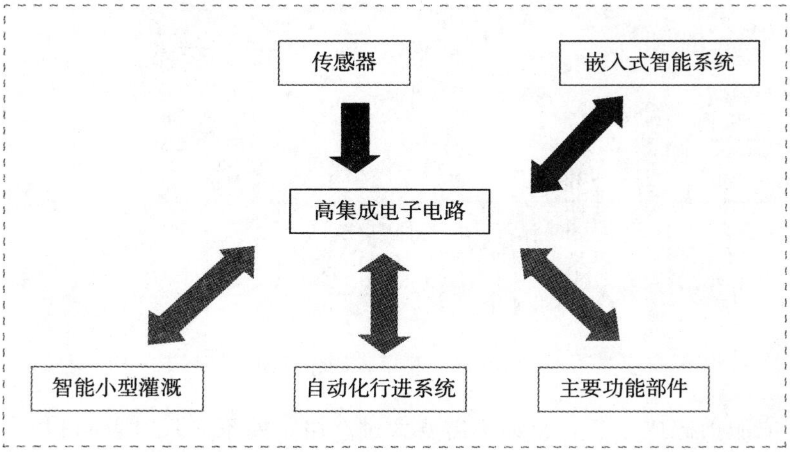

图 3－49　智能割草机功能示意图

智能割草机适用于清除平原、梯田、果园、三角地等大小地块芦苇、苜蓿、鱼草等各类杂草，操作简单，工作效率高。我们平时常见到是在学校，以及街道美化，都是用割草机来完成的。在国外，许多家庭都备有除草机，用来为自己的花园除草。

使用前后需要注意：

割草机割草之前，必须先清除割草区域内的杂物，避免破坏草头对机器造成损坏。冷机状态下启动发动机，应先关闭风门，启动后再适时打开风门。若草皮面积太大. 割草机连续工作时间不宜太长，冬天最好不要超过 6 小时，夏天不要超过 3 小时（视设备情况定）。

割草机使用后，应对其进行全面清洗，并检查所有的螺钉是否紧固，刀片有无缺损，检修高压帽等，还要根据割草机的使用年限加强易损配件的检查或更换。

第二节　视觉类驱鸟设备的安装与使用

一、稻草人

稻草人属于机场早期的一种驱鸟设备，其主要是把稻草扎成人的模型，吊在空中随风飘动来模拟人的驱赶动作，从而完成驱鸟的任务。

1. 稻草人的简易制作

在制作稻草人之前应该先准备好所需要的物料并设计好其效果图，例如要设计如图 3－50所示的稻草人，就该首先在白纸上画好设计图，然后准备自制稻草人所需的物料：废木板、旧衣服、稻草、泡沫、锯子等。

图 3－50　稻草人制作草图

（1）把旧衣服剪碎成布条，粗细不需要太过严格，差不多尺寸就可以。将木条裁成需要的尺寸，稻草晒干后放在旁边备用（图 3－51）。

图 3-51 材料准备

（2）用布条将泡沫材料绑到木条上，这是稻草人的躯干，也是它的身体和手臂（图3-52）。

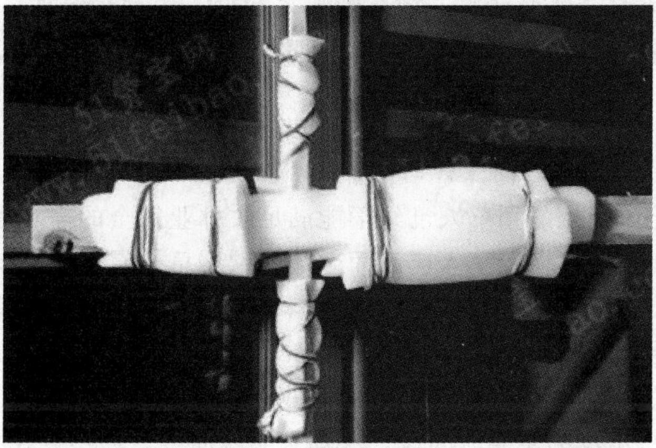

图 3-52 稻草人躯干

（3）用碎布条绑一些稻草到身上，先穿上衣服，防止绑好稻草后衣服穿不上。继续往衣服里塞入更多稻草，头部的稻草，用袖子的一段直接套上去即可（图3-53）。

（4）最后检查一下，把多余的木板和稻草根减去。给稻草人外面再套上一段白色的袖子，各种打扮之后，脸部随便画出个眼睛和嘴巴，自制的稻草人就诞生了（图3-54）。

图 3-53 稻草人主体制作

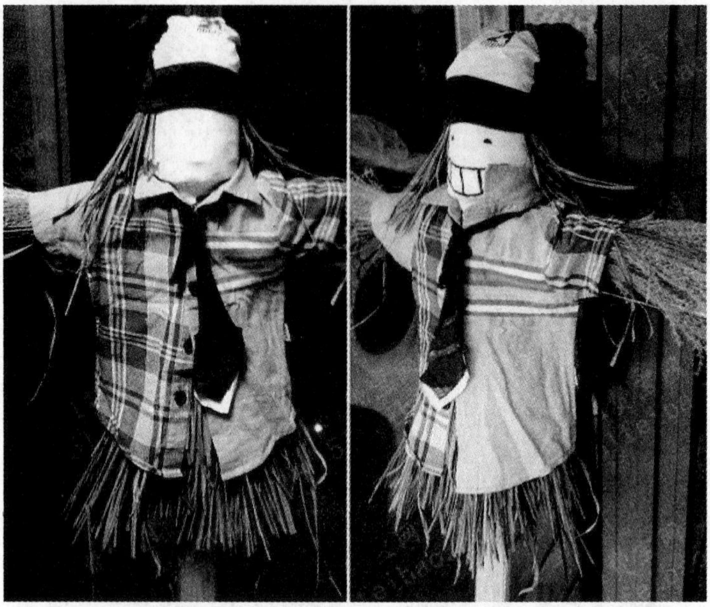

图 3-54　稻草人主体成型

2. 太阳能智能机械稻草人的设计与制作

随着鸟类的进化，静止的稻草人已经不能满足农林业安全的需求了。于是一种新的智能机器人——太阳能智能机械稻草人应运而生，这款稻草人设计的创新点在于：

① 通过模拟真实的人类行为——挥动手臂来驱赶入侵机场的鸟雀；

② 添加了杀虫灯模块，用以夜晚杀灭害虫；

③ 利用蜂鸣器发出刺耳的声音，更有助于驱赶鸟雀；

④ 在鸟雀和害虫出没的主要时间段，添加了系统时钟，使系统在指定时间段工作；

⑤ 增加了湿度传感器感知外界湿度变化，让系统在阴雨天不工作；

⑥ 本系统能够根据工作环境的变化而自动改变自身工作任务，使自身保持与环境相适应的最佳工作模式，灵活地在各种模式间切换，智能、高效；

⑦ 整个电子系统采用太阳能供电，绿色环保，同时大大降低电源成本。

(1) 太阳能智能机械稻草人电子系统设计原理与结构

本简易系统是一种能在白天和夜间同时对农作物进行保护的电子控制系统。它能在白天防止鸟类对农作物的破坏，在夜间能通过杀虫系统消灭害虫。考虑农作物的光合作用离不开阳光，从节能环保角度出发，本系统主要采用太阳能供电。系统主要结构框图如图 3-55所示。稻草人系统主要由五个模块组成，分别为主控板模块、光强感应模块、太阳能充电模块、挥臂模块和频闪杀虫灯模块。在阳光充足的白天，光敏传感器感光，将信号传递给单片机主控制板（即 mega16 系统板），从而控制挥臂模块和蜂鸣器工作，赶走飞鸟，并将继电器的开关打到充电模式，太阳能电池板吸收阳光给蓄电池充电；在阳光不充足时，还是通过光敏电阻感光并将信号传递给主控板，控制挥臂模块停止工作，并将继电器的开关打到杀虫灯模块，通过低速频闪的大功率 LED 吸引害虫，并用高压电网将其消灭，起到保护的作用。

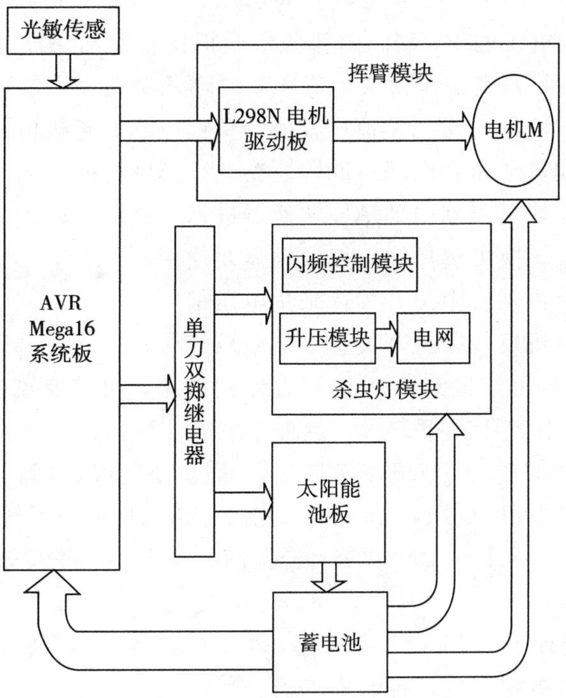

图 3-55　智能机械稻草人结构框图

（2）太阳能智能机械稻草人电子系统的硬件设计

① 主控板模块

系统采用 AVR 具有 16KB 系统内可编程 flash 的 8 位控制器 mega16 作为主控芯片，并自制了 mega16 的最小系统板，电路原理如图 3-56 所示。

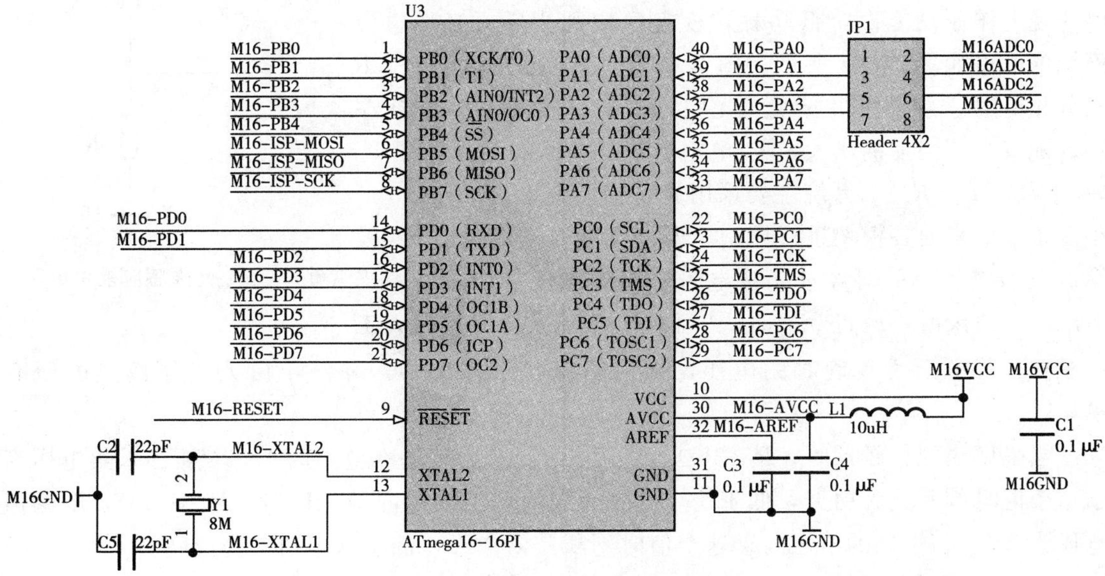

图 3-56　最小系统板电路原理图

mega16 丰富的 IO 口与众多的第二功能符合项目的需要。较低的功耗，三个可供选择的定时器能够产生控制电机的 PWM。内部自带模拟比较器与 AD 能配合光敏电阻使整个系统根据光度的不同自行调整工作模式，节省能源降低功耗。端口资源分配如下：

PA0 口采集光敏模块的电压到模拟比较器的负极电压，正极电压采用内部基准源；

PA1 口采集光敏模块电压到内部 AD 转换器进行 AD 转换；

PA2 口采集湿度模块电压到内部 AD 转换器进行 AD 转换；

PA3 口可用作 AD 转换可选择接口，根据需要使用；

PA6 口连接挥臂电机正转限位开关，采集电压信号；

PA7 口连接挥臂电机反转限位开关，采集电压信号；

PB3 口输出 PWM，可连接 L298N 电机控制使能端，可扩展控制电机转速；

PB5、PB6 和 PB7 连接 ISP 下载线，供程序下载使用，也可作用 SPI 通信；

PC0 和 PC1 与实时时钟芯片 DS1037 连接，通过 I2C 读取时间；

PC2 和 PC3 连接 L298N 的 IN1 和 IN2，控制一路电机的正反转；

PC4 和 PC5 连接 L298N 的 IN3 和 IN4，控制一路电机的正反转，此项目采用 PC4 和 PC5 控制挥臂的正反转；

PD0、PD1 和系统板上的 MAX232 连接，可以扩展 UART 通信使用；

PD6 与三极管的基极相连接，控制蜂鸣器；

PD7 连接 L298N 的使能端，通过输出的 PWM 控制电机转速。

② 光强感应模块

因为整个系统采用低电压工作，且希望整个系统能尽量降低功耗，结合低碳环保的理念，所以系统需要根据外部环境的变换对自身的工作模式进行调整。系统根据外部光照的不同来进行调节，分为白天模式与夜晚模式。在白天模式时停止晚上作业功能以降低功耗，夜晚模式则相反。光强感应模块的电路如图 3 - 57 所示。图 3 - 57 中 R_P 是光敏电阻，R 是分压电阻。当光照很弱或无光照时，R_P 的阻值为 20kΩ 左右。随着光照强度的增大，R_P 电阻变小，电路的输出电压 $V_o = V_{cc} R/(R+R_P)$。系统主要采用光强感应模块与 mega16 最小系统板结来对各模块进行控制。通过 mega16 内部自带的模拟比较器或者 AD 对经过光敏电阻分压的电压进行采集，当电压趋于白天时，通过 mega16 内部程序控制系统切换白天工作模式，若电压为夜晚时的电压，则采用夜晚工作模式，并停止白天工作模式的所有模块。

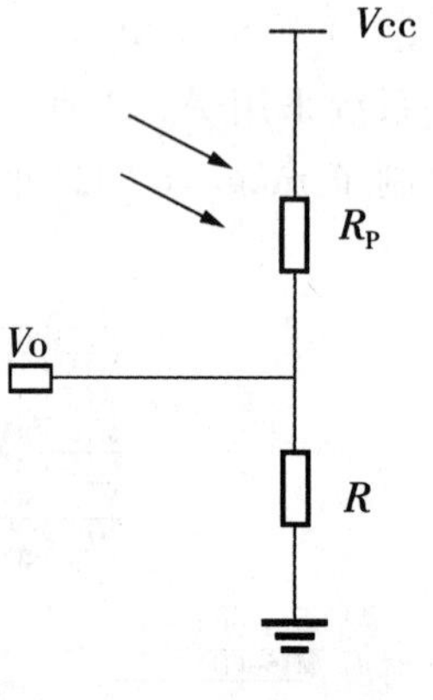

图 3 - 57　光强感应模块电路

当采用模拟比较器时，R=3kΩ，采用 mega16 内部基准电压为 1.22V，当采集电压高于这个值时判断其为白天，低于这个值时为夜晚。当采用内部 AD 时，R=10kΩ，取阀值电压为 3V。当采集的电压高于这个值时判断其为白天，低于这个值时为夜晚。

③ 太阳能充电模块

该系统采用太阳能板对蓄电池进行充电，其系统供电结构图如下图 3 - 58 所示。蓄电池电压为 12V，直接给直流电机供电，12V 电压经过 LM2596 降压至 5V 给系统供电。

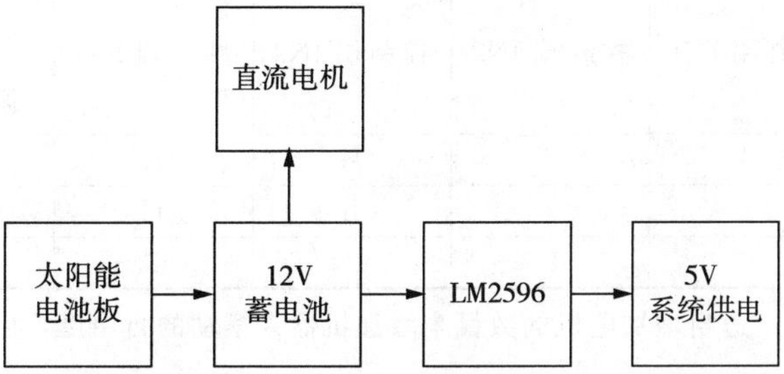

图 3－58　太阳能充电模块供电结构图

④ 挥臂模块

图 3－59　挥臂模块放大（比例尺 1：3）

白天工作模式主要为挥臂模块（图 3－59）。稻草人的手臂能进行不同速率与不同方向的摆动，驱赶试图偷食的飞鸟。考虑到鸟类的习惯性，机器人做成仿人形式。在手臂上加上装饰，并不断地改变转动的速度、方向等方式，时而停下，时而摆动，时而改变转动速率。图 3－60 为机器人上的直流电机放大图，用一个直流电机控制两个齿轮从而控制机器人手臂的摆动。机器人的动作由 mega16 配合 L298N 驱动电机。程序控制 mega16 输出的 PWM 可以进一步通过 L298N 控制电机的转动速率，mega16 的 IO 则可以直接通过 L298N 直接控制电机的正反转、启动或者停止。一个 L298N 可以驱动两个直流电机，分别为 M_1 和 M_2。引脚 ENA、ENB（此处分别记为 A、B）可用于输入 PWM 脉宽调制信号对电机进行调速控制（如果无须调速可将两引脚接 5V，使电机工作在最高速状态，即将短接帽短接）。实现电机正反转：输入信号端 IN1 接高电平，输入端 IN2 接低电平，电机 M_1 正转；如果信号端 IN1 接低电平，IN2 接高电平，电机 M_1 反转。控制另一台电机是同样的方式，输入信号端 IN3 接高电平，输入端 IN4 接低电平，电机 M_2 正转反之则反转。PWM 信号端 A 控制 M_1 调速，PWM 信号端 B 控制 M_2 调速。具体状态如表 3－4 所示。

表 3－4　电机状态表

电机	旋转方式	控制端 IN1	控制端 IN2	控制端 IN3	控制端 IN4	输入 PWM 信号改变脉宽可调速	
						调速端 A	调速端 B
M_1	正转	H	L	/	/	H	/
	反转	L	H	/	/	H	/
	停止	L	L	/	/	H	/

（续表）

电机	旋转方式	控制端 IN1	控制端 IN2	控制端 IN3	控制端 IN4	输入 PWM 信号改变脉宽可调速	
						调速端 A	调速端 B
M_2	正转	/	/	H	L	/	H
	反转	/	/	L	H	/	H
	停止	L	L	/	/	/	H

注：还可以根据需要，适当增加电机的数目来增加机器人摆动的自由度，以期更好地驱赶飞鸟。

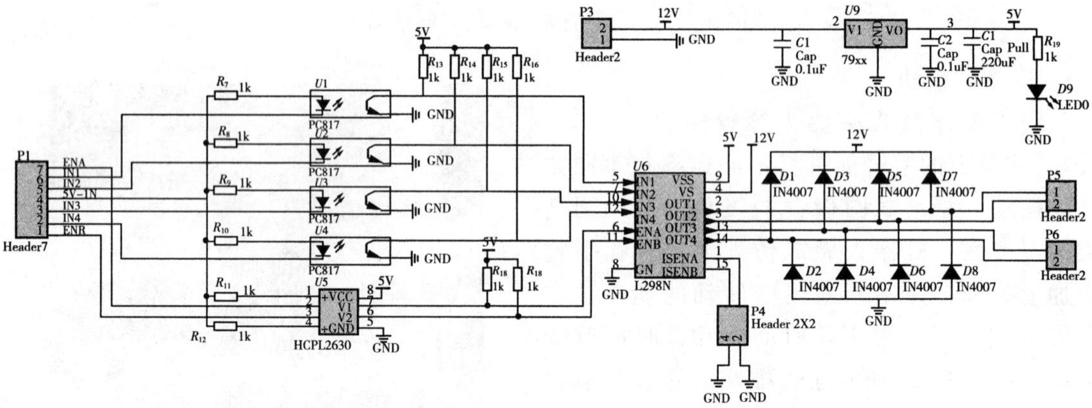

图 3－60　直流电机电路图

⑤ 频闪杀虫灯模块

杀虫灯模块采用杀虫灯光源加高压电网的形式。因为夜晚没有太阳能，只能单纯采用蓄电池进行工作，为了节约能源，系统的灯源采用闪烁式工作。因为硬件控制要比软件控制更稳定，所以本模块采用 555 频闪电路，没有采用单片机控制。此频闪模块是通过调节电路中的可变电阻来改变占空比从而改变 LED 亮灭的时间，保证能吸引到害虫的基础上，延长灯灭的时间，使功耗最小化。同时通过升压电路将 LED 灯外围的两层高压电网升压（5V 电压升到 750V 的高压）。

当 LED 频闪电路运作时，利用灯光把蚊虫吸引过来，蚊虫一接触电网即被电死。电网电压虽然高，但是电流极小，不会对人类产生伤害。使用者可以根据工作地区情况的不同，采用不一样色彩、频率的灯源与不同的工作时间，使效率最大化的同时最大限度的节约能源。图 3－61 是频闪灯的电路原理图，图 3－62 是倍压的

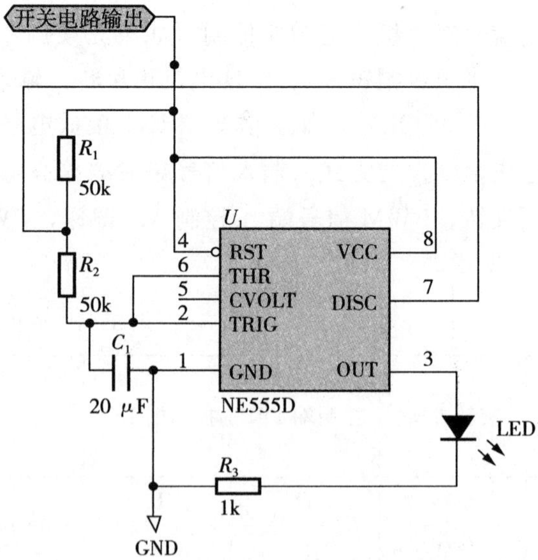

图 3－61　频闪灯图

电路原理图。机器人的主要部件如图 3－63 所示，最上部是杀虫灯，下面便是稻草人的两个手臂，只要手臂设计得足够长，便能横跨整个农场，就能对所有农作物进行保护。在手臂上再挂一些彩带或装了少量沙的塑料瓶，效果会更好。

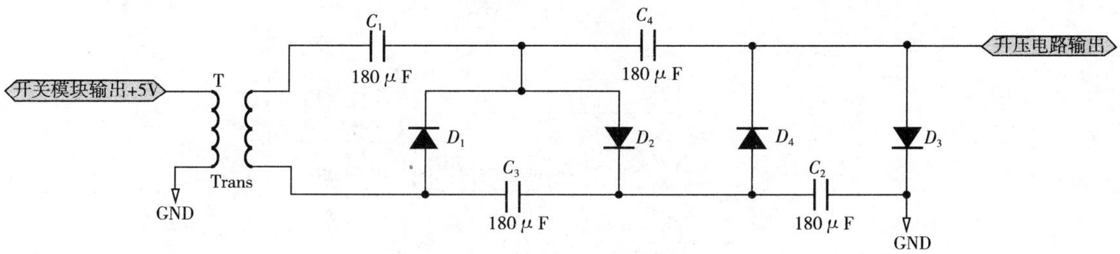

图 3－62　倍压模块图

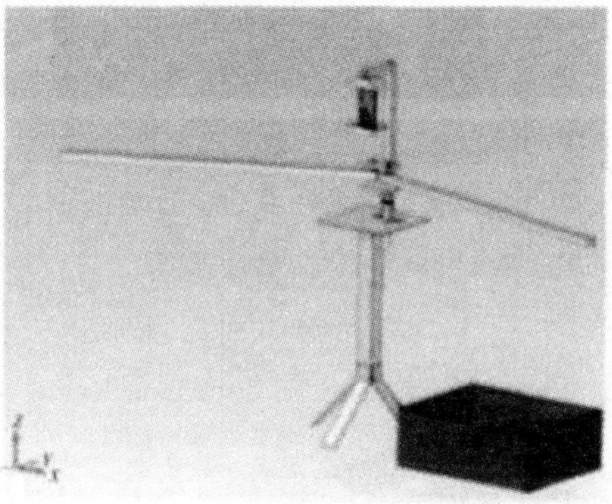

图 3－63　机器人基本架构图

（3）太阳能智能机械稻草人电子系统软件设计

软件部分由主程序、挥臂子程序、光敏信号采集程序、外部中断处理程序和定时器中断子程序组成，这里只介绍挥臂模块程序实现的流程。基于定时器中断的挥臂模块的程序流程图如图 3－64 所示。程序流程描述：首先初始化硬件参数，设置中断等，调用 mega16 内部自带的模拟比较器或者 AD 对经过光敏电阻分压的电压进行采集来检测光信号的大小，判断是白天还是黑夜，如果是白天就开始调用挥臂初始化子函数，使手臂恢复到初始位置。开启 T_1 定时器，打开总中断，调用正向挥臂子函数；当检测到正向挥臂完成的信号时，调用反向挥臂子函数，当检测到反向挥臂完成的信号时，再调用正向挥臂子函数，如此循环，直到定时器定时完成，关闭定时器，延时一段时间后再次采集光信号。

若采集的信号为晚上，则调用停止挥臂子函数，同时打开 T_1 定时，直到 T_1 定时完成将再次检测光信号。

3. 系统性能分析与改进

（1）添加蜂鸣器

经试验证明，利用机器人挥臂驱鸟的效果显著，但这主要是在视觉上刺激飞鸟，若给系统添加蜂鸣器，让稻草人哨叫，给鸟雀以听觉上的冲击，效果更好。

（2）设定工作时间段

一天之中，并不是时时刻刻都会有鸟类和害虫入侵农作物，益鸟也会啄食害虫，让系

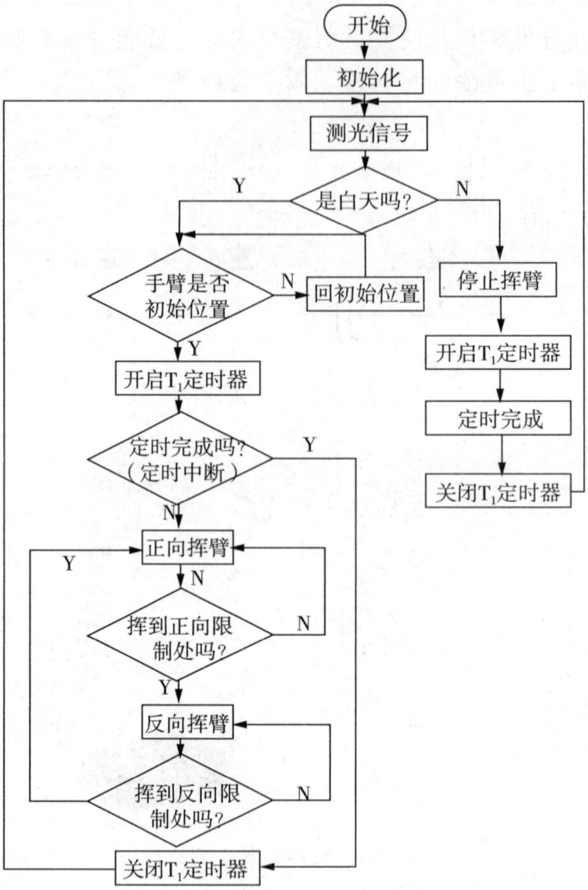

图 3-64　程序流程图

统成天工作是一种资源浪费，不能使效率达到最大化。因此系统只需在鸟雀或害虫出没高峰期工作即可。研究表明，每天下午 3 时至 5 时，是鸟雀数量最多的时间段；晚上 11 点到凌晨 2 点是害虫最活跃的时间段。因此添加了系统时钟，读取其显示时间，设定系统只在上述两个时间段工作。系统时钟的硬件原理图如图 3-65 所示。

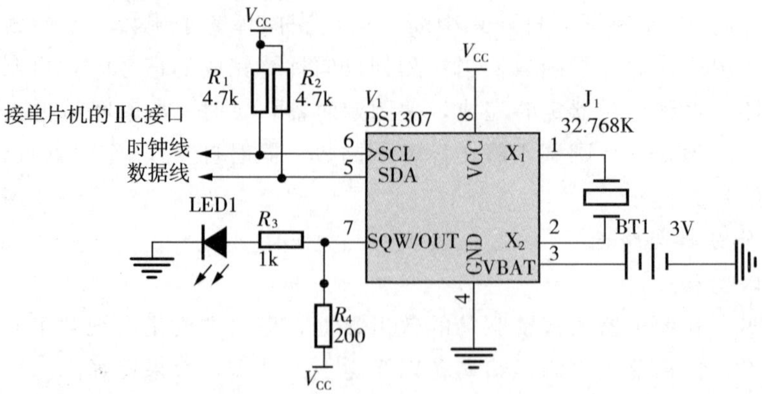

图 3-65　系统时钟硬件原理图

（3）阴雨天不工作

考虑到下雨时，鸟类和害虫为了躲雨基本不出没，因为一旦雨水淋湿它们的翅膀，飞翔就会变得很困难，再者阴雨天光线不足，导致系统供电也会不足，因此系统在阴雨天可以停止工作。利用湿度传感器便可以实现晴天和雨天的判断。湿度传感器采用 HTG3515 模块，若外界湿度有变化，其输出电压会有相应线型变化，通过 MEGA16 的内部 AD 定时读取输出电压，判断外界湿度变化。PA2 口作为其读入口。若读取电压为晴朗的天气对应的电压，则机器人正常工作；若读取的电压为阴雨天气，则停止系统的一切任务，等待至放晴。

4. 最终成品与应用

最终制作出的太阳能智能机械稻草人的实物图如图 3－66 所示，最上面的是太阳能板，蓝色的是杀虫灯，两个张开的是机器人的手臂，真正投入使用时的手臂应该是要横跨整个农场的，手臂上挂的是彩带，最下面的小箱子装的是整个系统的相关电路。图 3－67 是稻草机器人投入田间使用的仿真图片。

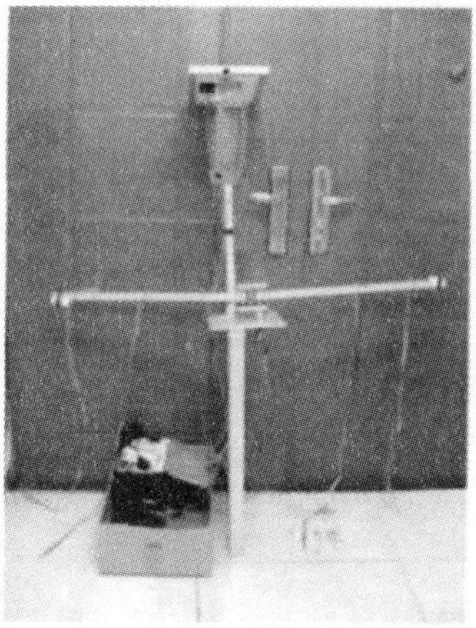

图 3－66　成品实物图

图 3－67　应用仿真图

本机器人系统是以太阳能供电，以 mega16 单片机为控制核心，实时采集光强信号来控制挥臂模块和杀虫灯模块，实现在白天防止鸟类对农作物的破坏，在夜间能通过杀虫系统消灭害虫，只在鸟雀或害虫出没高峰时段工作，在阴雨天不工作，达到对农作物进行保护的目的。整个系统都为自动控制，不需要人为的变更，能根据自身环境的不同自行进行切换，智能程度高且实现容易，是一个制造简单、成本低廉、便于拆卸、低碳环保、实用性强的太阳能农林业保护系统。

二、驱鸟彩色风轮

1. 基本原理与用途

由红、绿、黄、蓝四种不同颜色的叶片组成的彩色风轮在自然力的作用下围绕风轮连接绳快速转动，产生交替反光效果，对鸟类的视觉系统产生刺激，从而使鸟类因恐惧、害怕而远离彩色风轮布置区域，进而达到驱鸟效果。彩色风轮一般安装在机场平地区内、土跑道外侧、水沟和池塘等鸟类活动频繁地区，供昼间进行机场驱鸟（图 3－68）。

图 3－68　驱鸟彩色风轮

2. 技术性能

（1）适用工作环境

户外露天使用。

（2）风轮材质

风轮：聚乙烯；

连接绳：塑包钢丝；

架杆：竹竿或金属杆等；

Ⅰ型铁钎：钢铁；

Ⅱ型铁钎：钢铁。

（3）几何尺寸

风轮：直径 35cm，伸展厚度 8cm；

连接绳：直径 5mm；

架杆：高 120cm，直径 3～5cm；

Ⅰ型铁钎：长 500cm，直径 1.4cm；

Ⅱ型铁钎：长 500cm，直径 0.8cm。

3. 风轮安装

（1）风轮串联

单个风轮的安装如图 3－69 所示。

利用连接绳（直径为 5mm）进行每个风轮串联时，还需要 1 个塑料套管（内径 6mm，外径 8mm、长 8cm）、2 个金属卡、2 个金属挡片等配件，串联顺序依次为金属卡、金属挡片、风轮一侧孔、塑料套管、风轮另一侧孔、金属挡片、金属卡。塑料套管使风轮能够充分展开并自由转动，金属卡对风轮起到外侧限位作用（两个金属卡之间的距离约 20cm 左右），金属挡片用以降低金属卡对风轮的摩擦损坏。

风轮在连接绳上的串联密度一般为 1 个/m，每串风轮长为 11～100m。制作 11m 长的

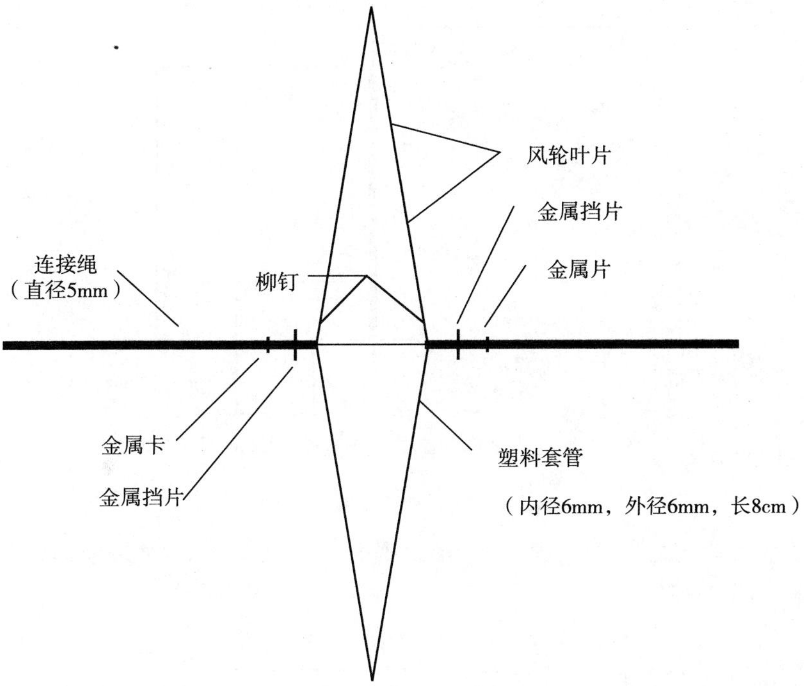

图 3－69 单个风轮安装示意图

风轮串时，首先，统一制作 11m 长的连接绳；然后，按照上述方法在连接绳上串联 10 个风轮及配件（连接绳两端各预留长度 1m）；最后，拧紧每个风轮两侧金属卡上的螺丝，固定金属卡，把风轮定位在连接绳上。若要制作 20m 以上长风轮串时，将几段 11m 长的风轮串联接在一起即可（见图 3－70）。

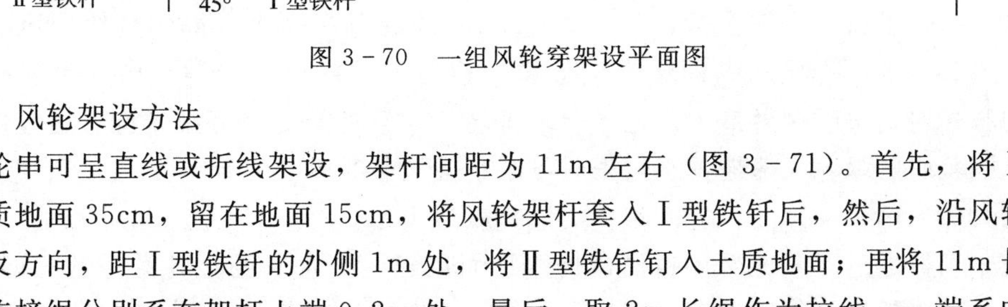

图 3－70 一组风轮穿架设平面图

（2）风轮架设方法

风轮串可呈直线或折线架设，架杆间距为 11m 左右（图 3－71）。首先，将Ⅰ型铁钎钉入土质地面 35cm，留在地面 15cm，将风轮架杆套入Ⅰ型铁钎后，然后，沿风轮连接绳合力相反方向，距Ⅰ型铁钎的外侧 1m 处，将Ⅱ型铁钎钉入土质地面；再将 11m 长的风轮串两端连接绳分别系在架杆上端 0.2m 处；最后，取 2m 长绳作为拉线，一端系向Ⅱ型铁钎的圆环，一端系向架杆，将风轮连接绳拉紧。

4. 风轮在机场场区内布局要求

彩色风轮一般架设在沿距离跑道边缘 20m 处的平地区和土跑道外侧以及水池、排水

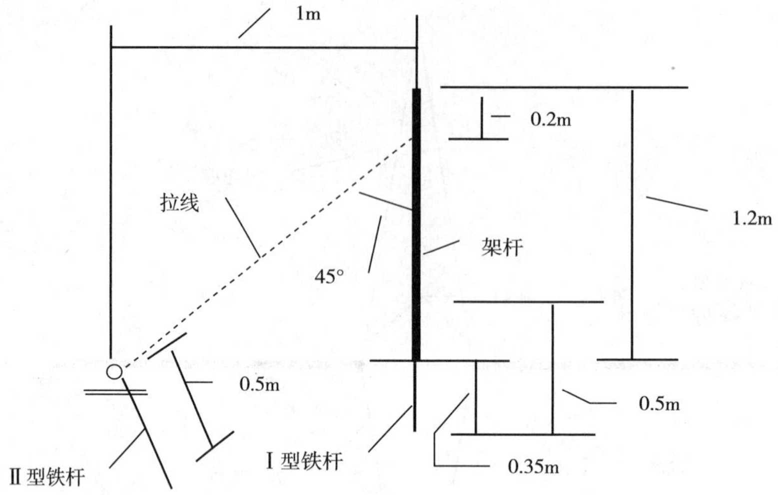

图 3－71　架杆安装平面图

明沟等鸟类经常活动的区域，一般每 20m 设置一组，在鸟类活动频繁的区域要酌情增加风轮架设数量（图 3－72）。

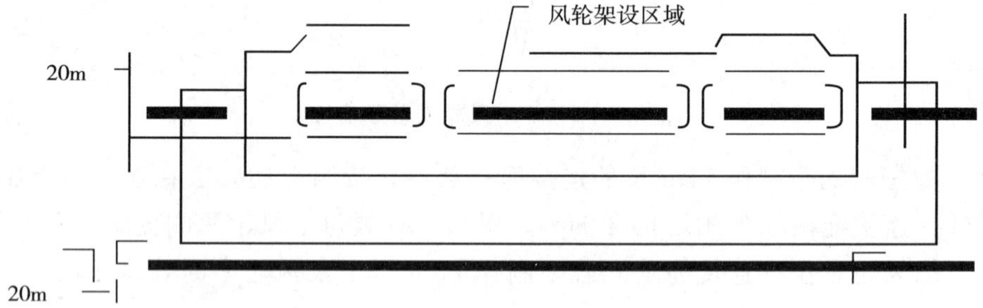

图 3－72　风轮在场区内的布局

第三节　光学类驱鸟设备的安装与使用

激光驱鸟器

激光驱鸟器发出一束安全的，直径为 532nm 的绿色激光束。操作员使用该激光束来回扫射跑道和草地，光质均匀的激光束就像一根巨大的绿色大棒槌。鸟类学家的实验证明，这种激光对鸟眼的刺激最大，但不会杀害鸟类，且鸟类对该型激光没有适应性。当鸟类看到这根刺眼的绿色大棒槌挥舞过来时，眼睛会被刺激直至眩晕，加之，鸟类无法分辨这根绿色大棒的虚实，因此，它们唯一的选择就是飞走。

激光驱鸟器通过不断地循环扫描机场跑道而创建一个永久的让鸟类感觉的危险区域，影响机场及其附近鸟类赖以生存、栖息和觅食的生态环境，刺激鸟类寻找新的、安全的栖息地，可以从根本上预防和杜绝鸟撞飞机事故的发生。

激光器工作时，发射一束绿色激光束与环境的颜色反差非常明显，因此最能刺激鸟类眼睛。在清晨、黄昏、夜晚或其他低光照条件下最有效果。

1. 鸟类视觉

大多数鸟类视觉极佳，对绿光非常敏感。鸟类眼睛吸收对应波长光谱分析如图3－73所示。

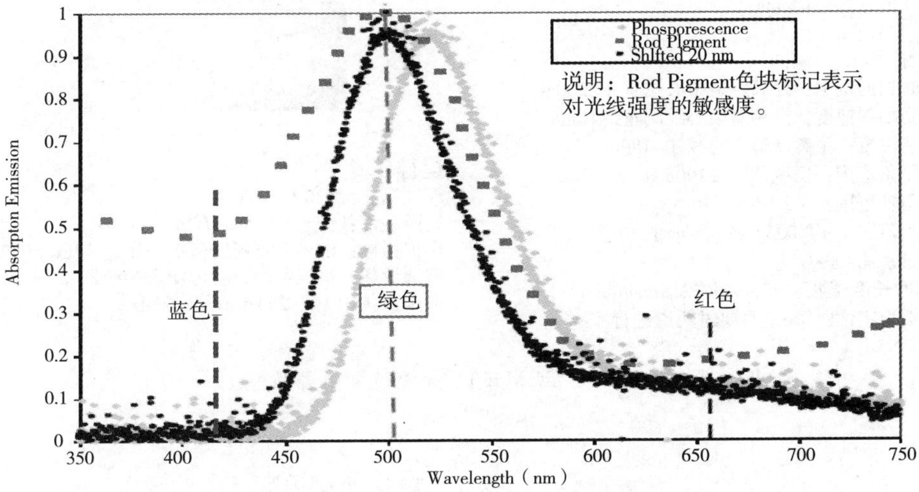

图 3－73　鸟类眼睛吸收光谱分析

2. 常见的激光驱鸟器

常见的激光驱鸟器产品如图 3－74 所示。

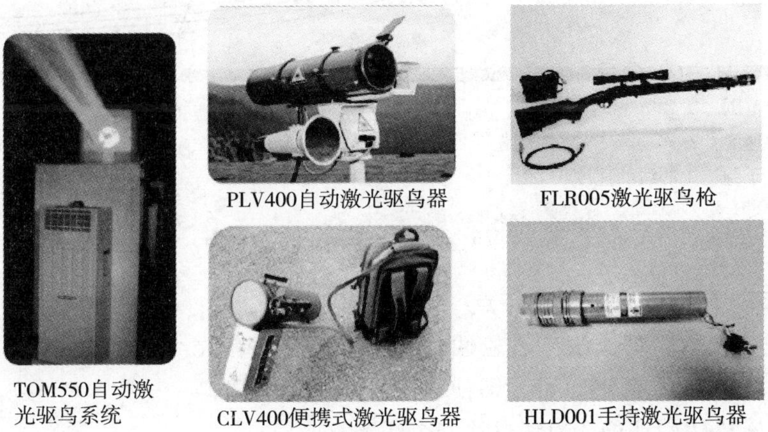

图 3－74　激光驱鸟器产品一览

（1）TOM550 自动激光驱鸟系统

TOM550 自动激光驱鸟器特性如图 3－75 所示。

① TOM550 自动激光驱鸟器工作示意图

在机场驱鸟的时候，可以利用激光束持续不断地扫描跑道。保持激光束不发散，即在近处和远处光束的直径相同。扫射的时候，仰角范围±2.5°。假设机场跑道为 3000m，那么跑道末端激光束高度调节范围为±65m，如图 3－76 所示。

光学
激光等级：2M（国际标准IEC60825-1.2）
激光波长：532mm
发射方式：连续
激光束直径：152mm

机械
激光扫射范围：距离跑道中心位置±2500m
激光扫射速度：沿跑道中心线测量2~10m/s
安装位置：距离跑道中心线70~180m
方位角范围：机械范围±100deg
仰角轴范围：±2.5deg
仰角范围：±0.005deg@5m/sec扫频速度
重量：约400kg
高度/长度/宽度：2150mm/1215mm/800mm
周期稳定性：每6个月要对轨道进行监测

运行环境
环境温度：-20℃~ +60℃
光照条件：低于15000lux有效
保护指标：IP56（防灰尘和水）外壳（IEC 60529）
空调设备：恒温恒湿，含温湿度传感器
电压：单相 198-254 VAC 50/60Hz

图 3-75　TOM550 自动激光驱鸟器特性

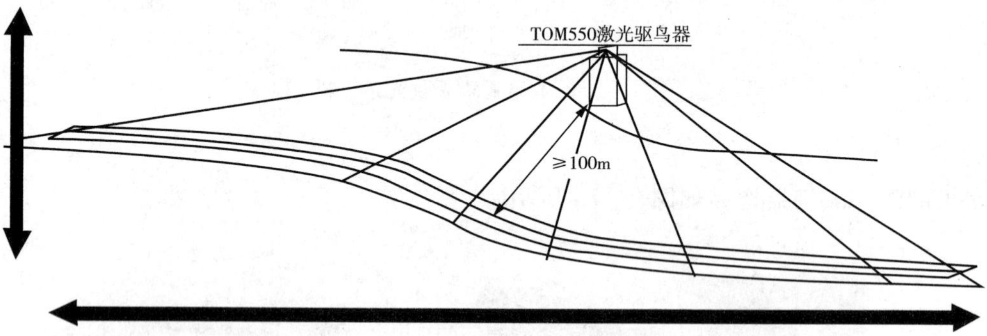

图 3-76　激光驱鸟器工作示意图

② TOM550 自动激光驱鸟器特点

a. 采用视觉技术，鸟类没有适应性，对所有鸟类都有效，不间断使用，效果持久。

b. 对飞行员视觉不产生障碍，即使在晚上也不产生障碍：

——经权威机构验证的 100％视觉安全激光；

——15°锥度外不可见；

——5 年实地测试，没有飞行员的障碍报告。

c. 不干扰雷达、塔台等电子设备网络化控制，实现远程监控。

d. 可靠稳定，激光头的寿命约为 15000h。

——先进的恒温、恒湿控制系统；

——若每天运行 10h，可 4 年内不换激光头。

e. 符合国际民航标准：

——野生物控制相关章节。

③ TOM550 远程控制和监测

TOM550 自动激光驱鸟器为基于网络的远程控制和监测系统，其构成如图 3－77 所示。当通过摄像头返回的图像经过计算机的相关算法认为鸟群已达到一定的危害后，便会通过 PC 机自动地远程控制 TOM550，开启其正常的工作模式，从而实现对鸟群的自动驱赶工作。在安装固定式自动激光驱鸟器的时候，可以参考如图 3－78 布设。

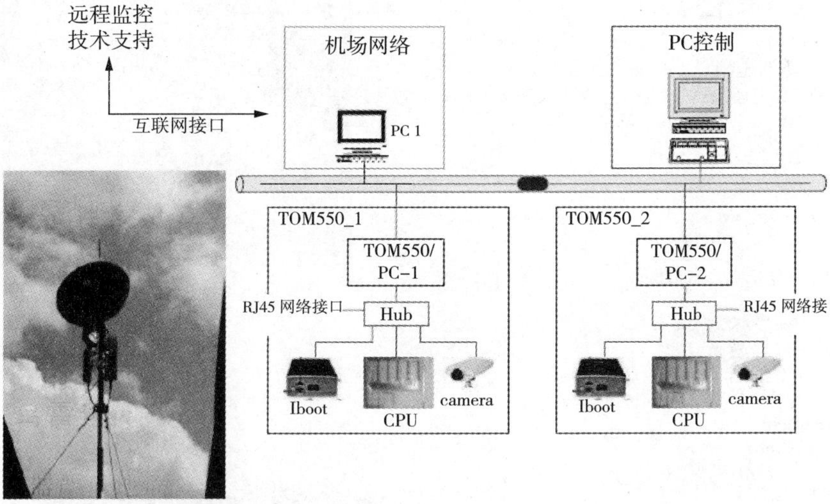

图 3－77　远程控制和监测

图 3－78　固定式自动激光驱鸟器安装位置

（2）PLV400 自动激光驱鸟器

PLV400 自动激光驱鸟器及其特性如图 3－79 所示。

（3）FLR005 激光驱鸟枪

FLR005 激光驱鸟枪性能如图 3－80 所示。

波长：532nm绿色激光
激光功率：450 MW
发射方式：连续
光束直径：15cm
光束发散：0.3mrad
瞄准稳定性：2.9%
供电：12V/2A/50-60Hz，直流
操作温度：-15℃~ +50℃
湿度：无水凝
射程：2000m
重量：1kg（不含电池），15kg（包含电池）
尺寸：长50cm×直径19cm（发射器）46cm×36cm×10cm（电源）
激光等级：2M
接触是否安全：是

控制方式：自动运行/远程遥控
射程：±1000m
激光落点：跑道或草地
波长：532nm绿色激光
激光功率：450 MW
发射方式：连续
光束直径：15cm
光束发散：0.3mrad
方位驱动：方位角/俯视电机
瞄准稳定性：2.9%
供电：直流、交流或太阳能供电
操作湿度：-15℃~ +50℃
湿度：无水凝
重量：20kg（不含电源）
尺寸：长68cm×直径19cm（发射器）
激光等级：2M
接触是否安全：是

图 3-79　PLV400 自动激光驱鸟器

波长：632.8nm绿色激光
激光功率：50 MW
光束直径：12mm
光束发散：0.3mrad
光源寿命：20000h
瞄准镜放大倍数：3X~9X
供电：12C直流电池
电池续航：3h（连续工作）
操作温度：-20℃~ +60℃
湿度：无水凝
射程：2500m
重量：驱鸟器净重3.5kg，电池2.8kg
尺寸：长100cm
激光等级：2M
接触是否安全：是

图 3-80　FLR005 激光驱鸟枪性能

（4）HLD001 手持激光驱鸟器

HLD001 手持激光驱鸟器及其性能如图 3-81 所示。

- 光束直径可调
- 增加光口保护，钥匙双保险
- 红色高亮度LED工作指示
- 两种激光发射方式，以防鸟类对单一发射方式的适应性

波长：532nm绿色激光
激光功率：127 MW
光束直径：最小光斑直径不超过ϕ1.0mm，15m处光点小于ϕ18mm
光束发散：0.3mrad
供电：电池1节CR18650
电池续航：45h（连续工作）
操作温度：-25℃~ +45℃
湿度：无水凝
射程：750m
重量：750g
尺寸：210mm × 筒身ϕ30mm/头部ϕ35mm
激光等级：2M
接触是否安全：是

图 3-81　HLD001 手持激光驱鸟器性能

第四节　听觉类驱鸟设备的安装与使用

一、定向/全向声波驱鸟器

1. 音锐达声波设备

LRAD（Long Range Acoustic Device 的缩写）（图 3-82），意为音锐达远距离定向声波设备。它是应对 2000 年 10 月美国海军科尔号军舰遭到小船自杀式攻击后研发的。

定向声波帮助军事和商业保安人员明确对方靠近的意图，营造广大的安全区域，从而预留充足的反应时间和反应距离，来做出恰当的判断和选择。定向声波的广播距离最远可达 3500m，设备重量从最小的 6.8kg 到最大的 150kg。在这个范围内能发射高清晰的警告、指示和关键信息。通过发射多语言的语音命令和警告音，定向声波系统能协助军事、公安执法和安保人员营造更大的安全区域，确定靠近者意图，在不明朗的情况下，有助于以和平方式解决两方冲突，保护远距离定向声波设备两侧人员的生命安全。截至目前，LRAD 已被全世界海军、海监、渔政、公安、武警、空军、陆军、民兵、军民用机场驱鸟、石油和天然气公司、民政部救灾、边境控制等领域广泛采用。

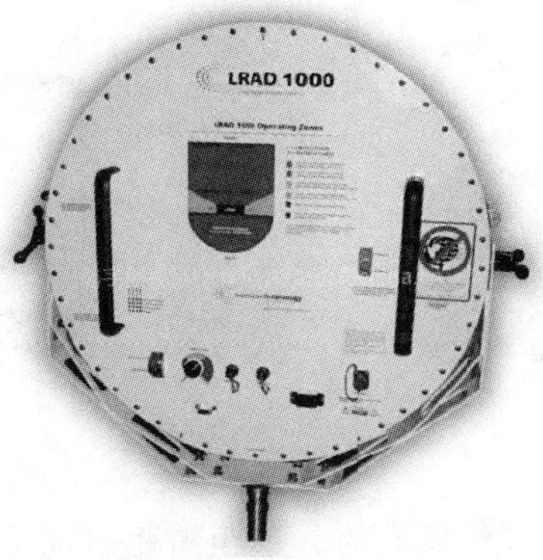

图 3-82　LRAD

LRAD 的特点如下：

（1）指向性极强。定向声波设备把声音发射方向控制在±15°，像电筒发射灯光束一

样，定向声波发射的声波束也具有极强的指向性，因此不会因为噪音影响周边环境。

（2）传播距离极远。传统喇叭的声音传播距离在 50m 以内，定向声波发射器的传播距离最远达到 9km（如 LRAD 2000X 定向声波），一般传输距离超过 3km，满足远距离通信、广播、舰船间喊话、防空警报等用途。

（3）音质清晰度高。定向声波发射水晶般透亮的音质，声音清晰，强度极高，辨识度很高。

（4）波束宽度可调。声音波束一般在±7.5°～±15°间可调。

（5）音量可调。定向声波的 MP3 控制器上可以随时调整发射音量，也可以通过远程电脑，及时调整发射音量，有助于分别实现通信、警戒、驱赶的作用。

LRAD 的功能如下：LRAD 定向声波由于声音指向性强，能量集中无扩散，利用特定的超声波合成技术，因此目标指向能量极大。

根据使用需求，实时调整音量大小，可以分别实现远距离广播通信、警示和驱赶三种功能。一般而言，不同距离对应的不同功能如下：1～100m，声压极大，能量集中，能实现驱赶来者功能；100～1500m，声压大，能量比较强，能实现警示来者功能；1500～9000m，音质清晰，指向性强，能实现广播通信和喊话功能。

2. 定向声波驱鸟器

定向声波是一种定向性远程声波发射装置（图 3－83），其关键在于依靠先进的技术将声波控制聚集在 30°波束范围内，向远距离目标发出警告、威慑、驱赶的声音，是一种远距离驱赶过境的候鸟和留鸟的有效手段，特别适用于驱赶跑道上方的鸽群等群鸟。其特点如下：

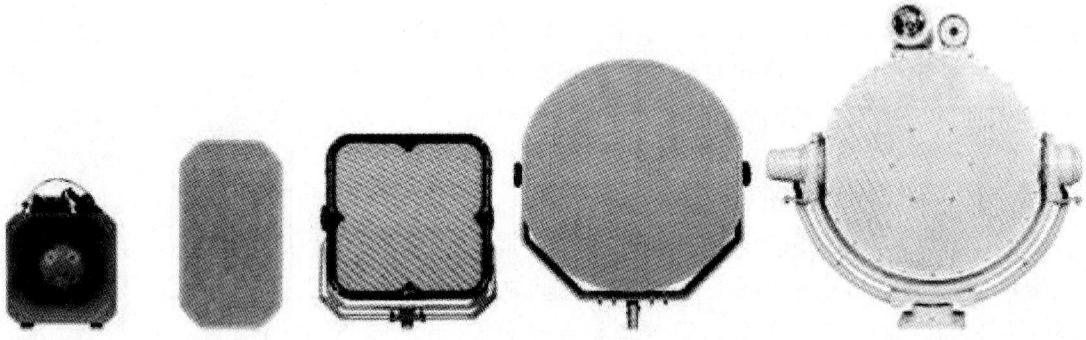

图 3－83　定向声波器

（1）强大的、远距离驱赶能力，有效迅速驱赶滞留和过境的鸟群；

（2）业界最全的产品线，作用距离为 700～3000m；

（3）便携式、车载式、固定安装等多种安装方式可供选择；

（4）可播放多种鸟类天敌声音或强大的威慑驱赶音，最大可存储 2GB 的声音；

（5）市电、车载电源、发电机、太阳能等多种供电方式；

（6）支持远程监控，减少人力成本。

表 3－5 列出了不同型号定向声波驱鸟器的一些参数，机场可根据需求选择不同型号

的定向声波驱鸟器。

表 3-5 定向声波驱鸟器系列

型号	RX	1000X	500X	300X	100X
最大分贝	153 dB	153 dB	149 dB	143dB	137 dB
最大距离	3000m	3000m	2000m	1500m	700m
典型工作范围 *	1250m	1250m	650m	350m	250m
安装方式	固定	固定/车载	固定/车载	固定/车载	便携
重量	155kg	39.5kg	20kg	13kg	6.8kg
体积	宽：134.6cm 高：162.6cm 厚：50.8cm	宽：91.5cm 高：101.6cm 厚：33cm	宽：63.5cm 高：63.5cm 厚：30.5cm	宽：63.6cm 高：35.6cm 厚：29.2cm	宽：35.6cm 高：35.6cm 厚：16.5cm
电源要求	110～240VAC 48 VDC	110～240VAC	12～28VDC	12～28VDC	电池 10.8～ 24VDC

* 表示在背景噪声为 88dB 情况下的测量值。

3. 全向声波驱鸟器

全向声波是对定向声波产品的有力补充，与定向声波产品不同，其发射声音不是定向的，而是全方位 360°发射（图 3-84）。可以固定安装在机场跑道进场和离场道附近，覆盖广阔的范围，全天候驱赶地面和空中的鸟群，保证飞行的安全。

图 3-84 全向声波器

特点：业界唯一的广域全向声波驱鸟器，是定向声波驱鸟器的有力补充，声音全方位 360°全覆盖，单节点最高覆盖 25km^2，可安装在跑道两端和跑道附件，大范围全天候驱鸟，坚固耐用，满足户外使用要求。实用的模块化设计，满足客户的个性化驱鸟需求。市电或太阳能供电，支持以太网控制接口，可远程控制。

表 3-6 列出了不同型号全向声波驱鸟器的一些参数。

表 3-6 全向声波驱鸟器系列

型号	360X1	360X2	360X4	360X8	360X10
声碟数量	1	2	4	8	10
最大分贝	129 dB	135 dB	141 dB	147dB	149 dB
工作半径	282m	562m	1122m	2239m	2818m
工作范围	0.25km^2	0.99km^2	3.96km^2	15.75km^2	24.95km^2
安装方式	固定安装/机动部署				
重　量	360X1 质量为 50kg，每增加一个声碟重量增加 20.5kg				
体　积	W=87cm，H=73cm，每增加一个声碟高度增加 30.5cm				
功　率	320W	640W	1280W	2560W	3200W

* 表示在背景噪声为 88dB 情况下的测量值。

传统的声波驱鸟器采用单个喇叭，传输距离短、声音小，驱鸟效果不理想，特别是声音向四周发散，操作人员所在的后向位置声音特别大，影响设备使用效果（图 3-85）。

音锐达重新定义了定向声波的概念，与传统的定向声波产品不同的是，音锐达定向声波驱鸟器采用具有专利的压缩振膜扬声驱动技术，实现了声波的前向功率大、后向功率小、声音发散小的要求，是真正意义上的定向声波，具有声音大、定向性好、传输距离远、驱赶效果好的特点（图 3-86）。

图 3-85 传统定向声波驱鸟器

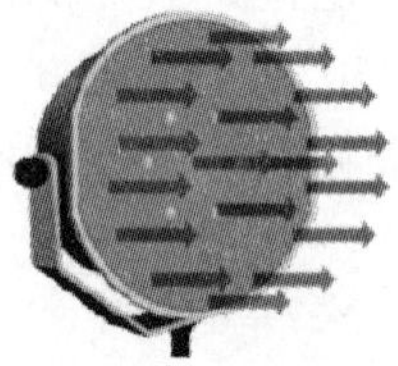

图 3-86 音锐达定向声波驱鸟器

音锐达定向声波和全向声波全系列产品采用防水特种材料设计，保证全天候气象条件下的安装和使用。成熟的技术，卓越的品质，精湛的生产工艺让音锐达声波系列产品完全满足各种环境下的驱鸟要求。表 3-7 为音锐达定向声波在各种环境下的测试数据。

表 3-7 各环境测试数据

环境指标试验	
高温操作温度	MIL-STD-810G，方法 501.5，步骤Ⅱ，设计类型高温 60℃
低温操作温度	MIL-STD-810G，方法 502.5，步骤Ⅱ，设计类型低温－33℃
降雨	MIL-STD-810G，方法 506.5，步骤Ⅰ，吹雨
盐雾试验	MIL-STD-810G，方法 509.5
船舷振动	MIL-STD-167-1A

（续表）

环境指标试验	
船舷冲击	MIL－S－901D，等级Ⅰ，冲击等级 B
随机振动	MIL－STD－810G，方法 514.6，轮式车辆
SRS 冲击	MIL－STD－810G，方法 516.6，步骤Ⅰ（功能性冲击）
最高存储温度	MIL－STD－810G，方法 501.5，步骤Ⅰ，70℃
最低存储温度	MIL－STD－810G，方法 502.5，步骤Ⅰ，－40℃
操作湿度	MIL－STD－810F，Method 507.5，步骤Ⅱ
安全	MIL－STD－1474D
电磁兼容性（EMS）	FCC Part 15 Class A 辐射，CE

与其他厂家定向声波采用的压电声电转化扬声驱动技术不同，音锐达定向声波采用具有专利的压缩振膜扬声驱动技术，在保证卓越性能的同时，做到了体积最小，功耗最低。下面以传输距离为 2000m 的定向声波驱鸟器为例进行对比（表 3－8）。

表 3－8　音锐达 500X 与其他厂家定向声波驱鸟器的对比

型号	音锐达 500X	其他厂家同级性能产品
重量	20kg（不含附件）	大于 40kg（不含附件）
功率	正常功率 60W	数百瓦
体积	63.5 宽×63.5 高×30.5 厚（cm）	最小的为：99.3 半径×40.4 厚（cm）

4. 音锐达 Streamer 远程控制软件

Streamer 远程控制器配套的远程播放控制软件，支持远程 TCP/IP 方式对单台或多台驱鸟器进行远程管理、操作，播放实时或预先录制的驱赶声音（图 3－87）。

5. 音锐达 RX 远程监控软件

音锐达远程控制软件提供以下功能，使操作员在指挥中心就能控声波驱鸟器。

- 操作界面（图 3－88）可控制选择预先录制好的驱赶声；

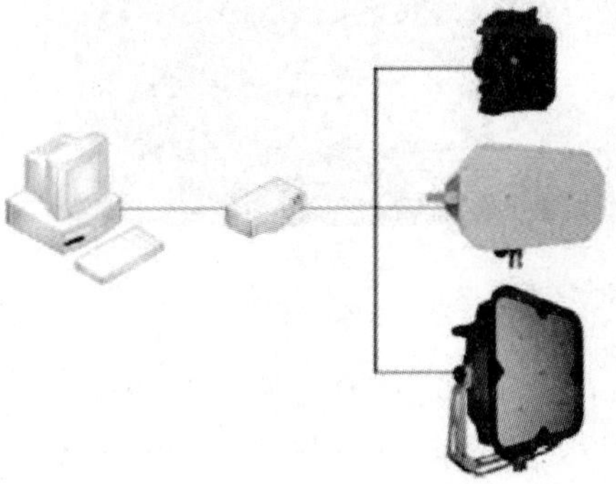

图 3－87　远程控制多台音锐达定向声波驱鸟器

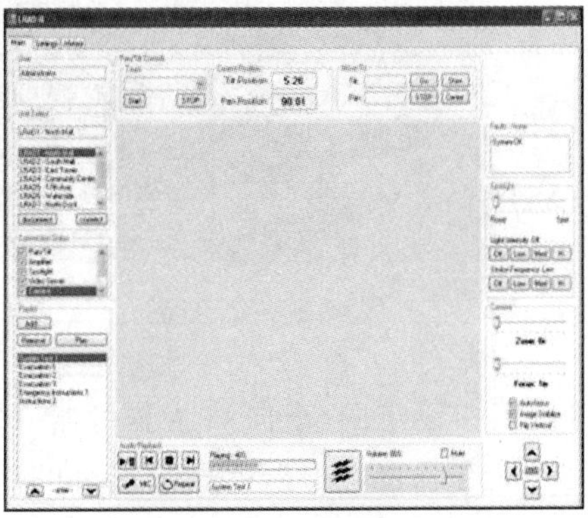

图 3－88　软件主界面

- 控制声音音量大小等播放器能实现的所有功能；
- 高清监控提供机场实时视频信息，便于及时发现鸟情，启动声波进行驱赶；
- 手动位置调整（平移和倾斜轴）；
- 手动摄像头控制（变焦，聚焦等）；
- 可供选择其他配件（如探照灯等）；
- 兼容 USB 摇杆。

6. *多种安装方法*

定向/全向声波驱鸟器的安装及使用非常灵活，能根据实际的设计需要进行安装，例如便于驱鸟人员携带的“便携式定向声波驱鸟器”（图 3－89）、与激光驱鸟系统融合的“定向声波和激光综合驱鸟平台（图 3－90）”、架设在驱鸟车上形成的“移动式定向声波驱鸟车”（图 3－91）、固定安装在机场内某个理想驱鸟地带的“固定式定向声波驱鸟器（图 3－92）”以及与梅兰探鸟雷达共同形成的联动驱鸟系统（图 3－93），这些都是当前定向/全向声波驱鸟器在机场驱鸟应用方面的常用方法。

图 3－89　便携式定向声波驱鸟器

图 3－90　定向声波和激光综合驱鸟平台

图 3－91　移动式定向声波驱鸟车

在机场布设定向/全向声波驱鸟器（图 3－94，图 3－95）前，应在机场周边先进行一次专业的生态调查，根据可靠数据有的放矢地布设，将定向声波驱鸟器的方向朝向鸟类聚集地，并在飞机起飞与降落的敏感地带补强驱鸟，如有必要还可以在起飞与降落点加装全向声波驱鸟器，以保障飞行安全。

图 3－92 固定式定向声波驱鸟器

图 3－93 与梅兰探鸟雷达联动的驱鸟交流

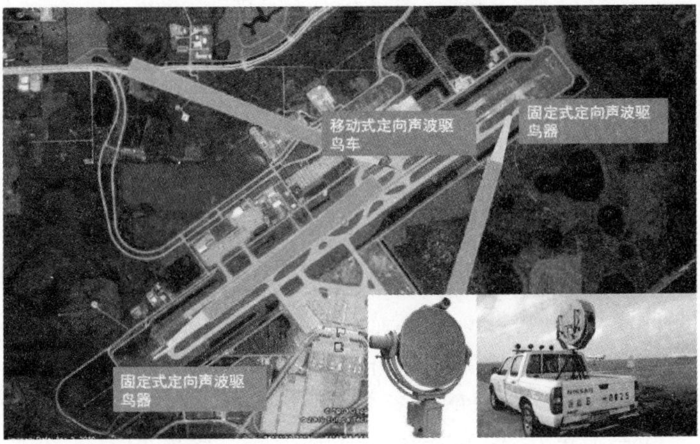

图 3－94 移动式/固定式定向声波驱鸟器工作示意图

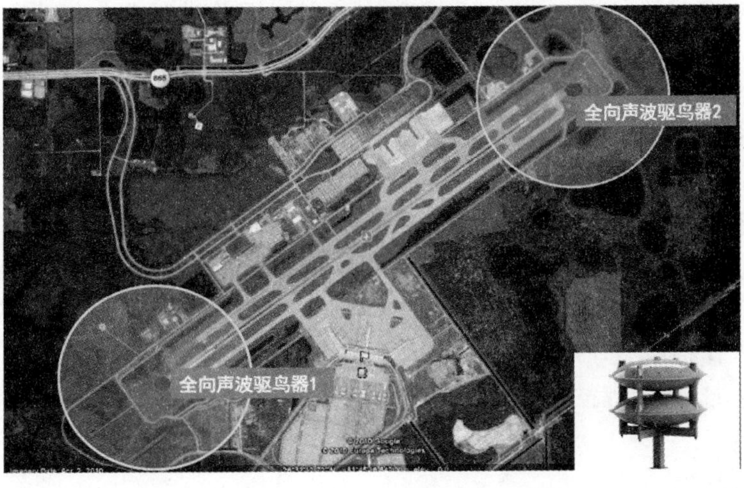

图 3－95 固定式全向声波驱鸟器工作示意图

二、SP-AAS-5超强声相控阵机场驱鸟系统

随着航空业的快速发展，空域航线的密度增加，航空器增多，飞行器速度加快，噪声减小，加之机场及周边地区生态环境的改善，人们保护鸟类的意识加强，也使得鸟类资源越来越多。因此，鸟类与人类在同一空域，经常发生鸟撞事件。据2015年度民航部分统计，鸟撞事故约占民航总事故率的45%以上。另据不完全统计，军用机场鸟撞约占总事故率的51%。全世界每年因鸟击造成的经济损失高达150亿美元，鸟撞事故的频发，给人民的生命、财产带来严重的威胁。因此，鸟撞已成为危害飞行安全的重要原因之一，为世界航空业的一大难题。为此，国际航空联合会，将鸟撞列为A级航空灾难。

近年来，世界各国为解决鸟撞问题投入了大量的人力、物力，穷尽各种技术方法，特别是我军机场成立专门驱鸟部门和专业驱鸟队伍，采取各种措施治理鸟撞，如物理法、光学法、声波法、视觉法、化学法和驱猎法等等。然而，这些措施由于使用效果单一，缺乏连动使用技术配置，很容易使鸟类产生“惯性适应证”，长期使用使驱鸟设备失去应有的驱鸟功能。2014年空军衢州场站使用的SP-AAS-2超强声相控件机场驱鸟系统，驱鸟效果比较好，该机场使用这一设备后，机场起降点鸟撞征候率下降60%，而且鸟类未有惯性适应证的出现。为此，2015年6月，笔者与该设备研发厂家“北京泽世科技发展有限公司”联系，引进试用最新的SP-AAS-5超强声相控阵机场驱鸟系统，经过近一年的实际应用，取得比较好的驱鸟效果，试验区的鸟类种类、种群数量、分布密度及居留时间明显减少，起降点鸟撞征候率大幅下降。

浙江省台州市地处该省中部沿海地区，东临东海，南邻温州，西接丽水、金华，北连绍兴、宁波。机场场站位于该市的城乡交汇区，从地理位置看，正好处于东部鸟类迁徙的第一通道处，由于本区生态环境好，雨水充沛，食源丰富，为鸟类及其他生物栖息、居留、荫蔽和繁衍制造了良好的条件。其特点是：鸟类种类多，种群数量大，分布区域广，南北种群交替复杂。特殊的生态环境，给鸟撞防治工作带来巨大的压力，为减轻鸟撞征候率，确保飞行安全，2015年9月引进该设备进行驱鸟试验。试验的基本情况如下：

（1）试验设备全称及功能

“SP-AAS-5超强声相控阵机场驱鸟系统”，阵列外形尺寸（长×宽×高）为151cm×83cm×225cm；该设备为第5代，改进的产品具有完全自主知识产权，经中科院计量站声压级测试，最大输出声压为159dB@1m；强声束波宽度为±30°；频率范围为300～5kHz；前后向声压级差约为35dB；供电方式为AC220V；系统功耗为1200W；功放效率不低于90%；单套阵列设备有效工作半径为320m（不低于110dB）。

（2）设备工作特点

工作方式为自动/远程控制；波束扫描方式为相控阵技术电子高速扫描；安装方式为定制化固定安装。

（3）设备抗逆性

环境温度为－30℃～50℃；淋雨强度为2mm/min；抗风为阵风10级；电磁兼容，保证满足GJB 151A—97《军用设备和分系统电磁发射和敏感度要求》。

(4) 设备布局

根据实验室声波排序，（瞬时）体积流量（体程速度）：U.9.（9V）煤质中固声波存在而引起的瞬时体积流量特点，结合本机场跑道走向，长度及周边植被现状，其布局是起飞点2台；降落点2台（图3-96）。设备间的距离是300m；声效扫描高度150m以上；设备安装与跑道夹角呈45°（非正面对着跑道）。其设备布局区内，声效覆盖率达到100%，起点与终点声压小于10%，安全满足设备设计时的有效驱鸟要求。

图3-96 起降点设备布局示意图

从阵列布局后的单台设备声压测试效果看，每台设备实际可控制400m范围内的空域，经过波束角度的控制，可有效覆盖1600m跑道及延长线上方空域的鸟类，减少、避免鸟撞征候的发生，并能有效地减控机场上空夜性行鸟类的活动频次——如解决夜鹭、雕鸮、长耳鸮、短耳鸮等鸟类在机场留居的时间和分布。据2016年6月20日～8月17日统计，安装此设备的机场，夜行性鸟类的征候率下降85%以上，而且对18时30分～19时15分时间段的高发蝙蝠，有明显的驱赶作用。此外，声波覆盖区内的鼠类全部迁移非覆盖区，确保了夜间飞行的安全。同时，由于该设备新的设计理念，对机场周边地区村庄的噪声干扰，明显小于煤气炮、声波王等传统声波驱鸟器（图3-97），具有安全、环保、噪声小、音放时效可控等特点。

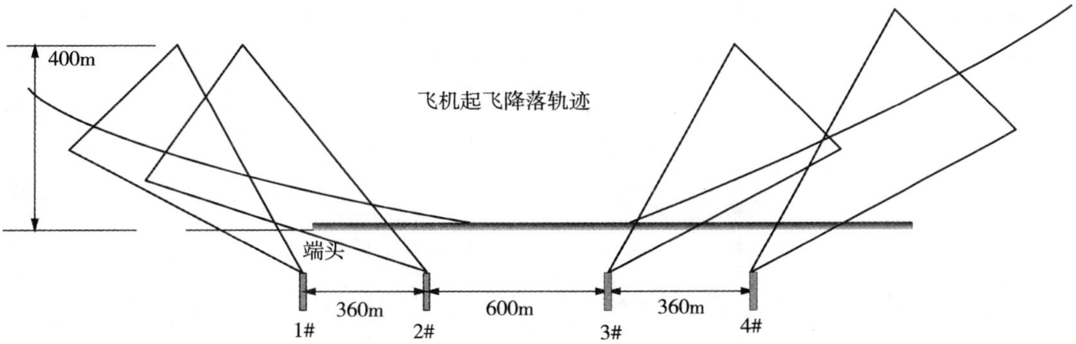

图3-97 起降区域波速发射示意图

1. 设计思路与技术性能

(1) 设计的依据

① MH 5001—2013《民用机场飞行区技术标准》

② 民航总局令191号《民用机场运行安全管理规定》

③ GB 9660—1988《机场周围飞机噪声环境标准》

④ GB 3096—2008《声环境质量标准》

⑤ GB/T 9396—1996/IEC 268－5：1989《扬声器主要性能测试方法》

⑥ GB 3769—2010《电声学　绘制频率特性图和极坐标图的标度和尺寸》

⑦ GB/T 4797.1—2005《电工电子产品自然环境条件温度和湿度》

⑧ GJB 151A—97《军用设备和分系统电磁发射和敏感度要求》

（2）设计思路与效果

为慎重使用该设备，引入该设备初期，我们对该设备的设计思路和技术性能进行了详细调研。传统声波驱鸟器，包括现在市场已有的国外驱鸟器，大多采用声波法驱鸟，即采用听觉惊吓方法驱鸟。而 SP－AAS－5 超强声相控阵驱鸟系统，采用最新的声波刺激法，在相控阵技术辅助下，该设备发出的声波，能使鸟类在瞬间产生听觉和神经方面的痛苦，从而避免“鸟类惯性适应证”的产生，使受惊的鸟类产生记忆性回忆，而不敢再靠近声波区，从而产生“危险性记忆”。这种“危险性记忆”效果与鸟类觅食有毒蛾类产生的记忆相似。据测试：测试区内的灰椋鸟、丝光椋鸟、红尾伯劳、喜鹊等鸟类，用传统声波驱鸟设备驱赶后，一般在 0.5～1h 还会回到驱赶区觅食或活动，而采用 SP－AAS－5 超强声相控阵驱鸟系统驱赶的鸟类，通常情况下，成鸟驱赶 1～2 次就会远离超强声波发射区，亚成鸟由于记忆产生滞后，一般驱赶 3～4 次后即可远离超强声波发射区。这一效果完全达到其产品研发初期的设计思路，其技术性能有效地解决了上述鸟类在机场范围内的集群、过境，有效地避免鸟撞征候的发生，确保了飞机飞行安全。此外，对春秋季节迁徙过境的鸟类驱赶效果十分明显。由于超强声相控阵驱鸟系统，在设计初期就考虑到对迁徙过程鸟类的驱赶，设计时加装新技术的波束扫描方式，采用相控阵技术电子高速扫描，一举解决了过境鸟类集群机场活动的问题。这一技术也成为本设备的技术亮点，在国内外所有同类产品中，仅此设备加装该技术。

（3）驱鸟系统架构

该设备整个系统可由手持遥控设备，通过无线电通信网络进行远程控制，既可以联动控制，也可以启动某一个功能，对一个节点启动使用。该设备的系统架构图如图 3－98 所示。

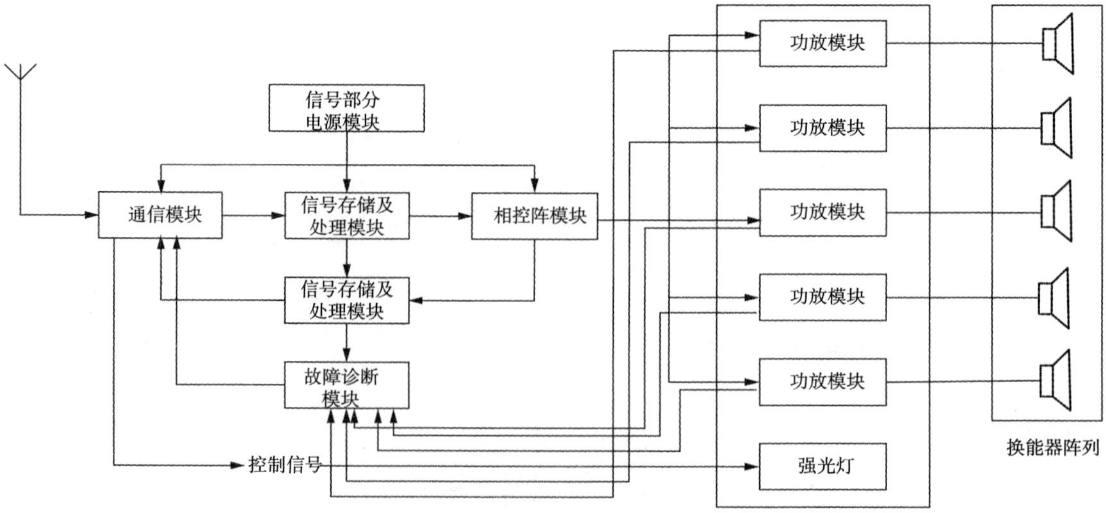

图 3－98　设备系统架构图

（4）设备主要技术性能参数

根据中科院声学计量站的检测和一年多的使用实践，现将该设备的主要技术性能参数罗列如下（表 3－9），供参考。

表 3－9　超强声相控阵驱鸟设备主要技术性能参数表

序号	项　目	技术参数	执行标准
1	最大输出声压级	159dB@1m	GB/T 9396—1996/IEC 268－5：1989《扬声器主要性能测试方法》
2	强声波束宽度	±30°	GB/T 9396—1996
3	频率范围	300～5kHz	GB/T 9396—1996
4	前后向声压级差	35dB	GB/T 9396—1996
5	供电方式	AC220V	GB 6800—1986
6	系统功耗	1200W	GB 6800—1986
7	功放效率	≥90％	GB 6800—1986
8	单套阵列设备有效工作半径	320m（≥110dB）	实际验收检验
9	工作方式	自动/远程控制	实际验收检验
10	波束扫描方式	相控阵技术电子高速扫描	实际验收检验
11	安装方式	定制化固定安装	—
12	阵列外形尺寸（长×宽×高）	151cm×83cm×255cm	GB/T 1983.5—2003《户外机柜和箱体气候、机械试验及安全要求》
13	高低温	环境温度－30℃～50℃	
14	淋雨	淋雨强度为 2mm/min	GB 4208—2008《外壳防护等级 IP 代码》
15	抗风	阵风 10 级	
16	电磁兼容	—	满足 GJB 151A—97《军用设备和分系统电磁发射和敏感度要求》

在测试应用本设备的基础上，为了对目前市场上推广的国外同类产品有更多的了解，以便确保驱鸟效果，保证飞行安全，减控鸟撞征候发生率，同期，我们还对国外推广的同类产品进行综合性能的测试比较，具体内容见表 3－10。

表 3－10　超强声相控阵驱鸟设备与国外同类强声设备效能比较

名称	超强声相控阵机场驱鸟系统	国外强声驱鸟设备	对比分析
关键词	超强声、相控阵、系统	强声、单台设备	

（续表）

名称	超强声相控阵机场驱鸟系统	国外强声驱鸟设备	对比分析
单台设备声源强度	高达 159dB	153dB	高出其他强声驱鸟设备 6dB，有效作用距离为其他强声设备的 2 倍，单套设备相当于其他强声设备 3 台
相控阵	采用先进、军转民的电子相控阵技术	无	超强声相控阵机场驱鸟系统可以实现全空域快速三维扫描，保护区域无死角；其他强声设备只能实现二维扫描，且速度慢，存在严重安全漏洞
系统	若干台超强声相控阵阵列和中央控制组成的系统	设备级	超强声相控阵机场驱鸟系统是根据机场硬件设施、鸟患情况、客户要求等不同条件而定制化的系统解决方案
驱鸟原理	生理作用驱离	心理作用驱离	生理驱离是利用强度极大的声波使得鸟类耳朵产生痛觉，无法产生适应性；心理驱离仅靠声音恐吓，长时间鸟类容易产生适应性、驱赶效果较差。（经过长时间的现场实验和观察，当声压级达到 110dB 以上才能达到此效果，低于 110dB 效果逐渐大幅降低）
有效作用距离（单台）	300m 以上	比较短，很难达到有效驱鸟范围	作用距离短，无法真正有效驱离跑道上的鸟类
有效作用区域（单台）	覆盖跑道长 300m，高度 150m 以上的立体空域	无法实现立体空域覆盖，只能覆盖正前方很小范围	超强声相控阵机场驱鸟系统可以实现立体空域覆盖，真正实现有效驱鸟
整体解决方案	为每个机场设计不同的定制化解决方案	无整体解决方案	其他强声设备只解决某个点或局部区域，无法实现跑道立体区域全覆盖解决方案
夜间驱鸟效果	夜间驱鸟非常有效	夜间驱鸟效果不佳	由于夜间视线不好，很多驱鸟手段无法使用，夜间驱鸟是目前机场难以解决的问题
机场专用驱鸟设备及系统	专为机场驱鸟研发、设计的系统	警用驱赶人群专用设备	国外强声设备原本是为警用驱赶示威人群、海盗及喊话而研发生产的设备，非机场驱鸟定制化设计，无法按照机场实际情况设计驱鸟声场，使用云台转动的方式，一方面无法对保护区域同时覆盖，保证绝对安全；另一方面无目标的旋转驱鸟，容易造成扰民，对机场工作环境造成强烈的噪声污染
控制方式	系统控制	单独控制	系统提供全方位中央控制和无线手持控制方案，使用一台手持设备对整个机场每台超强声相控阵阵列实现工作控制、状态检测，技术先进，使用方面可扩展能力强

（续表）

名称	超强声相控阵机场驱鸟系统	国外强声驱鸟设备	对比分析
完全自主知识产权（专利）	中国	国外	超强声相控阵机场驱鸟系统为泽世科技公司完全自主开发的系统，拥有自主知识产权，可根据机场不同要求设计定制化方案。而国外强声设备，国内公司只是代理和销售设备，没有掌握核心技术，不能给机场提供定制化设计方案，无法真正实现有效驱鸟效果
保密保障	可控	不可控	国外进口设备存在泄密军用机场运行情况等信息的可能性，有很大的军事保密隐患，不能完全保障军用机场所有信息安全；国内自主知识产权产品可保障信息安全等问题

该设备的相控阵技术，通过复杂算法电子技术进行调控运转，不再像传统的声波技术靠机械方法进行调控。相控阵技术快速、准确、覆盖区域大，适时发射波束，可在短时间内对目标区进行覆盖，从而有效地控制鸟类在机场的集群活动。这一技术的可靠性很高，驱鸟效率比传统云台转动方式提升了10多倍（图3-99）。

2. 设备的布局与安装

（1）设备布局

根据该设备的功能和技术参数，结合我场站机场的自然消声因子，在该设备布局时，我们始终坚持在设备布局上做到："选择节点、多向有效，间距保效，立体高效"的原则。因此，在设备布局时，针对本机场主跑道长度（2500m）和跑道两端至围界的距离（280m）的实际间距，将设备布放在跑道起、降区的两个节点处。其目的有三个：一是确保对飞机起降点鸟类的驱赶，保障飞机起降点的安全；二是2个组合的配置布局，保证声波音效产生的分贝，在不同的距离内，衰减不能大于10%；三是经济高效原则，设备的布局，不仅要保证声效和驱鸟效果，而且要考虑到合理距离、科学的布局，以保障经济高效，做到"多一台浪费，少一台失效"的布局要求。在设备布局前，我站请相关的设计人员对本场的自然消声物进行实际观察，并对声功率（W，P），声波辐射的、传输的或者接受的功率进行测试，以及不同气候下的衰减系数（a）、损耗因素（δ，Ψ）、反射因素（Y）、透射因素（透射系数λ，τ）、吸收因素（α）、衰变常数（R）、衰变率（K）及噪度进行测试。在满足所有设计要求的前提下，才对设备进行科学的布局。实践证明，目前，我站使用的几组设备，其布局是合理的，使用也是可行的。

（2）设备的安装

该设备为定制式固定安装，其外型美观大方（图3-100），外形设计执行标准GB/T 1983.5—2003《户外机柜和箱体气候、机械试验及安全要求》。有关安装参照《SP-AAS-5超强声相控阵机场驱鸟系统安装与维护手册》。

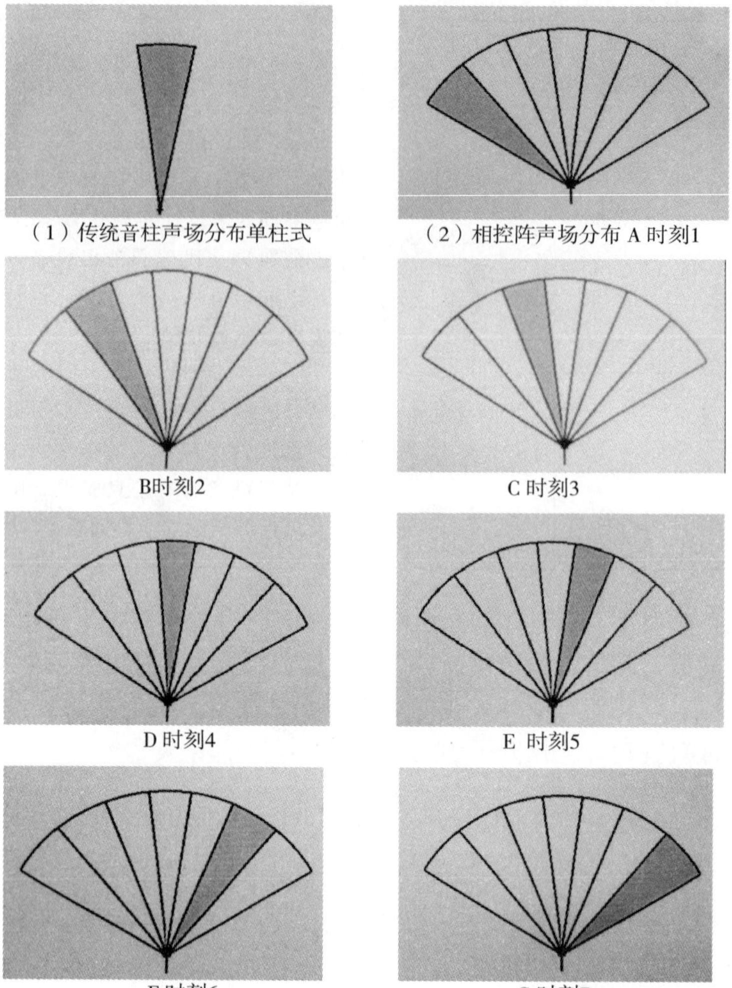

图 3－99　传统强声和相控技术声场区别描述示意图

图 3－100　超强声相控阵驱鸟系统外观图

3. 设备的测试及统计分析

设备安装结束后，我站对该设备的实际性能进行测试，并对有关的测试数据进行统计分析，现就有关测试及统计情况分述如下。

（1）测试依据及内容

本设备测试依据 GB 3102.7—1993 标准进行，在测试过程中，测试设备的“T”（周期，即重复现象每重复一次所需的时间；角频率“ω”$\omega=2\pi f$)；波长“λ”（在周期波的传播方向上，在某一时间相位相同的两相邻点间的距离）；密度“ρ”（单位体积的煤质质量)，转速（单位 rad/s)，位移“d”（物体相对于某一参考坐标位置的变化量）等。

（2）测试方法

对于上述测试的内容，均采用专业仪器，或建立数模进行测试。而对于设备驱鸟效果，则采取由正向远渐渐测试的方法。测试的常用仪器主要有：前双筒激光测距仪，分贝测量仪，夜视仪，热成像仪，计数仪，单、双筒望远镜，摄影、摄像设备及 4、6 轴无人机等。在测试过程中，采用的具体方法是：从 SP-AAS-5 超强声机场驱鸟系统设备起，向外延伸 50m 一组间隔；100m 一组间隔；150m 一组间隔，三组衍生每一间隔，都对鸟类的种类、种群量、分布、行为特征及受惊程度进行记录、观察。三个组的观察都是单独进行的。驱鸟设备在测试过程中，分为短声压、中声压、长声压及联动使用驱鸟猎杀方法等。经过测试，不同组合在延伸过程中获得大量的数据，对一些智商较高的种群，在未来应重点防范，有更清醒的认识，为该设备的优化提供科学的依据。

（3）统计分析

经过上述测试和分析，该设备对鸟类的驱赶效果十分明显，并对多种鸟类产生听觉记忆，有些种群使用该设备驱赶，一般都远离声波覆盖区。根据统计分析，下列常见鸟类对该设备比较敏感。

鹭科类：该机场常见的小白鹭（图 3-101)、池鹭（图 3-102)、牛背鹭（图 3-103）及夜鹭（图 3-104)，驱赶效果比较显著，在距声波发射距离 300～400m，声压超过 110dB 时，上述鸟类就会离开机场区栖息地，特别是夜鹭，夜间飞行时，在 300m 范围内听到该声波器发出的声波就会改变过境机场的路线。其他几种白天活动的鸟类，在连续声波刺激下会远离机场。据统计，大约有 93%的种群（含部分分析）不再返回声波覆盖区活动。

图 3-101 小白鹭

图 3-102 池鹭

鸭科类：在鸟类迁徙期间，绿头鸭（图 3-105)、斑嘴鸭（图 3-106）等过境本区的

图 3-103　牛背鹭

图 3-104　夜鹭

鸭科鸟类，对该驱鸟设备发出的声波比较敏感，当在 120～130m 空中过境时，听到该设备发射的声波，声压在 90～110dB 时，就会改变过境机场上空的路线，并远离机场周边区域降落。但对于一些小型鸭科鸟类，声压需超过 130dB，才会改变迁徙过境路线。

图 3-105　绿头鸭

图 3-106　斑嘴鸭

鹰、隼科类：该驱鸟系统对猛禽类的驱赶，一般天气情况下，最佳时间为 9 时～11 时，特别是猛禽借助气流上升的时间，效果比较明显。例如：对鸢（图 3-107）、红隼（图 3-108）在机场低空或地面捕食，驱赶效果较好。对于一些过境的猛禽声压超过 110dB，驱赶效果都较理想。而且采用连续驱赶，猛禽的返回率不足 10%。

图 3-107　鸢

图 3-108　红隼

鸻科类：该声波驱鸟设备对机场内部剑鸻（图 3-109）和环颈鸻（图 3-110）的驱赶效果较好。这两种鸟为机场的优势种，春秋季常在机场跑道上活动，对飞行安全构成危害。过去采用猎杀或其他驱鸟设备的驱赶，效果均不理想。采用该设备驱赶，驱赶率高达 95%以上，而返回率不到 3%，该驱鸟设备声压达到 100dB 时，对鸻科类鸟类就有较显著的驱赶效果。

图 3-109　剑鸻

图 3-110　环颈鸻

鸠鸽类：山斑鸠（图 3-111）、灰斑鸠（图 3-112）及火斑鸠（图 3-113）是该机场常见的优势种，对飞行安全构成严重的威胁。采用该超强声相控阵驱鸟设备驱赶斑鸠类，驱赶效果明显，一般持续驱赶 1～3min，距离 200～300m 的斑鸠类鸟类都会远离声波覆盖区，通过一周的观察，未发现有返回的现象。

图 3-111　山斑鸠

图 3-112　灰斑鸠

图 3-113　火斑鸠

鸦科、椋鸟种类：该超强声驱鸟设备对喜鹊（图 3-114）、丝光椋鸟（图 3-115）、灰椋鸟（图 3-116）、八哥（图 3-117）等鸟类驱赶效果十分明显。特别是对喜鹊，一般驱赶 1～2 次，通常情况下，1～2 周都没有返回声压覆盖区。值得一提的是，喜鹊在 150m 处听到超强声波时，竟然伏在地上不动，如同飞机经过时的行为特征。该设备对上述鸟类驱赶率达95%以上，返回率低于3%～5%。

图 3-114　喜鹊

图 3-115　丝光椋鸟

图 3-116　灰椋鸟

图 3-117　八哥

效果不理想的为少数雀形小型鸟类。该超强声驱鸟设备，对家燕（图 3-118）、田鹨（图 3-119）和鹀类等小型鸟类驱赶效果不太理想，特别是燕科鸟类的家燕和金腰燕，效果不太理想。其原因还有待进一步观察研究。

图 3-118　家燕

图 3-119　田鹨

4. 设备使用效果

超强声相控阵驱鸟系统按照不同距离，不同角度空域进行连续测试的效果如下。

（1）按照在驱鸟设备正前方递增的距离开始测试：100m处，驱鸟效果100%；200m，100%；250m，100%；300m，99%；350m，96%；400m，95%；450m，93%；500m，91%。

（2）按照在驱鸟设备正前方中间线左右两侧各15°角度递增的距离开始测试：100m处，驱鸟效果100%；200m，100%；250m，100%；300m，99%；350m，96%；400m，95%；450m，93%；500m，91%。

（3）按照在驱鸟设备正前方中间线左右两侧各 30°角度递增的距离开始测试：100m 处，驱鸟效果 100%；200m，100%；250m，100%；300m，99%；350m，95%；400m，93%；450m，92%；500m，90%。

（4）按照在驱鸟设备正前方中间线左右两侧各 45°角度递增的距离开始测试：100m 处，驱鸟效果 100%；200m，100%；250m，98%；300m，96%；350m，93%；400m，91%；450m，88%；500m，86%。

上述设备使用的效果对家燕、金腰燕和田鹨的实际应用效果不够理想，当家燕、金腰燕、黑卷尾等鸟类在空中捕食时，一般距离在 50～80m 的范围内效果才明显，这一现象可能与鸟类在飞行捕食过程中，飞行时空中声波衰减比较强有关。对于田鹨，它们在地面上捕食植物的种子及地栖小型昆虫，声波在低洼的地面上声波衰减快，或该鸟对声波不敏感。但是，有一种现象值得一提：在测试区域，只要声波覆盖的区域，其鼠类没有新洞穴，陈旧的洞窟中也没有鼠类的踪迹。在设备测试期间，为弄清这一现象，曾将捕捉的活鼠，放在距超强声相控阵驱鸟系统的 10m，20m，30m，40m，50m，…，150m，发现在 100m 范围内鼠类听到该设备发射的声波，就会出现身体发抖，而不能自控。鼠类对该声波的敏感，在该声压覆盖区内没有鼠类的活动，更没有鼠类的繁衍。利用这一现象，可帮助我们使用该设备切断鸟类食物链，控制夜行性鸟类，如雕鸮（图 3－120）和长耳鸮（图 3－121）等。

图 3－120　雕鸮

图 3－121　长耳鸮

5. 设备使用注意事项

该驱鸟设备同其他驱鸟设备一样，在使用过程中应按规程操作，使用时，具体注意事项有四个方面：

（1）场站在使用该设备时须按开关机程序进行。

（2）在没有飞行任务时，尽量不要开启设备，更不能长期使用，以免损伤机件，使一些对声波不敏感的鸟类产生惯性适应证。

（3）根据不同季节，不同鸟类高发期，应联动使用相关设备，提升驱鸟效果。

（4）设备调整或维护时，须先断电检查，切勿带电作业。

6. 设备的优化空间

该设备技术虽然已比较成熟，但随着鸟撞综合防范技术要求的不断深入，其仍有一些提升空间。为此，作为试验单位，我们就设备的升级提出了以下建议：

（1）建议可以增加探鸟系统，全面实现设备的智能化。

(2) 强化驱鸟系统的联动使用功能。针对不同鸟，反射不同声波。

(3) 增加设备故障语音系统，实现故障智能化报告。

(4) 建议设备向小型化、模块化、智能化方向发展。

综上所述，经过一年多的试验性应用，该设备符合设计的基本原则和依据：一是设备具备整体性和开放性原则；二是满足可扩展性和易维护原则；三是实现经济性和实用性原则；四是达到了先进性和组合式原则；五是强化可靠性和稳定性原则；六是建立安全性和保密性原则。同时，该设备的设计理念先进，自动化、智能化水平高。其研发的技术亮点体现在相控阵技术的应用（声波采用电子高速扫描方式），使其声波覆盖更广更快，驱鸟效果更佳。在野外测试实践中，其驱鸟效果超过设计要求，驱赶率平均高达95%以上，鸟类返回率低于10%以下。与国际同类产品相比在效果、价格、环保和维护等方面具有优势。因此，该设备具有广阔的应用和市场前景。

三、钛雷驱鸟炮

钛雷弹（图3-122）是一种适于飞机场驱鸟的专用驱鸟弹，电控击发，腾空炸响，具有声、光、振动、气浪等冲击，具有良好的驱鸟效果。

通过发射钛雷弹的方式驱鸟，由于快速可控追踪鸟群腾空爆炸，释放点距鸟群很近，使得鸟群对钛雷弹爆炸发出的声音、闪光和物理冲击影响效果较佳，鸟群受惊后会在相对较长时间远离空中爆炸位置，在跑道上空达到较好的驱鸟效果。钛雷弹发射高度为100～150m，可以有效满足机场高空驱鸟需求。无线遥控驱鸟炮，利用重载电控云台原理，通过平面转动、俯仰角转动传感器采集发射位置信号，使炮管可在水平360°、俯仰30°～80°的范围内转动，通过遥控控制驱鸟炮，达到安全易于发射的目的。

图3-122 钛雷炮

1. 主要性能

(1) 外形尺寸：(长×宽×高) 350mm×290mm×400mm；

(2) 电源：采用电池直流供电，电池规格为12V、36Ah工业电池，充足一次电瓶可供钛雷弹发射器连续击发500次；

(3) 一次装弹数量：5枚；

(4) 钛雷弹升空高度：不低于100m；

（5）钛雷弹爆响声压：不低于 150dB；

（6）发射管发射角度在极限安全角度内可以调节，安装时避免射向跑道上空；

（7）控制系统应可靠稳定，无自动击发。

2. 无线遥控钛雷驱鸟炮的安装与使用

无线遥控钛雷驱鸟炮由可控重载云台、电子点火钛雷弹发射炮管、无线通信控制系统、手持无线控制器和电源系统构成。无线遥控钛雷驱鸟炮包括：钛雷弹发射炮管和点火装置及电控平面与俯仰转动控制云台和无线遥控管理、发射与显示手持控制器的整套系统。发现鸟群，通过遥控器发出转动信号，快速转动炮口，调整好角度后，通过遥控器发出点火信号，发射钛雷弹驱逐鸟群，达到实时驱鸟目的。

3. 驱鸟炮

驱鸟炮功能为迅速转动炮口，发射钛雷弹达到驱鸟目的。驱鸟炮包括电控云台、炮弹发射装置、控制盒。其中电控云台用来控制炮口水平及俯仰角度，包括机械装置及两个绝对位置角度传感器。角度传感器采用数字量输出磁敏绝对位置传感器，有良好的环境适应性。炮弹发射装置包括电点火系统，以及炮弹发射状态的监测装置；控制盒主要包括通信模块、控制核心、云台控制模块、点火控制模块和掉电保护模块。为防止突然掉电造成的角度误差，采用外加铁电存储器的方法进行角度信息的掉电保护：即把角度信息存储到外加铁电存储器里，每次系统启动时从存储器里读取角度信息。通过这种方法能有效进行角度信息的掉电保护。为了保障钛雷驱鸟炮发射安全，通常会特意设计点火自动检测系统。通过对瞬间电子点火通电电流监测，在遥控器得到发射炮管编号变色显示，方便操控人员掌握是否发射钛雷弹的显示。所以需要添加点火监测，通过对点火过程的监测监控炮弹状态，增加安全性点火命令执行过后，将点火监测信息发射到遥控器，便于监测。通过对点火回路的电流进行监测达到点火监测的目的。云台控制模块通过 H 桥电路控制电机转动，通过绝对位置角度传感器确定角度，达到控制炮口角度的目的。H 桥控制电路如图 3 - 123 所示。

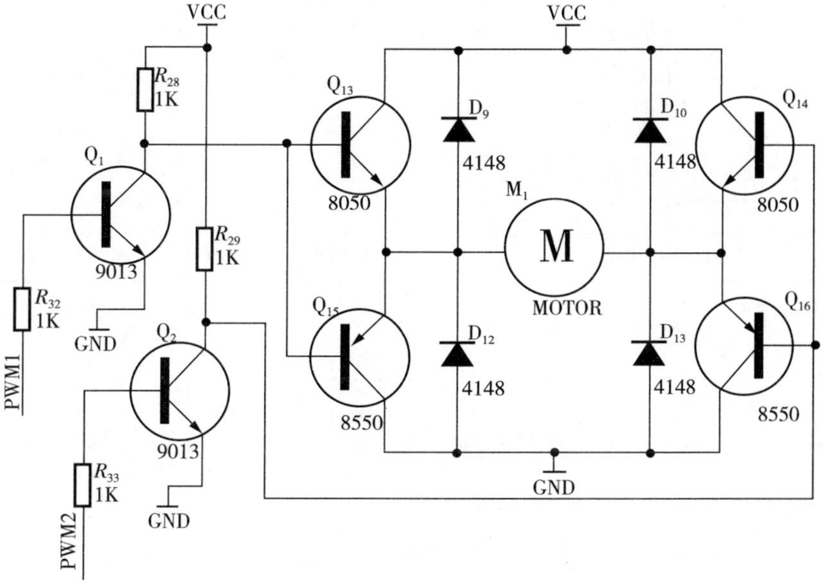

图 3 - 123　H 桥控制电路

4. 遥控器

遥控器的主要功能为接收驱鸟炮发出的信号，其中包括驱鸟炮俯仰及水平角度信息和炮弹放射状态；对驱鸟炮进行控制，主要为电控云台的水平及俯仰角度控制和点火控制；可以通过一部遥控器操控多台驱鸟炮。遥控器主要包括单片机（MCU）、接收模块与天线、显示屏（功能：平面转角、俯仰角、驱鸟炮位选项、发射炮管选项、是否成功发射安全性显示）和各种功能按键等。图 3－124 为遥控器工作流程图。系统的控制核心为单片微控制器，用来控制显示屏、按键系统以及无线通信模块。通过编程实现三个控制界面炮位选择、炮管选择及角度控制的自由切换。通过炮位选择界面可以实现对多台驱鸟炮的控制；通过炮管选择界面可以实现炮弹发射控制及炮弹发射状态监测；通过角度界面控制驱鸟炮水平俯仰角度。系统通过无线模块接收驱鸟炮发射的角度及发射信息，通过单片机在OLED显示屏上显示，通过按键系统向单片机输入控制信息，再通过无线模块向驱鸟炮发送控制及点火信号。

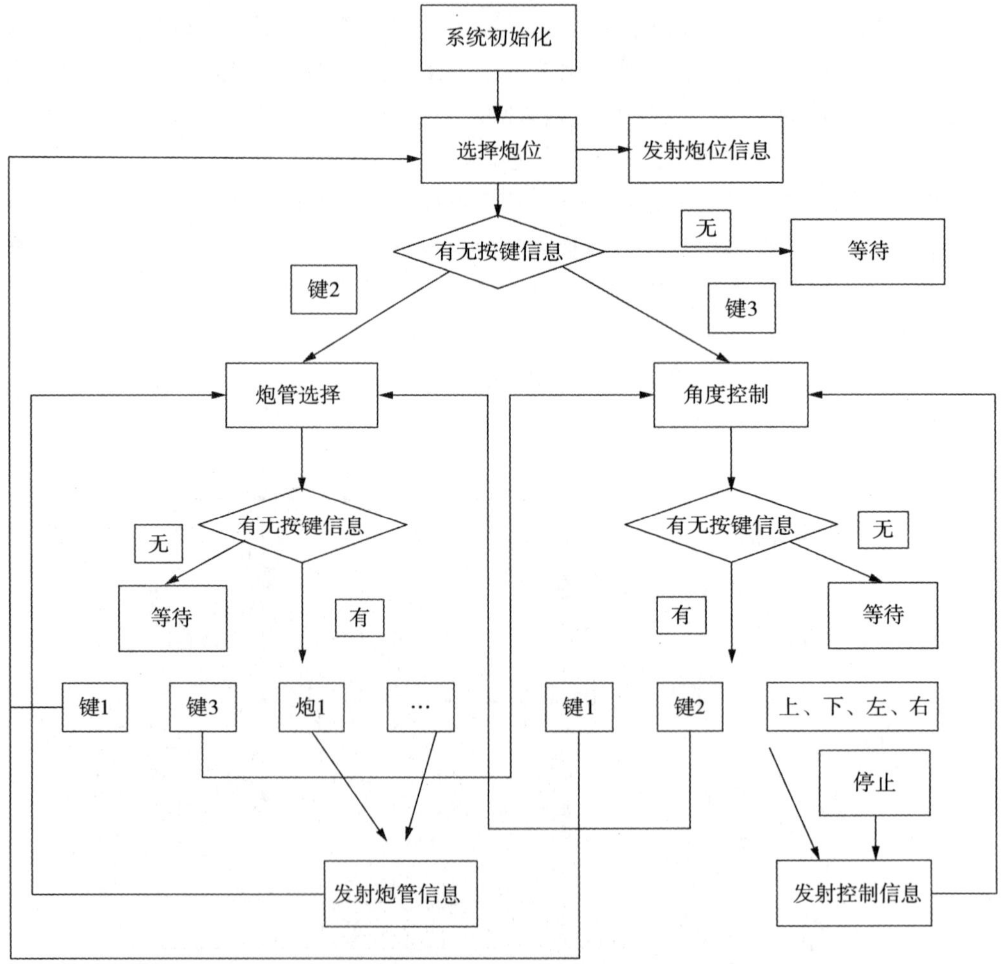

图 3－124　遥控器工作流程图

四、机场生态音频驱鸟器

机场生态音频驱鸟器是一种大功率音频驱鸟设备，利用高分贝可调可变的惊吓声和天敌声等达到驱鸟目的。该设备具有输出功率大、声压级高、覆盖面积广、声音多变的显著优点。现有输出功率达到3000W以上，驱鸟声音达到十几种，并可根据鸟情变化进行选择播放、定期更换和及时补充，有效降低驱鸟工作的盲目性，保证驱鸟效果持久有效。该设备有人工手动、无线遥控、有线遥控三种控制方式，使用安全可靠。

1. 设备概述

设备主要参数如下。

额定输出功率：1000W、1500W、3000W（可按用户要求设计）；

扬声器输出功率：2×500W、3×500W、6×500W；

主机音频带宽：20～1400Hz；

最大声压：分别不低于128dB、130dB、136dB（轴线2m处）；

转换效率（输出功率/输入功率）：90%以上；

工作电压：交流电压380V（±10%）或220V（±10%）。

如图3-125所示机场驱鸟设备通过计算机实现远程控制，操作人员根据计算机屏幕上显示的驱鸟设备情况及控制操作界面进行设定，由无线或有线电路传输遥控信号，远程统一控制机场内的所有驱鸟设备。驱鸟设备端经接收模块送入解调电路，控制器根据收到的命令和控制协议控制驱鸟设备的运行，不但可以选择单机、分组或多机方式控制驱鸟设备的运行模式，还可以选择控制播放驱鸟声音的种类、播放时间等。增加了手持移动无线遥控技术，使操作简单、使用方便灵活。

除此之外，计算机无线遥控系统还可以控制机场内的其他驱鸟设备，如煤气炮等。

（1）计算机远程控制

① 实现一点对多点（单机或多机）控制；

② 控制距离达5000m以上；

③ 多选择设置驱鸟声音和播放时间；

④ 人性化的操作界面；

⑤ 具有直观的驱鸟布置图；

⑥ 远程监视每台驱鸟机运行情况；

⑦ 具有自动延时、定期播放、自动关机功能。

（2）手持移动无线遥控

① 采用对讲机无线遥控方式；

② 点对点控制，可控10台以上设备；

③ 选择播放10min以上驱鸟；

④ 控制距离1000m以上；

⑤ 便于携带，方便现场操作。

2. 设备主要特点

（1）驱鸟声音多变、鸟类不易产生适应性，驱鸟效果持久有效。

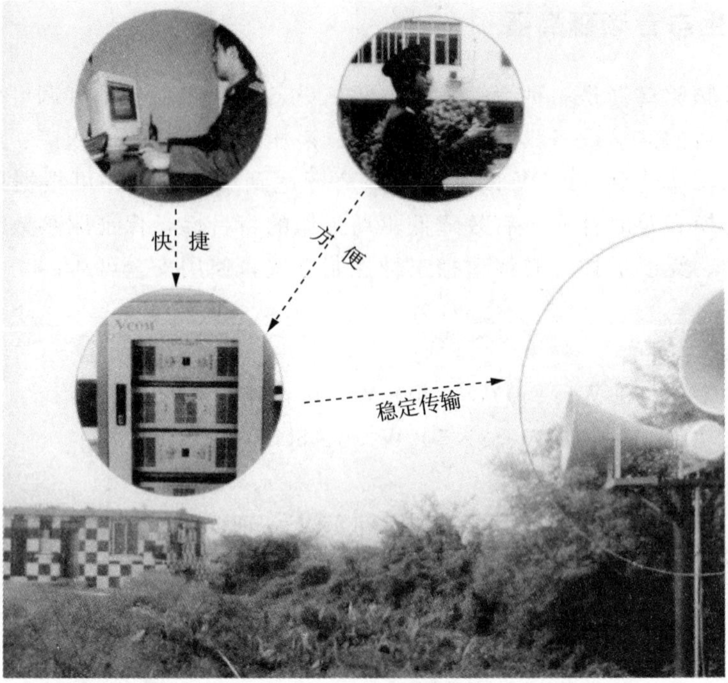

图 3－125　远程控制示意图

(2) 驱鸟声音类别和播放时间等可以选择设置，功率大小可调。

(3) 驱鸟声音不断开发和增加，更新灵活方便。可以根据不同区域、不同季节和不同机场的鸟情变化，选择采用不同的驱鸟声音，避免驱鸟工作的盲目和单一性。

(4) 机场生态音频驱鸟器输出功率大，声压级高，覆盖范围大，驱鸟效果显著，同时以中、小型音频驱鸟机加以辅助，构建覆盖整个机场的全方位动态立体的“声音屏障”。

(5) 采用计算机控制技术，操作方便，自动化程度高，可选择远程有效遥控、无线遥控和人工控制多种控制方式。

(6) 无电磁场辐射，不影响机场导航通信设备工作，无事故隐患。

(7) 设备稳定可靠、维护方便、具有多种电路保护功能。

3. 驱鸟声音

机场生态音频驱鸟器的驱鸟声音主要分以下三种。

(1) 恐吓声：突然爆发的声音，包括人类驱赶声、猎杀用的枪炮声等，主要是使鸟类受到惊吓，达到直接驱赶的目的。

(2) 动物敏感声：各种动物敏感的音频波长，包括求救的呼叫声、食肉动物的吼叫声、天敌声等，利用生物信号和实物链的关系来驱赶鸟类。

(3) 骚扰噪音声：人工合成不同频率的噪音，这类声音不是惊吓鸟类，而是使它们感到烦躁不安。通过长期干扰它们的生活环境，迫使鸟类自动离去。

4. 设备配置

机场生态音频驱鸟器设备配置如表 3－11 所示。

表 3 - 11　机场生态音频驱鸟器

数项	名　称	规格型号	数量	备　注
1	主机	QN—3000 型	4 部	带机柜
2	扬声器	500W	24 套	多种选择
3	音频电缆	—	400m	—
4	保护管	PVC 管	400m	—
5	远程无线控制系统	10W 无线电收发信机	1 套	1 点对 4 点
6	对讲机	健 5	1 部	—
7	安装机	高 2m	24 个	钢结构
8	驱鸟音频	—	12 套	定期更换，多种选择
9	其他配件	—	1 批	备用电路板、保险丝等

5. 机场音频驱鸟系统设计方案（图 3 - 126）

根据机场的实际情况，音频驱鸟系统主要包括计算机控制中心和不同功率范围的音频驱鸟设备，并可增加机场远程鸟情分析软件、鸟叫声录制分析软件等辅助手段。

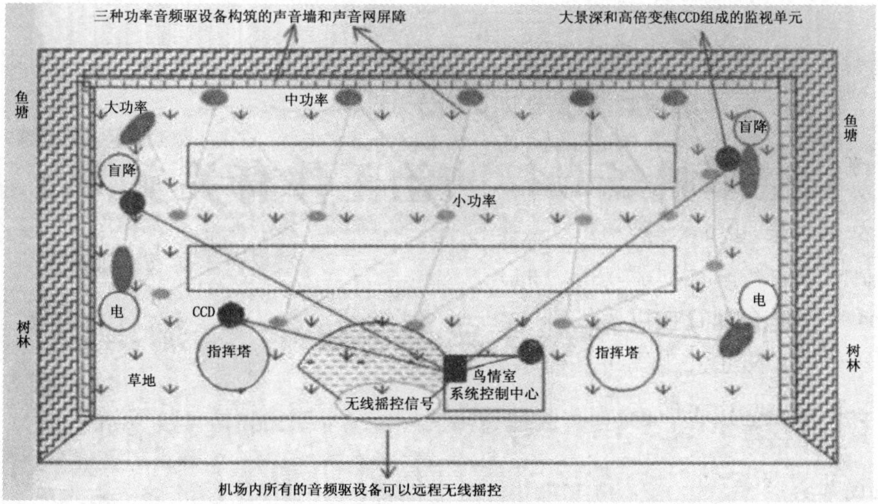

图 3 - 126　机场音频驱鸟系统设计方案

根据机场的跑道位置、周围环境和鸟情状况等，合理布置音频驱鸟设备。其中，大功率机场生态音频驱鸟器放置在跑道两侧位置，重点保障飞机起飞和降落的安全，中、小功率驱鸟器则根据需要分散放置在机场跑道两侧和中间的草地，使音频信号覆盖整个机场范围。在机场四周建立驱鸟声音墙，中间拉起驱鸟声音网，而且这种立体全方位的声音屏障还可以根据鸟情变化而不断变化，从而达到长期有效的驱鸟效果。

某机场使用 QN 系列机场生态音频驱鸟器后，驱鸟效果十分明显（图 3 - 127）。在驱鸟器安装以前，机场里飞鸟成群，以灌木鸟类和沼泽鸟类居多，并时常有猛禽盘旋上空，多次发生鸟撞险情。根据该机场的实际情况和机场营房人员的具体要求，设计安装QN—3000机场生态驱鸟器3套，并配置了手持移动无线遥控系统，由于该设备功率强大，覆盖范围广，驱鸟声音具有针对性。在高声压播放时，曾观察到附近的鸟类、鼠类等四处逃窜现象。长期使用后，机场里的鸟类大量减少，特别是驱鸟声音重点覆盖的起飞降落区域，更加是鸟迹罕至。该设备有力地支持了机场飞行安全保障工作，显著的驱鸟效果得到了机场人员的肯定。

图3-127　机场生态音频驱鸟器安装实例

五、电子爆音声波驱鸟器

BSQ—1079型电子爆音声波驱鸟器（图3-128），是根据鸟类仿生学，利用鸟类对特殊声波、音波的恐惧及厌烦特性，引进国外先进声波技术，并采用了精密电子线路机器（LED），而研制开发生产出来的新产品，在国外广泛应用在机场、农田、果园和粮食仓库。它通过发出经过特殊调制的声波，来达到驱鸟的目的。

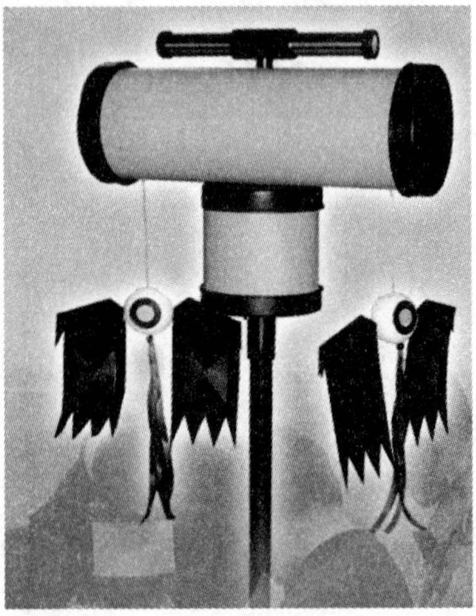

图3-128　电子爆音声波驱鸟器

本装置特别适合配置在以下场合：

机场——用来防止发生飞机鸟撞事故；

果园、农田——用来防止鸟类侵害果实；

仓库——防止鸟类侵害。

1. 组成部分

BSQ-1079型电子爆音声波驱鸟器由电子爆音声波机、电子高音机和仿生恐怖眼三部分组成。

2. 工作原理

其工作原理如图3-129所示，可使用普通

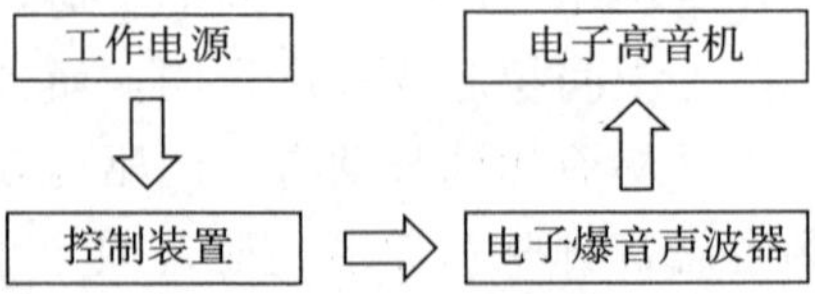

图3-129　电子爆音声波驱鸟器工作原理示意图

220V 电源、12V 直流电源及太阳能电源（选配）作为工作电源。

3. 使用方法

（1）电子爆音声波机、电子高音机：接通电源，调整调节开关，将开关扳至“NO”即可正常工作。

（2）仿生恐怖眼：直接悬挂在电子爆音声波驱鸟器上，也可悬挂在场地周围的小树上。

4. 性能与特点

（1）性能

① 电子爆音声波机和电子高音机会发出 120dB 以上的音波以及特殊的驱鸟声波；

② 布置数量可根据布置场地情况确定；

③ 电子爆音声波机：8（最短）～10min/次（最长）；

④ 电子高音机：8～80s/次，反复循环；

⑤ 仿生恐怖眼：借助于鸟类的天敌“隼”的眼睛夸张设计而成；

⑥ 有效作用范围：以驱鸟器为中心，有效直径在 300～400m 以上。

（2）特点

① 本装置可全天候连续使用；

② 本装置在机场使用时，特别设计易折杆，保障飞行安全；

③ 放置在果园、仓库可按需求配置数量；

④ 本装置对机场无严格要求，只需根据场地合理配置装置的数量即可；

⑤ 本装置使用的材料不会对飞行造成障碍；

⑥ 本装置根据鸟类的种类，效果会慢慢显露出来，使得鸟类不敢再来；

⑦ 本装置绿色环保，无爆炸声公害；

⑧ 本装置安装、调整、使用、装卸方便，一般情况下安装调整后即可正常工作。

5. 其他参数

其他参数如表 3－12 所示。

表 3－12　其他参数

名　称	装置外形尺寸（mm）	重量（kg）
电子爆音声波机	500×180×450	6.5
电子高音机	420×300	
仿生恐怖眼	290×260	0.05

6. 驱鸟器安装及注意事项

BSQ—1079 型电子爆音声波驱鸟器装配如图 3－130 所示。安装时的注意事项如下：

（1）作为支架的铁管一定要确保不被风等吹倒；

（2）安装时一定要注意保持水平，避免以后进雨或水；

（3）一般情况下使用 AC220V 电源，本机也留有 DC12V 接口；

（4）当电源为 DC12V 时，请注意接线的正负极；

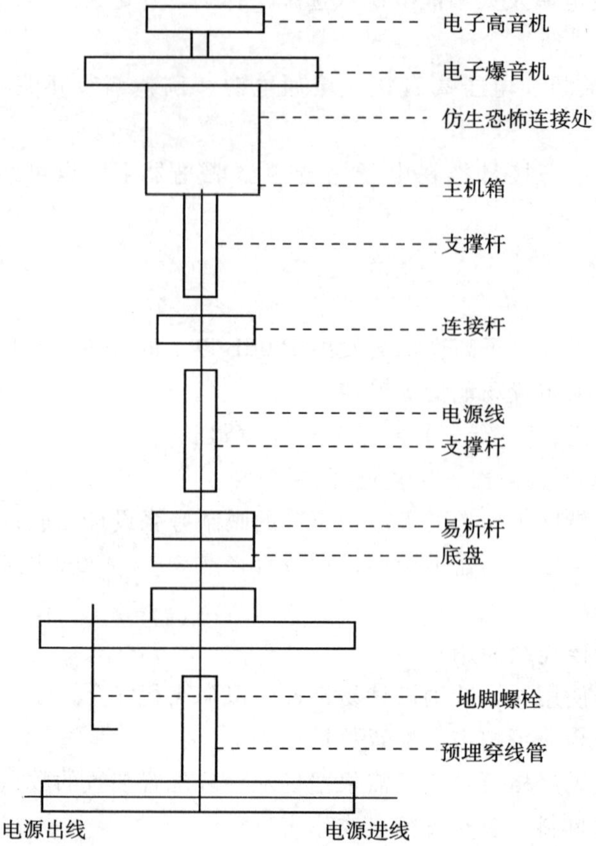

图 3-130　BSQ—1079 型电子爆音声波驱鸟器装配示意图

(5) 注意不要弄破电源线；

(6) 10 天以上不使用时尽快拆下来放到室内干燥的地方；

(7) 因为是精密电子线路，请绝对不要分解、修理、改造；

(8) 因动物的种类、使用场所不同，效果会很不一样；

(9) 爆音为自动设置；

(10) 接近住宅时，请设置到 1000m 以外；

(11) 用三处螺栓固定好；

(12) 一定要稳固地安装到固定好的支架上；

(13) 当使用 DC12V 电源时，请尽量准备容量大的电池；

(14) 电压低时爆音也会减小，请尽早充电；

(15) 充电器很好找，而且也比较便宜、方便；

(16) 为防止雨水、消毒液等滴到电池上，要用箱子或塑胶布把它盖好；

(17) 接好电池后即可开始运转。

7. 驱鸟器在机场的布置

BSQ—1079 型电子爆音声波驱鸟器在机场的布置如图 3-131 所示。

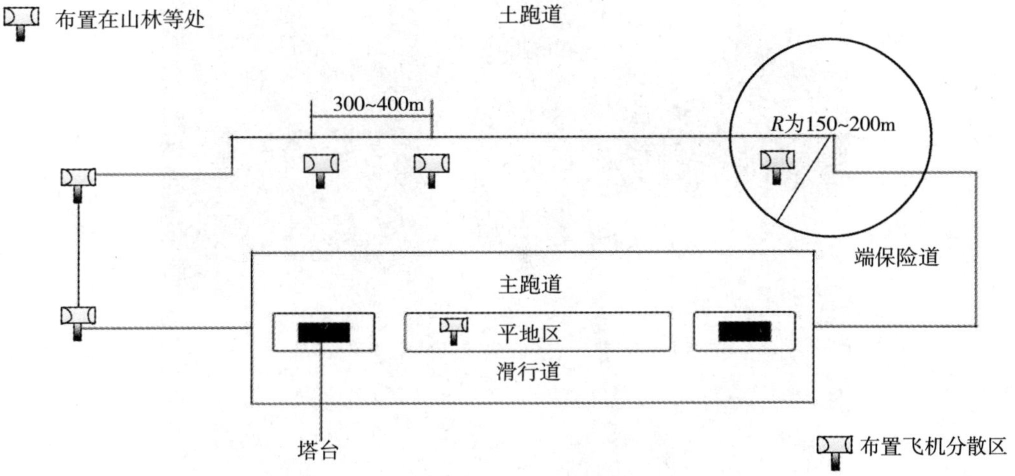

图 3－131　BSQ—1079 型电子爆音声波驱鸟器布置示意图

第五节　猎杀类驱鸟设备的安装与使用

一、昆虫诱捕器

昆虫诱捕器（图 3－132）作为一种绿色环保的生物诱捕器，机场使用它可以减少本机场的鸟类的捕食对象，从食物链方面着手驱赶鸟类。其常用的方法有：

1. 诱杀法

利用性信息素诱捕防治害虫的方法称为诱杀法或诱捕法。具体方法是在机场设置一定量的诱捕器，用以大量诱杀成虫（雌性或雄性），降低成虫的自然交配率，从而达到减少次代幼虫的虫口密度、保护农作物免受危害的目的。

2. 迷向防治

迷向法是在一定范围内大量释放性信息素，使雄成虫的触角一直处于高浓度的性信息素包围之中，或大量释放性信息素的同系物、抑制剂，用以干扰雌雄成虫间正常的化学通信，使之无法定向找到雌虫交尾而达到控制其交配繁殖的目的。

本书介绍的是一种常用的昆虫诱捕器——斜纹夜蛾诱捕器，如图 3－133 所示。该产品具有专一性强、无毒无害、操作简便、测防皆可等特点，防治的主要对象即为斜纹夜蛾（别名：莲纹夜蛾、斜纹夜盗蛾）。防治对象特征如图 3－134 所示：成虫，体长 14～20mm，翅展 35～46mm，体暗褐色，胸部背面有白色丛毛，前翅灰褐色，花纹多，内横线和外横线白色，呈波浪状，中间有明显的白色斜阔带纹，所以称斜纹夜蛾。该虫年发生 4 代（华北）～9 代（广东），一般以老熟幼虫或蛹在田基边杂草中越冬，广州地区无真正越冬现象。在长江流域以北的地区，该虫冬季易被冻死，越冬问题尚未定论，推测当地虫源可能从南方迁飞过去。长江流域多在 7～8 月暴发，黄河流域则多在 8～9 月暴发。该诱捕器中药物的主要成分为斜纹夜蛾性信息素，缓释载体为 PVC 管。

图 3-132　昆虫诱捕器

图 3-133　斜纹夜蛾诱捕器

(1) 作用机理

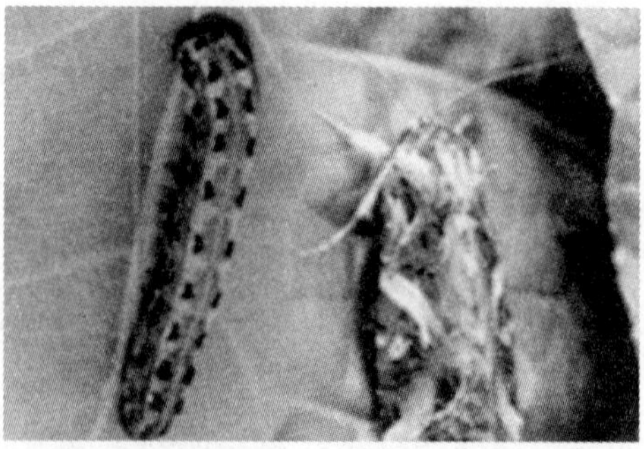

图 3-134　斜纹夜蛾

雌性斜纹夜蛾成虫释放斜纹夜蛾性信息素，雄虫可沿着雌虫释放的性信息素寻找到雌虫，交配产卵，繁衍后代。斜纹夜蛾性信息素诱芯就是依据这一原理制成的仿生产品，模拟雌性斜纹夜蛾成虫释放的性信息素，配套诱捕器就是捕获前来“亲密赴会”的雄蛾，减少雌虫交配繁殖的机会，从而减少子代幼虫的发生量，保护寄主免受虫害。

（2）使用技术

使用时应在斜纹夜蛾成虫扬飞前，将本产品及配套诱捕器棋盘式悬挂于田间，高出作物（蔬菜）15cm 为宜。诱捕器下端可接水瓶或塑料袋，诱捕器悬挂高度参照作物种类，位于其上 15～20cm 处。

（3）用量

可根据用途不同进行数量增减，如作为防治一般 1～2 套/亩，作为监测则 1 套/公顷。

（4）环境毒理学

斜纹夜蛾性信息素对斜纹夜蛾雄蛾有专一性的天然昆虫信息素，保护天敌，恢复生态，对环境无不利影响，对人畜无毒副作用。

（5）注意事项

①本产品使用前应在冰箱中保存，保质期 2 年，一旦打开包装，最好尽快使用，剩下的要密封好放置。②本产品引诱的是成虫，所以诱捕应在成虫期前开始设置。③勿用手直接接触诱芯，使用前后要洗手。④勿用力挤压 PVC 管。⑤本品用完之后最好回收或放入垃圾桶。

二、猎枪

1. 猎枪的发展

火药是中国四大发明之一，是中国人民的祖先在科学上一次伟大的创举。

早在公元 950 年左右，中国已经使用以火药为动力的原始火箭了。在此基础上，又发明了石炮。当时是在一个坚硬的石墩正中央处凿出一个圆形孔洞，在孔洞内装上火药，然后再装上鹅卵石，点燃火药后，鹅卵石被发射出去打击对方，这就是世界上最早的大炮——石炮。

随着火药的出现，各种各样使用火药的武器也相继出现，于是就有了猎枪。

利用猎枪射杀鸟类是目前最有效的驱鸟方法之一。空军机场现用于驱鸟的猎枪主要是“雄狮”牌和“虎头”牌，均为手工退壳方式，使用 12 号标准霰弹，有效作用距离为 40～50m，枪管使用寿命为 5000 发子弹数。

新研制成功的机场专用驱鸟猎枪，有效杀伤距离为 100m、枪管使用寿命 30000 发子弹数。

2. 驱鸟猎枪的种类、组成和工作原理

（1）猎枪的种类

猎枪的分类有以下两种方法。

按猎枪的用途可分为膛线猎枪和霰弹猎枪。膛线猎枪：枪管内孔中几条螺旋线称膛线，也叫来福线。这种猎枪不能使用霰弹射击，只能使用专用的、规格相一致的子弹，比如大口径膛线猎枪。霰弹猎枪（又称滑枪膛）：枪管内孔（图 3－135）是光滑的，比如部队现用的驱鸟猎枪（图 3－136）。

按枪管的形式可分为：单管猎枪、双管猎枪和三管猎枪（国内已禁止生产）。

图 3-135　枪管内孔

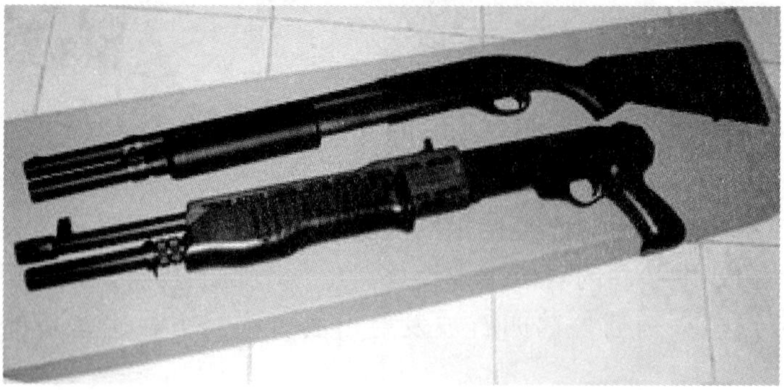

图 3-136　霰弹猎枪

（2）猎枪的基本组成和工作原理

猎枪主要由枪管、机匣、闭锁机构、击发机构、发射机构和保险机构六大部分组成。

① 枪管：枪管由弹簧、枪膛和缩口三部分组成。枪管是猎枪的基本零件，它与枪弹相互配合，使猎枪具有一定的外弹道性能，发射时火药在枪管内燃烧所生成的火药气体推动弹丸沿枪膛向前运动，使弹丸具有较高的运动速度。

② 机匣：机匣是全枪的重要基础零件，它连接和容纳全枪各种零件，承受弹底的冲击，导引活动件实现各种运动。枪弹击发以后，完成了一次射击循环，猎枪呈击发后的状态。当我们打开枪时，固定在铰链上的顶爪旋转 20°驱动顶杆，使顶杆向后运动 6.7mm，顶动复进机旋转 36°，将击锤旋转 130°，使击锤呈待发状态。

③ 闭锁机构：驱鸟猎枪采用目前较先进的插销式闭锁机构，它可以有效地将枪管与机匣牢固的连接在一起，确保霰弹击发过程中不损坏猎枪零件和伤害到人。

④ 击发机构：驱鸟猎枪采用击锤回转式击发机构，由击锤、击发弹簧和击针三部分组成。击发机构的任务是利用机构的动作，打燃弹膛内的子弹，进行射击。击针要完成打

燃枪弹底火的任务，必须具备下列条件：击发弹簧必须有足够的弹力，击锤还应具有一定的质量；击针应有一定的突击量，以保证能够击发底火，但不能将底火击穿；击针突出量包括强制突出量和惯性突出量，通常所说的击针突出量是指击针的强制突出量，惯性突出量也叫最大突出量，用以保证击针在击发时只打击底火。

⑤ 发射机构：驱鸟猎枪发射机构由阻铁、阻铁弹簧、扳机等组成，其作用是拉助击发机构的击发和待发。

⑥ 保险机构：保险机构与闭锁机构、击发机构与发射机构相互联系，共同完成保险任务。驱鸟猎枪采用自动保险装置，当扳动闭锁拨杆进行开闭锁的同时，由局部的复进机构自动完成保险。

3. 驱鸟猎枪的使用方法及注意事项

(1) 使用方法

① 射击姿势

射击姿势有立射、跪射、卧射三种，由于日常驱鸟工作中大多采用的是立射姿势，故这里只详细介绍立射（图 3-137）的有关知识。

a. 立射：立射是几种射击姿势中最难掌握的一种，但又是最常用的一种。立射时，射手以身体左前方对向目标，两脚距离与肩同宽（使用后坐力大的枪支时，两脚宽度要大些），两脚的位置约在一条直线上或后脚稍微靠后一点。脚尖的方向一般是左脚尖向外张，右脚尖与目标平行，以握枪后射手感到自然舒适为原则。两脚站好后，右手握住枪颈，左手握住护木，枪支与身体约成 45°角，整个枪托底板抵在右肩三角肌上。握枪时，胸部应该扩张，这样瞄准时才不会感到瞄准线过低，并且胸部扩张后使枪支左侧贴在胸上，增强了持枪的稳定性。然后使左大臂和左肘紧贴在左肋的内侧，这时枪支、左小臂和腿约在一个垂直面上。右手握好枪颈后，右臂抬起与肩略平，以自然舒适为宜。立射时，抵肩不能过低，如果抵肩过低，瞄准贴腮时头部就需要向前伸，瞄准时眼皮也需要向上翻，这就破坏了视线的正常方向。抵肩也不能靠内，如果抵肩靠内，枪支重心则会前移，这就加大了对左臂的压力。枪握好后，身体重心需平均落在两脚上，身体稍向右后方倾斜，使枪支重心接近身体，和射手结成一体，以增强枪支和身体的稳定性。贴腮应从上向下，使右腮肌肉自然贴在枪托上，不应改变视线的正常方向。腮部贴在枪托上，除了便于瞄准外，也使枪托有所依托。

b. 跪射：跪射是一种比较复杂的射击姿势，工作时可适当采用。跪射射击稳定性强、效果好，但动作麻烦，涉及面广。

c. 卧射：卧射稳定性极强，射击比较容易，但在工作中很少采用。

② 瞄准

霰弹枪没有标尺，瞄准的方法也与膛线枪有着很大的差别。霰弹枪的瞄准分为可见瞄准板瞄准法和不可见瞄准板瞄准法两种。可见瞄准板瞄准法：瞄准时枪口稍稍抬高一点，眼睛能看到瞄准板，由于抬高了枪口和准星，瞄准线指向目标下方，因此射击时必须将目标置于准星上方才能命中。这种瞄准方法可以清晰地看见目标，容易进行瞄准和射击。不可见瞄准板的瞄准方法：瞄准时枪口不抬高，眼睛从后方看不到瞄准板，射击时弹道下降，命中点将低于瞄准点，因此射击时需将目标置于瞄准线或者准星下方才能命中，用这种方法瞄准时，看不到目标，也不容易掌握。所以使用霰弹枪射击时，多采用可见瞄准板的瞄准方法。瞄准时使用“主眼”进行瞄准。因为人的眼睛有一只为“主眼”，一只为“次眼”。主眼和次眼在观察目标时的作用是不同的。主眼是看物体的，而次眼是交会该物体的。鉴定主眼和次眼的方法是：伸直右臂，使拇指和食指构成一个圆圈，通过这个圆圈去看前方任何固定目标，先用双眼看，在不移动头部和手臂的情况下，再用右眼去看，如仍能看到该物体，右眼即为主眼，否则相反。

③ 击发

击发时瞄准射击过程中最后一个步骤，也是很重要的一个步骤。虽然握枪姿很好，枪支也很稳定，瞄准完全正确，但最后在击发上犯了错误，同样不能取得良好的射击效果。霰弹枪和膛线枪，扳机均有引力，击发过程中扣动有引力和扳机，而又不影响瞄准，需要掌握很好的技巧。正确的击发动作，是在击发时用拇指第一关节扣住扳机，均匀正直地向后逐渐增加压力，并在正确瞄准的瞬间，深呼吸，加大手指的压力，直到似乎在不知不觉间击发为止。击发时应避免猛扣扳机，造成瞄准失误，影响射击的准确性。

图 3－137　猎枪射击

（2）注意事项

① 在使用猎枪进行工作前，必须检查猎枪的闭锁装置是否可靠，保险机构是否正常有效。

② 猎枪必须使用标准弹药，严禁使用自制弹药，更不允许使用钢弹、螺丝等装置的独弹。

③ 在使用猎枪前必须检查猎枪枪管内孔，不允许有任何异物堵塞枪管，否则会造成枪管爆裂等不良后果。

④ 使用猎枪进行工作时，要仔细观察周边环境，手持猎枪行走时，枪口应指向安全方向。

⑤ 严禁空枪击发。

⑥ 驱鸟工作结束后，首先应将子弹退出弹膛，防止枪支走火。

⑦ 猎枪的使用和购买，必须严格遵守《中华人民共和国枪支管理法》和《空军机场

鸟害防治猎枪及子弹使用管理暂行规定》。

4. 驱鸟猎枪的日常保养

（1）猎枪的检查

猎枪的检查和擦拭，应该定期进行，尤其是在夏季和相对湿度较大的地区尤为重要。检查能够及时发现枪支脏污、生锈和损坏等情况，以便及时擦拭和修理。擦拭不仅能清除枪管、机匣等零部件表面的灰尘、火药残渣、锈斑和枪管中残留的铅铜等，还能提高射击精度，延长枪支使用寿命。猎枪在每次使用后都应该进行擦拭。在工作结束后，无论射击还是没有射击，都必须进行擦拭。长期保存的猎枪或者新购买的猎枪，在清洗保护油膜后也需要擦拭。经过擦拭后保存的猎枪，也不能放置不管，必须定期检查。在环境比较干燥条件下保存的猎枪，每月需检查一次。在环境湿度较大或者多阴雨地区，应每半个月检查一次，发现生锈应及时处理。

（2）猎枪的擦拭（图 3－138）

图 3－138　猎枪擦拭

擦拭工具：主要有擦枪杆和擦枪刷。擦枪杆也称通条，主要用于擦拭枪管的内孔。擦枪杆由金属或塑料制成，为便于携带，擦枪杆通常制作成分节式。擦枪刷是用来直接清除枪管内孔脏污的工具，有金属刷和鬃刷两种。金属刷用质软且富有弹性的金属丝制成，它可以清除枪管内壁上较坚固的附着物。使用后的擦枪刷，应及时用汽油或碱水清洗。

擦拭方法：先将猎枪分解，用棉布除去大部分火药残渣，然后用金属刷蘸碱性油擦拭枪膛，擦完后用棉布条将枪膛擦干，再用鬃刷蘸中性油擦拭。机匣和护木部分应先用毛刷去除沟槽、缝隙中的灰尘，再用棉布擦拭干净。金属部分可涂中性油，木质部分不需涂油。冬季驱鸟工作结束后，更应该注重猎枪的擦拭。由于长期存放造成猎枪出现锈斑时，可以使用汽油浸泡，绝不允许使用砂纸打磨，更不允许使用金属利器去刮掉锈斑。

（3）猎枪的保护

枪衣（图 3－139）：软枪衣由帆布或者皮革制成，携带枪支或长期保存猎枪时，应将枪支分枪管和机匣分别放在两个袋内，外面有装擦枪杆的小袋，可手提或肩背。硬枪衣由木板和皮革制成，枪支放在硬枪衣中不易碰撞。

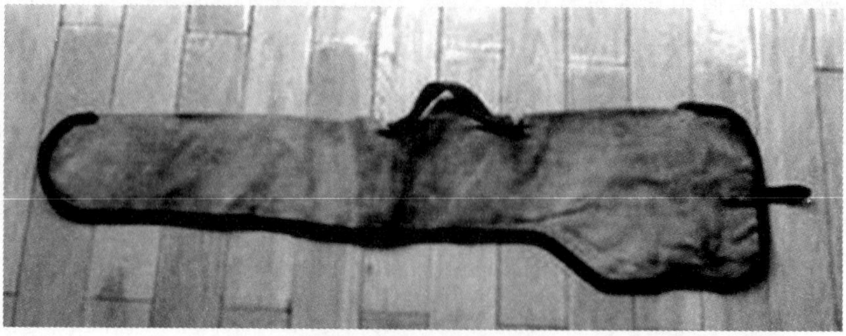

图 3－139　枪衣

子弹带（图 3－140）：进行驱鸟工作时，常将子弹放在子弹带内携带，可以避免碰撞和潮湿。子弹带由帆布或者皮革制成，常见的有双盒式子弹带，它由两个带盖的皮盒和皮带组成，可系在腰间，使用极为方便。

图 3－140　子弹带

（4）猎枪的保管（图 3－141）

猎枪在保管中要特别注意防潮、防热。猎枪长期不使用，各部弹簧均应放松。枪支、弹药在保管时应做到防火、防盗，具体请参考《中华人民共和国猎枪弹具管理办法》。

图 3－141　猎枪保管

5. 常见故障的排除与维修

(1) 易损件种类

猎枪是一种高精度的机械产品，由于受结构、材料、使用环境的影响，会出现不同程度的故障。常见的故障主要有不击发、不退壳、保险失效、木质件损坏等。容易出现故障的零件是击针、击针弹簧和击发弹簧。

(2) 易损件的更换

击针、击针弹簧（图 3－142）的更换：首先将猎枪分解，即分解成枪管、护木、机匣三部分，取下托底板上的胶垫，用螺丝刀拧开自攻螺钉，将托底板取下，再用较大螺丝刀将枪托紧固螺丝拧开，取下托枪，用小于 2.5mm 的圆销将机匣上端的圆柱销从背面向前打出一多半，将上击针、击针弹簧取出。更换下击针时，要先将上击针的 2.5mm 圆柱销打出，将限位卡卸下，用冲子将下击针的弹性销从正面向背面打击，取出下击针。装配与之相反。

击发弹簧（图 3－143）的更换：将木托取下后（取木托的方法与前面一致），用专用尖嘴销夹住击发簧杆的前端部，向后方用力，使击发弹簧压缩，取下击发弹簧进行更换。装配与之相反。

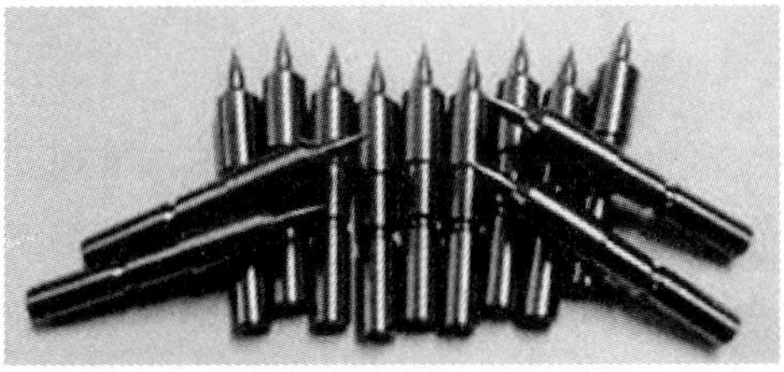

图 3－142　击针、击针弹簧

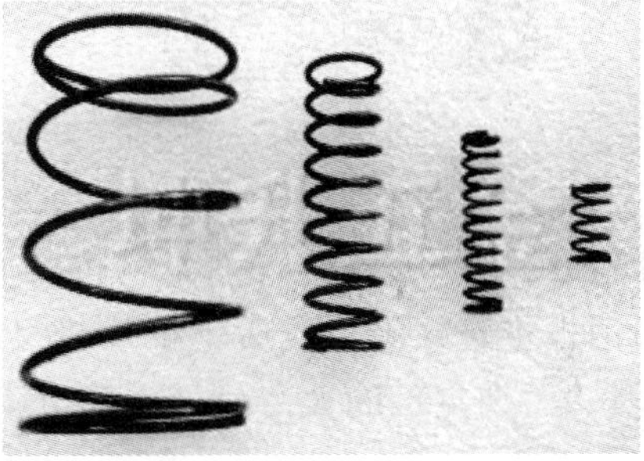

图 3－143　击发弹簧

三、智能捕鼠器

全自动捕鼠器（图 3－144）采用双门对开的形式，运用了高科技的红外感应以及自动化的设计，可以自动地完成关门、驱赶、复位、开门等动作，实现连续捕鼠，完全颠覆了传统的器械捕鼠理念，可以堪称一大创新。因其设计成了充电电池的供电方式，故无需接入市电就能正常作业，为机场部署此款捕鼠器带来了极大的便利。其应用场景非常之多，不但能够广泛应用于机场，还能够应用于食堂、仓库、养殖场、种植场、家庭等领域，为人类解决鼠患问题带来了变革与创新。后期可以为该捕鼠器添加新模块，以实现其网络化、信息化，更好地保障机场的安全飞行。

全自动捕鼠器组成框图如图 3－145 所示，其包含了红外感应模块、无线遥控模块、电源、按键以及电机等。当开启电源后，全自动捕鼠器的核心元部件单片机将会以一定的时间间隔不断的扫描红外感应模块，倘若有老鼠从任意一个门进入智能捕鼠器，红外感应模块就会发现目标并将信息反馈给单片机，单片机收到信息后便开始动作：首先将前后门

图 3-144　全自动捕鼠器

立即关闭，随后开启电机转动，电机的转动将带动室内钢板的运动并将老鼠逼进“关押室”；当钢板推进极限位置后，单片机又控制钢板返回到原来位置，为下一次的捕鼠做好准备。因“关押室”的大门设计为只进不出，因此老鼠进入后不能自行逃脱。

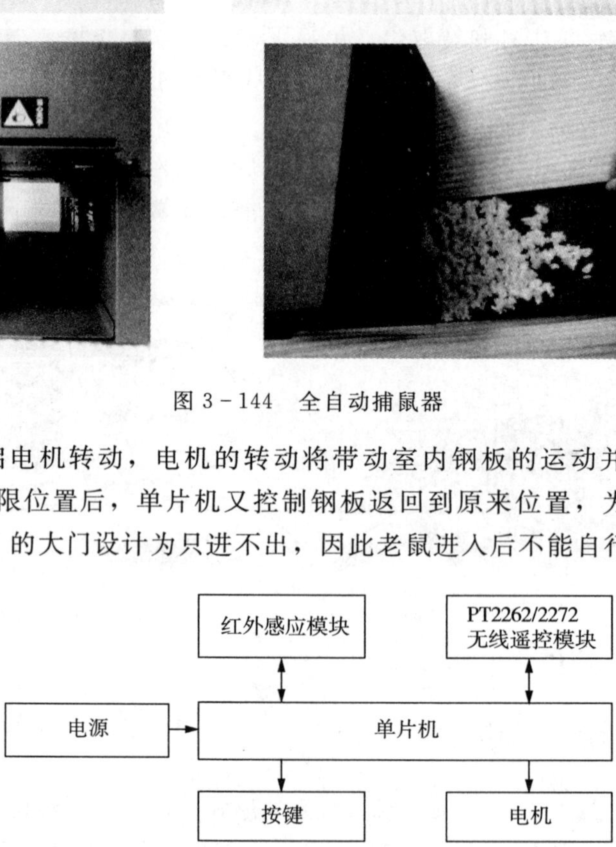

图 3-145　全自动捕鼠器组成框图

第六节　化学类驱鸟设备的安装与使用

一、血液分析仪

1. KT-6200/6300 血液分析仪

国内某生物科技公司生产的 KT-6200/6300 三分类血液细胞分析仪（图 3-146）是一种体外诊断设备，用于在医学实验室定量分析血液细胞，并对白细胞计数结果进行三分类。该分析仪是用于筛选的临床检查仪器。根据分析结果进行临床判断时，要求医生或实验员同时考虑临床检查结果或其他试验结果。

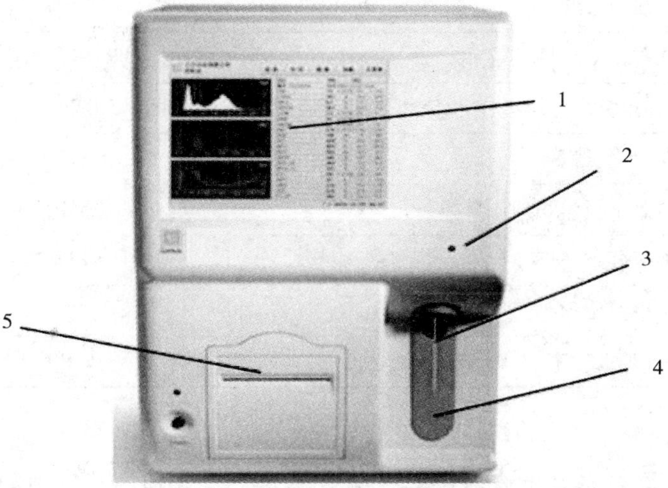

1—触摸显示屏；2—电源指示灯；3—采样针；4—吸样按键；5—热敏打印机

图 3-146　血液分析仪

该分析仪适用于白细胞、红细胞、血小板、血红蛋白等参数的检测及白细胞三分群计数。提供如表 3-13 所示的 20 项血液参数的定量分析结果、3 个直方图。

分析仪采用电阻抗法检测白细胞、红细胞和血小板的数目以及体积分布；采用比色法测量血红蛋白浓度；在此基础之上，分析仪计算出其余参数的结果。

表 3-13　20 项血液参数

参　　数	英文缩写
白细胞数目	WBC
红细胞数目	RBC
血红蛋白	HGB
血小板数目	PLT
淋巴细胞数目	Lymph#
中间细胞数目	Mid#
粒细胞数目	Gran#
淋巴细胞百分比	Lymoh%
中间细胞百分比	Mid%
粒细胞百分比	Gran%
平均红细胞血红蛋白浓度	MCHC
平均红细胞体积	MCV

(续表)

参　　数	英文缩写
平均红细胞血红蛋白	MCH
红细胞分布宽度变异系数	RDW - CV
红细胞分布宽度标准差	RDW - SD
红细胞压积	HCT
平均血小板体积	MPV
血小板分布宽度	PDW
血小板压积	PCT
大血小板比率	P - LCR

2. 吸取样本

根据配置的不同，本分析仪提供三种测量模式下，分别为静脉血模式、末梢血模式、预稀释模式。

(1) 在静脉血模式下，分析仪将吸取 10μL 的全血样本。

(2) 在末梢血模式下，分析仪将吸取 10μL 的末梢血样本。

(3) 在预稀释工作模式下，操作者应先将 20μL 的末梢血样本和 1000μL 的稀释液在机外混合，形成稀释比为 1∶51 的稀释样本，然后再将此稀释样本送至分析仪进行采样。此时分析仪将吸入 320μL 的稀释样本。

3. 稀释样本

根据不同的需要，分析仪提供两种工作模式——全血工作模式（图 3 - 147）和预稀释工作模式（图 3 - 148）。

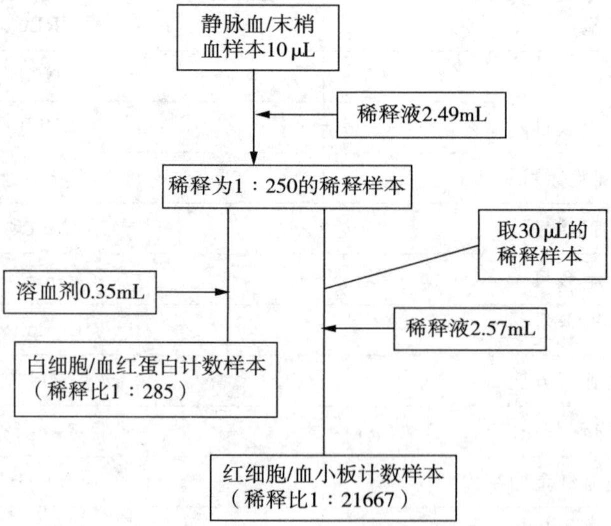

图 3 - 147　全血工作模式

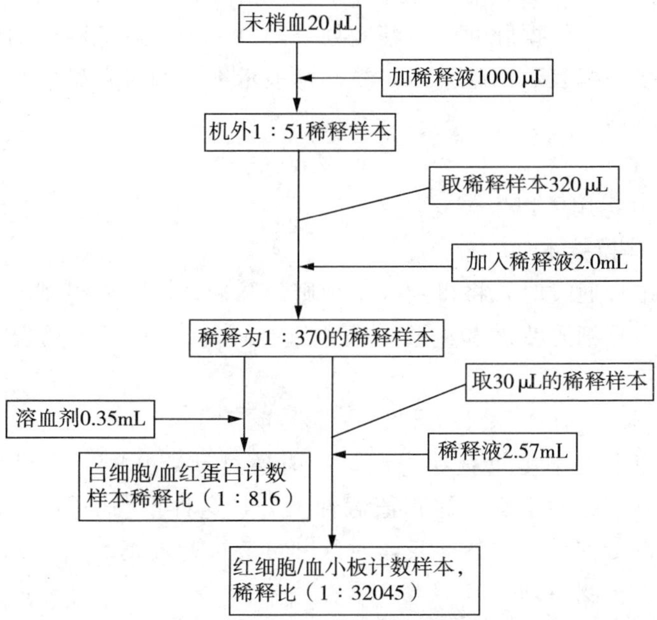

图 3－148　预稀释工作模式

4. 测量原理

(1) 白细胞、红细胞、血小板的检测原理

本分析仪利用电阻抗法进行计数。血样本进入白细胞检测单元，红细胞/血小板检测样本经过二次稀释后进入 RBC 检测单元。检测单元有一个小的开口，叫作检测小孔。小孔两侧有一对正负电极，连接恒流电源。由于细胞具有不良导体的特性，稀释样本中的细胞在恒定负压的作用下通过检测小孔的时候，电极间的直流电阻就会发生变化，从而在电极两端形成一个同细胞体积大小成比例的脉冲信号。当细胞连续地通过小孔，就在电极两端产生一连串的电脉冲。脉冲的个数与通过小孔的细胞数相当，脉冲的幅度与细胞的体积成正比。其计数原理如图 3－149 所示。

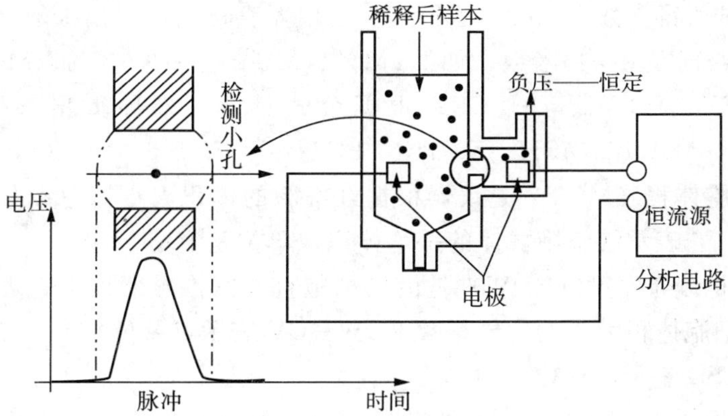

图 3－149　计数原理图

分析仪将采集到的电脉冲放大后与正常细胞体积范围所对应的通道电压阈值相比较，

计算出电脉冲幅度落在各个通道内的电脉冲个数。由此，所有采集到的电脉冲根据不同的通道电压阈值进行分类，依据脉冲电压幅度划分的每一个通道范围内的细胞个数决定了细胞的体积分布。用横坐标表示细胞体积，纵坐标表示细胞相对数量的二维图就是反映细胞群体分布情况的直方图。

（2）技术创新

KT-6200/6300 运用了以下创新技术：

① 脉冲数字化建模技术

当细胞从小孔中央通过时，将得到一个规则的脉冲；反之将得到不规则的脉冲（不规则脉冲的概率可以根据细胞浓度和小孔的面积进行推算），在这种情况下仪器将删除不规则脉冲，并进行校正。

② 波形甄别技术

当两个或两个以上的细胞重叠在一起，同时通过计数孔时，将只有 1 个脉冲被检测到，这样会导致细胞数假性下降，体积值假性上升，这种重叠的概率可以根据细胞浓度、小孔的面积及流速进行推算，仪器本身能对这种重叠进行校正。

（3）血红蛋白的检测原理

在比色池中，被稀释的样本加入溶血剂后，红细胞溶解，释放出血红蛋白，后者与溶血剂结合后形成血红蛋白复合物，在比色池的一端 LED 光源发出一定波长的单色光照射血红蛋白复合物溶液，在另一端通过光电管接收透射光，并将光强信号放大后转换为电压信号，通过与比色池中加入样本之前（比色池中只有稀释液）测得的本底透射光强产生的电压比较，得到样本的血红蛋白浓度。此测量和计算过程由分析仪自动完成，结果将显示在“计数”界面的分析结果区。

（4）血红蛋白浓度参数

血红蛋白浓度（HGB）由以下公式计算得到，单位为 g/L。

$$\text{HGB}=\text{常数}\times\ln\left(\frac{\text{本底透过光强}}{\text{样本透过光强}}\right)$$

（5）各参数测量方法

血液样本测试所得参数由三种方法得到。由仪器直接测量得出参数，如 WBC、RBC、PLT、HGB；根据直方图得出参数，如 LYM%、MID%、GRAN%、MCV、RDW-SD、RDW-CV、MPV、PDW、P-LCR；根据公式计算、推导得出参数，如 LYM#、MID#、GRAN#、HCT、MCH、MCHC、PCT。

① 平均红细胞体积（MCV）是仪器根据红细胞的体积大小汇总和分类，结合红细胞直方图推导所得，它表示红细胞群体的平均体积，单位是 fL。

② 红细胞体积分布宽度（RDW）是由红细胞直方图推导所得，它表示红细胞群体的体积分布，用红细胞体积大小的变异系数 RDW-CV 表示，单位是%，用红细胞体积大小的标准差 RDW-SD 表示，单位是 fL。

③ 平均血小板体积（MPV）是由血小板的直方图推导所得，它表示血小板群体的平均体积，单位是 fL。

④ 血小板体积分布宽度（PDW）是由血小板的直方图推导所得，它表示血小板群体

的平均体积分布的几何标准差（10GSD）。

⑤ 大血小板比率（P-LCR）是由血小板的直方图推导所得，它表示血小板群体中较大血小板所占的比率，单位是%。

推导公式及方法如下：

l HCT（%）＝RBC×MCV/10

l MCH（pg）＝HGB/RBC

l MCHC（g/L）＝100×HGB/HCT

l PCT（%）＝PLT×MPV/10000

l LYM%＝100×AL/（AL＋AM＋AG）

l MID%＝100×AM/（AL＋AM＋AG）

l GRAN%＝100×AG/（AL＋AM＋AG）

l LYM#＝LYM%×WBC/100

l MID#＝MID%×WBC/100

l GRAN#＝GRAN%×WBC/100

其中：

AL——淋巴细胞区域内的细胞数；

AM——中间细胞区域内的细胞数；

AG——粒细胞区域内的细胞数。

二、喷雾器

“雾”其实是水的微滴。喷雾器其实是喷雾器材的简称，其主要是利用空吸作用将药水或其他液体变成雾状，均匀地喷射到其他物体上的器具，由压缩空气的装置和细管、喷嘴等组成（图3-150）。

1. 发展历史

在农村，喷雾器是防治病虫害不可缺少的重要农具。20世纪60～70年代喷雾器是一个高80cm、直径25cm左右的圆筒。喷药时，放在地上打足气，再背在身后，等气耗尽，药液雾面变小了，再放在地上打足气，再背起，如此反复。耗力费时，半天打不了几桶药。

80年代初，土地承包权到了农民手中，大集体时的农具也折价分到了户。那时候，大多是2或3户合作分得了一台喷雾器，一户人家只拥有1/3或1/2台，喷药治虫时，两三家农户轮流着使，凑合着用。

这样，约从1986年起，大多数人家花25～30元钱，可新买一台背负式喷雾器，这也成为完全属于“自家”的“第一台”喷雾器。这种喷雾器克服了从前喷药停住打气的不足，已可以背在身后，一手压气，一手握“烟杆”喷药，不耽误时间。

随着复种面积的不断增大，以及病虫害逐年加重，喷药次数也随着增多；尤其是20亩以上种植大户，这样一台喷雾器已完全不适应现实了。1994年起，一部分忙于打工的农民与种植大户们，可以花近千元购买一台第三代喷雾器，也是第一代的机动式喷雾器。

进入21世纪，农民们在党的政策感召下，享受着科技成果带来的便利。作为农业防治病虫害的主要农具机动喷雾器，因噪音大、冒烟、污染环境，成为社会发展的淘汰物，2007 年起，新型的节能环保型电动喷雾器开始普及应用。这种喷雾器可以说集便捷、节能于一身，塑料壳，轻便耐腐蚀，效率不比机动喷雾器差。

图 3－150　各种类型的喷雾器

2. 操作原理

目前，按照喷雾器喷雾的原理操作原理可分为四种。

（1）伯努利原理

即在同一流质里，流速大，压强小；流速小，压强大。流体会自动从高压流向低压。在通过三叉管时，低速流动的水流向高速流动的空气。水被高速空气撕成一小滴一小滴（设想水龙头里流出的水，刚开始速度慢，是水柱；但后来速度逐渐增大后就变成一滴一滴了）。这些小水滴喷出来后就成了雾。

（2）高速水流碰到障碍物后裂成小水滴的原理

即把水压入细管造成高速水流，高速水流碰到障碍物后被裂成小水滴的原理。情形像把水龙头打开后用手指堵住。家用的喷雾器多用这种结构，成本低。

（3）离心力将液体甩出原理

即高速旋转的雾化盘利用离心力将液体甩出去，撕碎为小液滴。类似于雨伞旋转时的情形。

（4）超声雾化原理

振动可以在水面引起“浪花”，超声波的振动频率十分高，于是它的“浪”的波长很小，因此它的“浪花”——小水滴也很小，这些小水滴就成了雾。

3. 工作过程

目前定型生产使用的机动喷雾器有背负式、担架式和与拖拉机牵引配套的机型，应用较普遍的是背负式，而其中使用最广泛的是东方红－18 型背负式喷雾喷粉机，以 1E40F 汽油机（1.6 马力）为动力，采用高压离心式风机，由发动机曲轴直接驱动风机轴以 5000 转/分的速度转动。贮药箱既是贮液箱又是贮粉箱，只需在贮药箱内换装不同的部件即可。喷管主要由塑料件组成，不论喷雾和喷粉都用同一主管，在其上换装不同的部件即可。发动机和风机都是通过减震装置固定在机架上，以减少它们在高速运转时产生的振动传给机架。其喷雾工作原理：当发动机曲轴驱动风机叶轮高速旋转时，风机产生的高压气流，其中大部分经风机出口流向喷管，少部分流经进风阀、软管、滤网到达贮药箱内药液面上的空间，对液面施加一定压力，药液在风压作用下通过粉门、出水塞接头、输液管、开关到达喷嘴（即所谓气压输液）。喷嘴位于喷雾喷头的喉管处，由风机出风口送来的气流通过此处时因截面突然缩小，流速突增，在喷嘴处产生负压。药液在贮药箱内受正压和在此处受负压的共同作用下，从喷嘴喷出，正好与由喷管来的高速气流相遇。由于两者流速相差极大，而且方向垂直，于是高速气流将由喷嘴出的细流或粗雾滴剪切成直径 100～150μm 的雾滴，并经气流运载到远方，在运载沿途中，气流将细小的雾滴进一步弥散，最后沉降下来。从风机产生的高速气流，大部分经风机出口流向弯头、喷管，少部分经进气阀进入吹粉管。由于风速高、风压大，气流便从吹粉管小孔吹出来，将贮药箱底部的药粉吹松散，并吹向粉门（即所谓气流输粉）。同时由于大部分高速气流通过风机出口的弯头时，在输粉管口处造成一定的真空度，因此当粉门开关打开时，药粉就能够通过粉门、输粉管被吸入弯头，与大量的高速气流混合，经喷管吹向作物。

其中，消杀公司专用（药用和消毒）的喷雾器，超低容量喷雾器，气溶胶喷雾器等，制作工艺更精密，喷雾雾化效果更精确。

4. 农用分类

下面以使用最为广泛的农用背负式喷雾器（图 3－151）中的几个主流品种，作一个简单的优缺点比较，供广大农民朋友在选购时参考。

（1）普通手摇式喷雾器

优点：价格低；维修方便，配件价格低。

缺点：效率低、劳动强度大，不适宜大面积作业；药液有跑、冒、漏、滴现象，操作人员身上容易被药液弄湿，易中毒，不环保；维修率高，太麻烦。

（2）高压自动喷雾器

优点：效率高（可达普通手摇喷雾器的 3～4 倍）、劳动强度低、可连续作业；易损件少，维修率最低，基本无使用成本；雾化达到或超过电动喷雾器，直喷射程达到 7～11m。

缺点：该喷雾器要先花 2min 左右时间把药水压进喷雾器，才可喷雾；使用方法和其他喷雾器不同，要看懂说明书才能用好。

图 3－151　背负式喷雾器

（3）电动喷雾器

优点：效率高（可达普通手摇喷雾器的 3～4 倍）、劳动强度低、使用方便；给人第一印象好，容易销售。

缺点：电瓶的容电量决定了喷雾器连续作业时间的长短；品牌太多，型号各异，配件不通用，维修不易，修理费太高；因涉及一些电器方面的东西，必须由专业人员维修。

（4）机动喷雾器

优点：工作效率高，喷雾效果好。

缺点：购机价格高，使用成本高；自重大，噪音大，污染大，机温高，机手作业环境差；需专业人员维修。

5. 使用技巧

（1）常见使用技巧

① 要正确安装喷雾器零部件。检查各连接是否漏气，使用时，先安装清水试喷，然后再装药剂。

② 正式使用时，要先加药剂后加水，药液的液面不能超过安全水位线。喷药前，先扳动摇杆10余次，使桶内气压上升到工作压力。扳动摇杆时不能过分用力，以免气室爆炸。

③ 初次装药液时，由于气室及喷杆内含有清水，在喷雾起初的2～3min所喷出的药液浓度较低，所以应注意补喷，以免影响病虫害的防治效果。

④ 工作完毕，应及时倒出桶内残留的药液，并用清水洗净倒干，同时，检查气室内有无积水，如有积水，要拆下水接头放出积水。

⑤ 若短期内不使用喷雾器，应将主要零部件清洗干净，擦干装好，置于阴凉干燥处存放。若长期不用，则要将各个金属零部件涂上黄油，防止生锈。

（2）在使用中常出现的故障及排除方法

① 喷雾压力不足，雾化不良：若因进水球阀被污物搁起，可拆下进水阀，用布清除污物；若因皮碗破损，可更换新皮碗；若因连接部位未装密封圈，或因密封圈损坏而漏气，可加装或更换密封圈。

② 喷不成雾：若因喷头体的斜孔被污物堵塞，可疏通斜孔；若因喷孔堵塞可拆开清洗喷孔，但不可使用铁丝或铜针等硬物捅喷孔，防止孔眼扩大，使喷雾质量变差；若因套管内滤网堵塞或过水阀小球搁起，应清洗滤网及清洗搁起小球的污物。

③ 开关漏水或拧不动：若因开关帽未拧紧，应旋紧开关帽；若因开关芯上的垫圈磨损，应更换垫圈；开关拧不动，原因是放置较久，或使用过久，开关芯因药剂的浸蚀而黏结，应拆下零件在煤油或柴油中清洗；拆卸有困难时，可在煤油中浸泡一段时间，再拆卸，不可用硬物敲打。

④ 各连接部位漏水：若因接头松动，应旋紧螺母；若因垫圈未放平或破损，应将垫圈放平，或更换垫圈；若因垫圈干缩硬化，可在动物油中浸软后再使用。

（3）超低量喷雾器的优势和使用方法

超低量喷雾器在防治花木、草坪及农作物病虫害时，与常用的喷雾器相比，具有快速、高效、轻便、节省成本等优点。具体表现为：

① 用水量少。超低量喷雾器用的是农药原液，或者只需经过极低倍的稀释，因而它不需要大量的水。

② 用药量少。每亩喷药液100g左右，而不是数十千克，甚至上百千克。因此，在使用时可大大减轻劳动强度，节省了劳动力。

③ 雾滴均匀分布。超低量喷雾器不是将药液直接喷布在植物上，而是凭借风力使直径只有几十微米的雾滴分散飘移，再在植物周围的“微气流”作用下，将雾滴均匀分布在植物叶片及全株的正反面及侧面。这样，要比加入大量水稀释后的药剂对害虫的杀伤率更

高，特别是对某些已产生抗药性的害虫，效果更好。因农药原液的杀伤功能要比加水稀释后高出几倍甚至几十倍。

（4）使用方法简便

手持超低量喷雾器喷药时机头始终保持在高出植物 1m 左右的高度上。由于这类喷雾器省去了药液喷头，药液在药瓶放下时自行流出。因此，当电动机未开启前，药瓶应在下方，机头在上方。喷药时，应先启动电动机，然后改变药瓶和机头的位置，使药瓶在上方，瓶口向下，瓶身与地面垂直，药液即自行流出。

喷药时，由下风方向开始，来去的行走路线应隔开一定的距离，即为喷幅。喷幅的大小应根据风速的大小而灵活掌握。风速小时，喷幅也应小一些；反之则应大些，一般以 3～3.5m 为宜。喷药时间最好选在早晨、下午或阴天，避免烈日暴晒。超低量喷雾最好使用内吸剂、熏蒸剂或胃毒剂。用药量一般每亩 50g 左右。如需适量加水，可用等量法。

第七节　探测类驱鸟设备的安装与使用

一、探鸟雷达

鸟撞飞行器严重地危害航空安全，据官方统计，每年飞行器鸟撞事故给全世界军用和民用航空业带来超过 20 亿美元的损失，而这还不包括服务的延误费和人员的生命损失。鸟撞成为影响世界航空业的头号危害。2008 年，美国著名的哈德逊河坠机事件便是由飞鸟引起。目前，世界重要的军民用机场都投入了大量的人力、财力和物力来减轻机场鸟害。减轻的办法不外乎两种：其一，机场安装各种各样的驱鸟设备，这其中最有效的便是大型自动激光驱鸟器；其二，通过雷达探鸟，把信号传达给机场塔台和相关驱鸟人员，提前警示飞行员在面对飞鸟时改变航道或返航（图 3－152）。

图 3－152　探鸟雷达

1. 当前探鸟雷达发展情况

探鸟雷达可以实时给机场鸟控办和机场管理人员提供机场及其周围有害鸟类的活动水平和准确位置，雷达提供的数据经过了大大的改善，它们就像机场里面的一双电子望远镜，能够全方位持续地、更远地探测鸟情。将廉价的船舶雷达收发器和数字雷达处理器相结合作为探鸟雷达，可以探测到近距离的昆虫群和稍大些的单个昆虫，比如蜻蜓，当然这些也会被当作干扰过滤掉。雷达与鸟类的距离和所能探测到的鸟类的体积关系是研究的根本性问题，如图 3-153 所示。当一个具体目标远离雷达，雷达接收到的回波信号逐渐变小，最终消失。探鸟雷达处理器设计用来自动探测鸟类，然后一直跟踪记录其位置，以便提取目标轨迹或者信息。根据雷达横截面信息，对较大的单只鸟可以跟踪几英里，对鸟群可以跟踪 10 海里甚至更远。

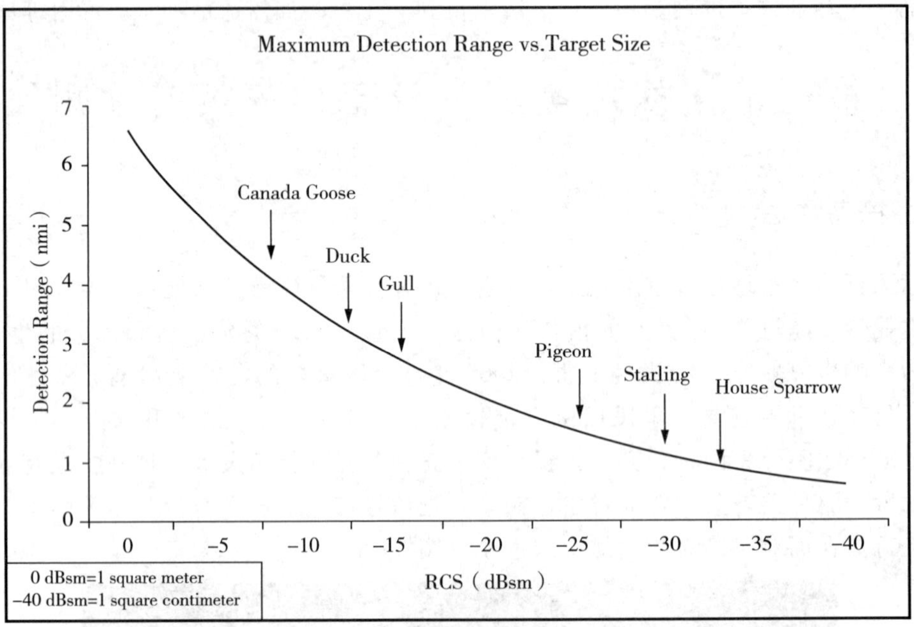

图 3-153　雷达与鸟类的距离和所能探测到的鸟类的体积关系

在二战时期，初始的雷达研发人员一直在徒劳地努力希望去掉鸟类的回波信号，由于这些信号比较模糊杂乱。现在，鸟类的回波信号被机场对空监视雷达故意屏蔽了，尽管其可作为获取鸟类运动轨迹的数据。而新一代多普勒天气雷达也只是提供鸟类的密度信息，尤其是在鸟类迁徙的时候。

然而在探鸟雷达被商用研究和开发以来，目前还没有明确的性能指标、功能需求或者标准，缺少指标或者标准导致了功能和使用上的矛盾，也限制了现存机场系统与野生动物管理程序潜在的结合机会。

在 2006 年，联邦航空局（FAA）让伊利诺伊大学的航空科技人才中心（CEAT）负责对探鸟雷达系统的商用可行性做了评估，为民用航空成功使用探鸟雷达提供了可靠保证。

CEAT 的探鸟雷达评估工作由埃德温·赫里克负责，他是机场安全程序协调员，也是

2008年度享有盛誉的航空研究奖金获得者。CEAT的性能评估过程是由CEAT负责管理，由联邦航空局、其他联邦代理机构、机场和供货商相互协调合作的过程。在评估过程中使用系统科学的程序确定技术参数，测定鸟类目标的感知能力，并在商用机场环境下测定探鸟雷达的操作性能。其目标是收集必需的信息以确保探鸟雷达技术在民用机场的大规模部署和使用，并对收集的信息进行验证。这样，在不降低安全的情况下，使探鸟雷达与机场的各项操作兼容协调。

直至目前，“猛禽”探鸟雷达系统已经部署在西雅图-塔可玛机场、芝加哥机场和纽约的肯尼迪机场。探鸟雷达评估计划是将雷达交由机场终端用户管理，以便他们提供必要的反馈意见，即雷达系统与现有的野生动物管制习惯是否能够完美结合以提高安全性。

另外，联邦航空局的探鸟雷达评估程序已经加入国防部的环境安全技术鉴定纲要，以增强探鸟雷达综合批准项目的影响力。2007年初，在阿拉斯加的埃尔曼多夫空军基地、马里兰州的帕塔克森特河海军航空站、华盛顿州的惠德贝岛海军航空站、北卡罗来纳州的海军陆战队切里角航空站、南卡罗来纳州的艾迪斯托岛分别部署了探鸟雷达后，探鸟雷达评估综合批准项目开始运行。在一两年之后，就会掌握一份正式的FAA咨询报告，报告内容包含：民用机场探鸟雷达系统的最低需求、成功获取目标的标准，以及相关的部署、运转、训练和维护措施，还包含依据条令条例与现存野生动物管制工作的有效结合情况。报告也提出期望联邦航空局机场改进基金计划设立探鸟雷达基金。

2. 探鸟雷达——价格便宜用途多

军用雷达系统和重要的民用系统，例如机场对空监视雷达系统，在研发和培训使用时的费用都很高昂，主要原因是其硬件复杂并且产品数量较少。从供货方面看，所有的探鸟雷达都使用商用船舶雷达收发器，不需特别定制。船舶雷达主要用于轮船或者捕鱼船，使用普及率极高，非常便宜，价格是同等高端产品的1%～10%，而且结实耐用，可靠性高，能够适应恶劣的环境。

探鸟雷达有很多种使用方式，随着经验的增长，运用会更加灵活。例如，野生生物学家可以重放前一天晚上的鸟类活动，了解鸟类目前的位置，计划上午的驱赶计划。或者在路上通过车里的显示屏观看鸟类在机场周围的实时活动情况。有关鸟类进入机场重要地区的确切告警信息可以直接传输给塔台或者航空业务人员，并同时显示给专业管制人员。野生动物管理人员在办公室可以回顾鸟类活动的历史信息，以辨别其迁徙开始时间，并预见新的栖息地，根据鸟类的引诱剂有效地改变鸟类栖息地。计划飞往某机场的飞行员，可以通过互联网查到上周的今天或者上月的今天鸟类的活动情况，就如同机场管理员可以提取出每天、每月和每个季度的鸟类活动细节一样，并将每年的信息进行比较，获得长期的鸟类活动趋势。

在鸟机互撞后，航空业务人员可以回放撞击前的飞行情况，以判断鸟的来向。这也是事故调查员需要做的。

重要的是，就像获取新一代航空传输系统（Next Gen）的全系统信息管理（SWIM）一样，所有的个体都能同时访问探鸟雷达的信息，并根据需要获取数据。

该系统的强大处理能力支持实时显示、自动告警和目标信息记录的提取。“猛禽”探鸟雷达包括一项专利，可以实现多任务、多用户，支持目标信息的实时融合和多个雷达

（大型机场需要多个雷达实现全覆盖）的信息融合，为第三方机场管理系统提供开放接口，使多个机场和洲际的早期信息的综合更加方便。而且，提供目标信息雷达数据服务器的开放式访问路径，用户在任何地方都能同步运行指定任务的应用程序，可随意在新获取的结果上添加信息。

3. 探鸟雷达天线

探鸟雷达有两个雷达天线，分别是垂直雷达天线和水平雷达天线（图 3－154）。雷达天线转动时，可 24°倾斜，因此，覆盖范围增大。垂直雷达一般用来覆盖跑道及其上空；水平雷达形成的探测波可覆盖以机场中心向外辐射的 8 英里的范围，覆盖高度可达 10000 英尺。在这个范围内的飞鸟或鸟群都可以被探鸟雷达识别出来。

图 3－154　探鸟雷达的雷达天线

4. X 波段、S 波段天线和覆盖面积

船舶雷达主要使用两个频段，即 X 波段和 S 波段，与配置的天线相匹配（有时称 T 型天线或称槽型波导天线），雷达沿地平面旋转实现 360°覆盖。部署的雷达在 X 波段产生约 1°宽的窄幅波束，与地平面夹角 20°高范围内分辨率良好，对垂直面的分辨率比较差。由于船舶雷达通常用于航海以显示海岸线和水中的船舶，因此对沿地平面较窄的范围有很高的精确度。图 3－155 为探鸟雷达扫描空间立体图。

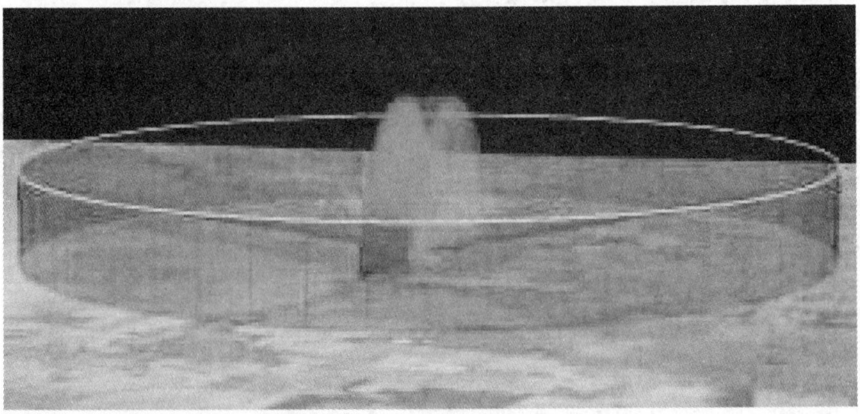

图 3－155　探鸟雷达扫描空间立体图

探鸟雷达也使用X波段或者S波段的收发机和天线，选择波段由终端设备决定。但首选X波段，由于在该波段对于单个鸟类目标来看，相同尺寸的天线在角分辨率上看，其目标清晰度可以提高三倍。这可以在很大程度上减小地面杂波对目标探测的影响，提高对鸟类栖居地的精确评估。而且，X波段已经过FAA俄克拉荷马城检测中心检测，不会对ASDE－X场面雷达或者其他雷达设施造成干扰。然而机场对空监视雷达主要使用S波段，因此，使用S波段的探鸟雷达需要相同检测过程以确保不会出现干扰问题。基于磁电管的S波段雷达信号与同样条件的X波段信号相比，其优势是下雨时在提供相同的角度清晰度时，产生较少的杂波。然而，厂商提供的最新电晶体X波段和S波段船舶雷达收发器在任何情况下都可以减少杂波，并使两个波段在下雨时具备相同的性能。磁电管和电晶体收发器都可以正常使用，具体选择主要由机场需要决定。

阵列天线方向的部署一般是沿水平面（H阵）旋转，或者面对一个方向沿竖直平面（V阵）旋转，所有的探鸟雷达运营商都可以提供。而且，“猛禽”雷达提供功能定制、水平旋转、X波段碟形天线。天线的选择和方向选择都基于终端设备需要。沿水平方向旋转的天线提供360°全覆盖，这非常适用于跟踪鸟类进入、穿过或者在机场周围飞行。从鸟类的栖息地开始跟踪，到其觅食地点，然后返回，以及跟踪其受到警告后四散飞去的路线可以使探鸟雷达的作用最大化。V阵天线的旋转类似自行车轮的转动，覆盖沿竖直方向20°宽的槽型区域，因此，主要使用于某些特殊跑道，可以“看到”鸟类飞下或者穿过该槽型区域。尽管雷达具备以上方向性，也只是可以提供二维信息（H阵天线可以给出经度和纬度，V阵天线可以给出高度信息），这依赖于阵列天线窄幅波束扫射平面的维度。而且，H阵和V阵天线扫描的空间有很大的非重叠区，因此它们各自的二维信息不能组合成三维位置信息。

然而，掌握鸟类和航空器的三维位置信息十分重要，因此需要挖掘探鸟雷达的全部潜力。鸟类学先驱西德尼·高斯雷克斯博士（克莱姆森大学鸟类雷达实验室）和鲍勃·比森博士（先前在美国农业部国家野生动物研究中心）长期研究碟形天线的360°覆盖和三维位置的估计。典型的4°角聚波束“猛禽”碟形天线提供合理的全维角分辨率，保留了360°覆盖。该雷达并行部署于民用和军用机场后的实例证明，由于其减少了碟形天线引起的地面杂波，其探测鸟类的数量和宽波阵列天线相当。碟形天线通常会倾向于高出地平面几度以与离场和进场的路线一致，以确保覆盖到鸟撞最危险的区域。另外部署的碟形天线可用作弥补竖直方向的覆盖，西雅图-塔可玛机场已经在使用。

探鸟雷达的数字雷达处理器（DRP）和雷达收发器相连，将接收的信号数字化，对接收目标信息进行过滤，然后自动实现探测并跟踪，产生目标信息。然而，雷达的收发器和天线在覆盖面积及理论方面制约目标信息的探测，DRP信号处理的算法也决定雷达系统接近理论限制的程度。雷达信号处理领域已经建立完善，几乎可以提取所有类型的目标信息，当然包括鸟类信息。由于“猛禽”雷达在军方全本位的驱动下，基本解决了跟踪机动目标和探测，诸如鸟类迁徙这类高密度环境的难题，已经具有成熟的跟踪方法。考虑未来，下一代多波束三维雷达系统正由“猛禽”公司开发，以更进一步提高覆盖范围并增强目标的探测精度。最新在申请专利的多波束天线与船舶雷达收发器结合使用，近期成功完成实地试验。试验时使用遥控航空模型模仿鸟类就雷达横截面及其活动进行模拟。此次野外试验结果显示该产品与 H 阵天线类似可提供 360°角全覆盖，不管是 H 阵还是 V 阵，对所有跟踪目标的经度、纬度和高度的估计皆可精确到 1°。角度精确度的提高取得令人瞩目的成果，可有效识别远距离鸟群。

5. 操作界面（图 3-156）

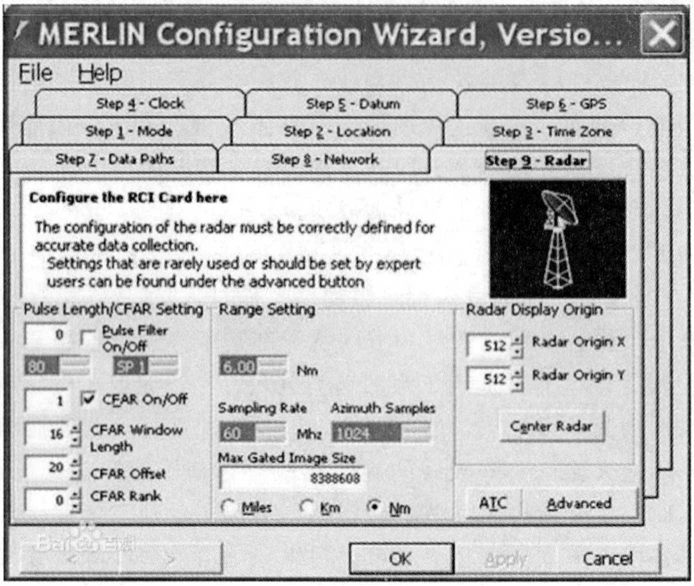

图 3-156　探鸟雷达用户界面

——Windows 系统；

——用户自定义的软件；

——图形用户界面（GUI）；

——雷达设置；

——显示配置；

——数据存档/记录；

——报告；

——国际版本，可以选择多数语言和字符。

6. 功能和特点

功能如下：

（1）海洋级铝材系统（包括拖车、雷达塔等）；

（2）高级粉末涂层；

（3）滑出式天线分离器；

（4）可扩展的机箱；

（5）使用防震机架固定电子产品；

（6）防震机架固定计算机；

（7）双交流电供电系统；

（8）备用的 8kW 的柴油动力系统，柴油箱容量可支持 10 天；

（9）全S波段固态雷达；

（10）支持临时或固定安装；

（11）雷达天线；

（12）水平监视雷达200W（简称HSR，双扫描范围）；

（13）垂直扫描雷达200W（简称VSR）；

（14）固态传感器（5万小时MTBF）；

（15）全天候鸟情监测（HSR或VSR）；

（16）垂直＋水平覆盖范围。

特点如下：

（1）提供从地面到飞行高度范围内的全面探测具体覆盖跑道及滑行道（进场和离场通道），机场中85％的鸟撞事故发生在此。

（2）提供目前鸟撞风险等级的不间断的自动预警。

（3）垂直雷达覆盖整条跑道。

（4）远程控制。

探鸟雷达系统可远程控制（图3－157），通过如IDS4和IDS5的各种综合系统来传输数据，并通过无线、局域网、寻呼机、短信和电子邮件实时给空中交通控制塔、范围控制塔、鸟类控制办公室和车辆、作业办公室和飞机驾驶舱等，提供鸟类活动和鸟击危险的警报。

图3－157　探鸟雷达的远程控制

二、机场鸟类探测系统

（一）红外热成像仪

任何大于绝对零度的物体都发射红外线，其波长为0.75～1000μm。人体红外辐射主要为3～50μm，峰值波长为9.3μm。黑体是研究热辐射规律的理想辐射体。黑体积分辐射通量密度与温度关系遵守斯蒂芬-玻耳兹曼定律，辐射通量密度按波长分布，符合普朗克公式，辐射峰值波长遵守维恩定律，它们都与物体表面温度有关。我们以适当的方法运用这些热辐射定律就能测出物体的热辐射和温度，这就是辐射计、辐射温度计。

人体皮肤表面各处温度是不同的，不同的物体也有不同的温度，用辐射温度计逐点测量所观察场内景物的温度，经过处理，以可见图像形式显示出景物的温度分布，如果只要显示景物的热图像，而不需要知道每点的绝对温度，那只要做相对测量就可以了（温差图）。所以说，热像仪是变景物红外辐射（或反射）为可见图像的仪器，它本质上是一架扫描式辐射计。光机扫描热成像仪是红外成像技术中非常活跃、非常重要的一种。

热成像技术有三个特点：

（1）它是对物体的自身辐射成像，因而可以得到较多的物体信息，比其他方法更能反映物体的自身状态，能够表明物体表面及下层的热分布。例如，当金属、陶瓷、玻璃塑料、橡胶等表面有空洞缺陷和疲劳裂缝时，改变了物体的热特性，可用热像仪对它们进行无损伤测试。对焊接质量进行鉴定，分辨率高，能很快检查出隐藏在里面的虚焊及变化在电子工业中。热成像仪可用来检验电子电路和器件（特别是集成电路）的可靠性，以及电路设计、工艺控制、失效分析及产品鉴定。在医学上，多数病理状态都表现出与正常生理状态有温度差异，用热成像仪观察拍摄生物热图，可做癌症早期诊断，鉴定关节炎类型及治疗效果、皮肤烧伤深度检查及愈合情况、血管检查、胎盘定位等工作，有较好效果。

（2）红外热成像仪是被动工作的，保密性强，不易受干扰，它可以在白天工作，亦可以在全黑条件下工作，它能揭露各种军事伪装，观察到用其他方法无法观察到的目标，因而在军事上的应用特别受到重视。例如：可以鉴别行驶过的车辆，发现疏通过的浅河道、输送管路、水下潜水艇，发现曾有人员和车辆活动过而又撤离的地区。红外热成像仪可在地面使用，亦有正在大力发展的机载红外前视及电视兼容装置，在几千米空中实时显示地面上的人、车辆及其他伪装目标，机载红外相机在两万米高空仍能清晰分辨出地面车辆。从卫星上能比较全面地提供军事目标的清晰照片，测定坦克、军用车辆位置，识别被伪装的火箭，等等。

（3）由于大气在红外某些波段透过率比较高，因而红外热成像仪成为遥感技术中一种非常有用的工具。装在地球资源卫星上的热像仪，可以研究活动地热，地面能量平衡，鉴别矿石，测定土壤湿度情况，勘探潜在水源，测定作物生长：灾害情况，估计产量，监测森林火情，保护资源，等等。

按热成像原理，可分为光机扫描热像仪、电子扫描热成像仪和固体热像仪。还有主动式（用激光），半主动式红外成像。

光机扫描热成像仪原理如图 3-158 所示。

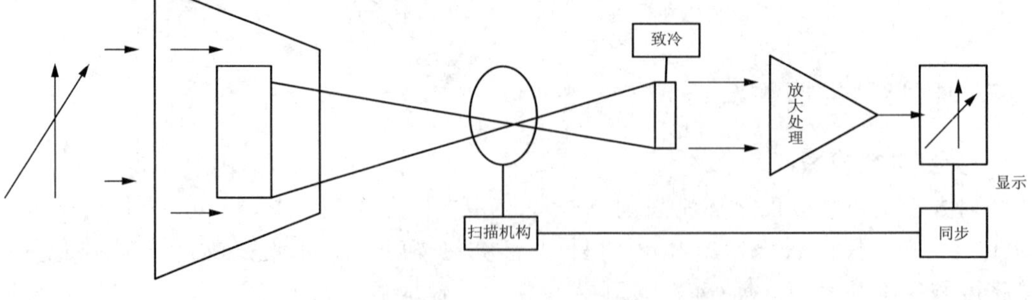

图 3-158　光机扫描热成像仪原理

光机扫描部分将视场分割，逐点取样，成像到探测器上（单元或多元），红外探器将被分割景物的热辐射转变成电信号，经过电子学处理并与分割景物视场同步，最后以可见的热图像显示。

热成像理论与可见光成像有差别。在可见光成像中，光比较弱时，进行光放大，提高信噪比，能使景物对比度为人眼所辨别。但是如果再过量的进行光放大，提高信噪比，由于对比度变差而使图像变模糊，不易辨认。光机扫描热成像仪的瞬时视场很小（它决定于空间分辨率的需要），在一定条件下提高系统信噪比就更能反映小区域内实际情况，如果景物的每个小区都比较真实地反映了热状态，在一定的显示动态范围内，热图像就很容易识别。

（二）热成像仪系统基本结构

不同用途的光机扫描热像仪的构造相差很大，但其基本结构由光机扫描、光电转换、信息处理与显示三大部分组成。

1. 光机扫描部分

它相当于一个摄像装置，为了解决总视场与空间分辨率和温度灵敏度之间的矛盾，采用光机扫描装置，使视场各部分逐点成像到探测器上。扫描装置种类很多，归纳起来，可分为物方扫描与像方扫描两大类。物方扫描装置采用小视场望远镜，逐点对物面扫描，连续取样。这种装置光学系统简单，机械部分较复杂，是目前应用比较成功的一种，已在很多热像仪中被采用。像方扫描装置是用一个优质大视场物镜对总视场成像，然后使探测器对像面扫描取螺例，它的关键部件是物镜。扫描装置对总视场取样图案是多种多样的，有圆式扫描、用样旋式扫描、玫瑰式扫描、光栅式扫描等等。究竟采用哪种扫描图案由具体需要而定。如，造成医用 3 热图像，采用比较规则的光栅式扫描为好，机载红外前视装置可以采用光式扫描，也可以采用玫瑰式扫描，对需要重点搜显示的部分有较高的扫描概率。典型的物方扫描置如图 3－159 所示，像方扫描装置如图 3－160 所示。

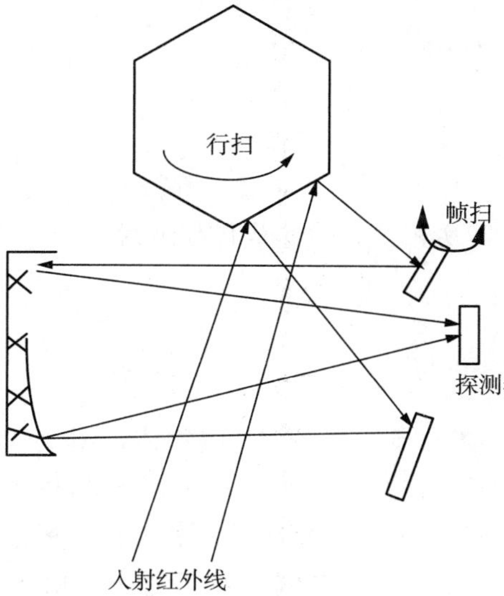

图 3－159　物方扫描装置

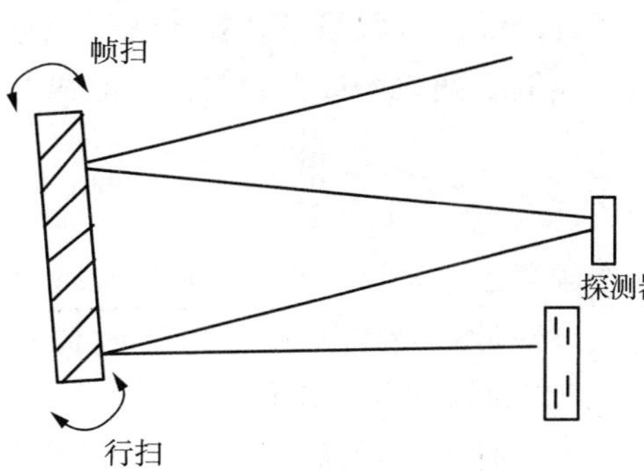

图 3－160　像方扫描装置

2. 光电转换器——红外探测器

热成像仪主要采用红外辐射中 3～5μm 和 8～14μm 两个大气窗口，探测器的器件选材应从温度灵敏度方面考虑，一般有锑化铟、锗掺汞、碲镉汞、碲锡铅，还有热敏电阻等等。以锑化铟、碲镉汞为主，碲锡铅也很有前途。锑化铟冷却到 77K 截止波长 5.4μm，归一化探测率（D^*）接近理论值。碲镉汞冷却到 77K 截止波长为 12μm，D^* 尚未达到理论值，当组分改变时，截止波长可以变更。它们的光谱特性如图 3 - 161 所示。

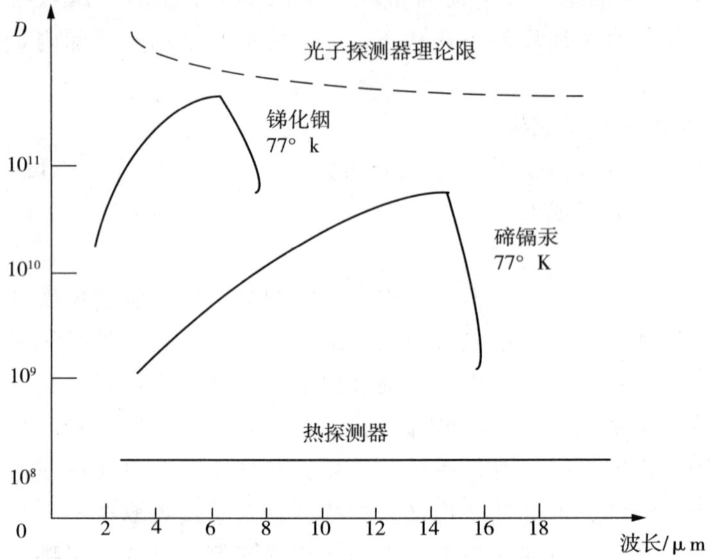

图 3 - 161　锑化铟、碲镉汞探测器光谱特性

如何考虑热像仪使用的波段和探测器呢？一定温度物体的热辐射峰值波长满足维恩定律：

$$T \cdot \lambda_{max} = 2898 ℃\text{K} \cdot \mu m$$

$$\lambda_{max} = \frac{2898}{T} \mu m$$

说明红外探测、跟踪、制导与热辐射峰值波长密切相关。对热成像仪来说，当光谱辐射通量密度温度变化率最大的时候，它满足：

$$T\lambda_c = 2411 ℃\text{K} \cdot \mu m$$

光谱辐射通量密度变化率如图 3 - 162 所示。由图明显看出，对高温物体，用 3～5μm 波段合适，对低温物体利用 8～14μm 比较有利。值得注意的是，对一般常温物体，8～14μm 的光谱通量密度的变化率比 3～5μm 的高，但目前锑化铟的探测率多比碲镉汞高，二者大致互相抵销。所以，二个波段室温温度灵敏度相仿。在野外某些条件下，由于 8～14μm 波段透过率高，所以采用此波段比较有利。随着此波段探测器质量不断提高，无疑是更有前途的。正如前面指出的，采用多元探测器进行串联、并联或混合扫描，信噪比可以提高，温度灵敏度的提高（即 NETD 小）与元件数的平方根成正比，如果信噪比已得到满足，则可以提高热像仪其他性能指标。

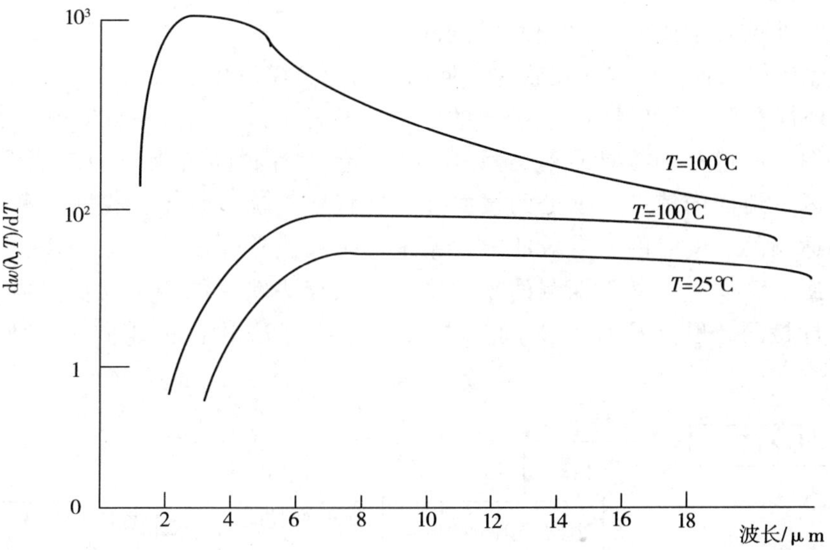

图 3-162　光谱辐射通量相对变化率

3. 信息处理与显示

由探测器产生的视频脉冲信号经过多道前置放大、处理，最后进行显示，显示方式可根据需要，在医学上、工业上可用示波管显示，对黑白显像管，白色相当于热，黑色相当于冷或相反；彩色显像管可提供温度定量图像，可以产生浮雕式图像显示方式，也可以用探测器产生的视频信号去调制发光二极管，可见光也用一套扫描机构，观察人员能直接看到景物的热图像，可以像电视一样发送，也可以记录在底片或磁带录像片上，供永久使用。

4. 机场鸟类探测系统

机场鸟类探测系统主要由鸟类探测单元、数据传输单元和显示控制单元等组成。鸟类探测单元主要完成机场空域的扫描、红外信息采集和态势的获取，并对图像信息进行处理和有效目标的提取、跟踪；数据传输单元主要完成图像数据的压缩及通信信息的编码，并与显示控制单元进行信息的交互，指令的上传下达，实现远程图像显示、系统控制和指挥；显示控制单元主要提供操作人员全视角的态势显示、目标的信息指示和对鸟类探测单元的控制界面。系统具有以下功能：

（1）能够全时段探测机场飞行场区低空飞行鸟类目标；

（2）分析、判断机场鸟情动态，发现危及飞行安全的鸟类目标，能够及时报警；

（3）自动记录、存储探测到的鸟情信息，为统计分析机场鸟类活动规律，准确发布鸟情通报提供依据。

该系统的软件是鸟类探测系统的关键组成部分，软件的运行模式与机场应用模式紧密相关，也必须与硬件电路密切配合。软件的 Flash 固化芯片安装在专用计算机板上，系统一旦加电，软件就开始运行，所有功能的实现一方面受显控单元计算机的命令控制，另一方面主要依赖软件的本身控制和管理。为了保证软件的可靠性、维修性和安全性，软件设计主要考虑以下要求：

(1) 软件研制执行独立产品的相关要求；

(2) 按照软件工程的要求开发软件，强调结构化、模块化；

(3) 红外搜索跟踪软件采用 TI 公司的专用汇编语言和 C 语言混合编程。

红外图像不但包含所需要的鸟类目标，而且包含各种随机噪声和起伏背景，其中，包括天空的云、地面的植被、远处的楼群和山等背景干扰，因此，找到一种能在多种背景条件下都适用的、实时的、有效的软件系统，是算法软件设计的重要任务。系统设计过程中总结出一套适合于鸟类探测的软件算法，该算法软件包括大容量扫描图像的图像预处理、目标检测、航迹估计和威胁判断等。系统算法软件的工作原理如图 3-163 所示。

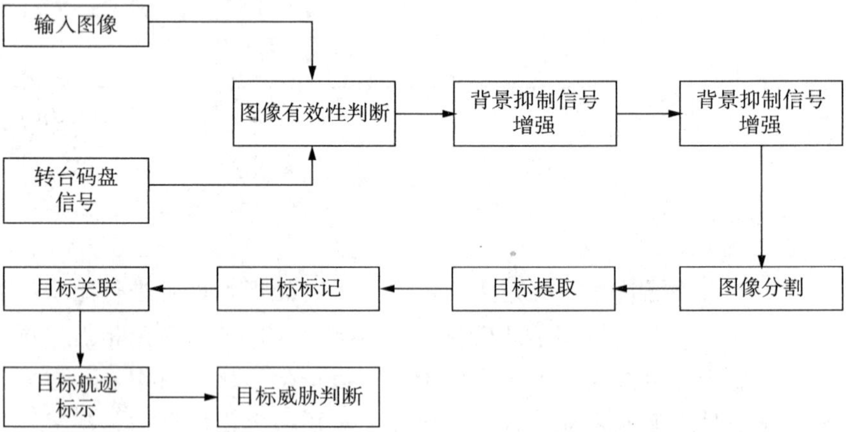

图 3-163　算法软件工作原理

第八节　驱赶类驱鸟设备的安装与使用

驱鸟航模

机场驱鸟航模除机身、机翼、起落架、发动机、无线接收装置等机载设备外，添加了驱鸟功能模块，主要包括频闪灯、音频和驱鸟弹 3 个系统。机场驱鸟航模具有飞行时间长、遥控距离远、响应速度快、覆盖范围广、便于操作维护等诸多优点，驱鸟员通过无线电遥控器进行操控，可对机场上空鸟群进行有效驱赶，尤其对高空盘旋的鸽群及鹰、隼等大型鸟类具有良好的驱赶效果，本节以航模的安装制作与维护为主要内容介绍航模（图 3-164）。

图 3-164 驱鸟航模

(一) 航模的安装制作

1. 航模参数

(1) 翼展：1080mm

(2) 机长：720mm

(3) 空重：450g 左右

(4) 起飞重量：680g 左右

(5) 电机：2212 980kV

(6) 电调：30A 无刷电调

(7) 桨：1047 仿 APC 桨

(8) 舵机：9g 舵机×3

(9) 电池：世豹 Spard 1300mAh 3S 25C

(10) 遥控：4 通及以上 2.4G 遥控器及接收机 MIG7

2. 图纸的设计（图 3-165）

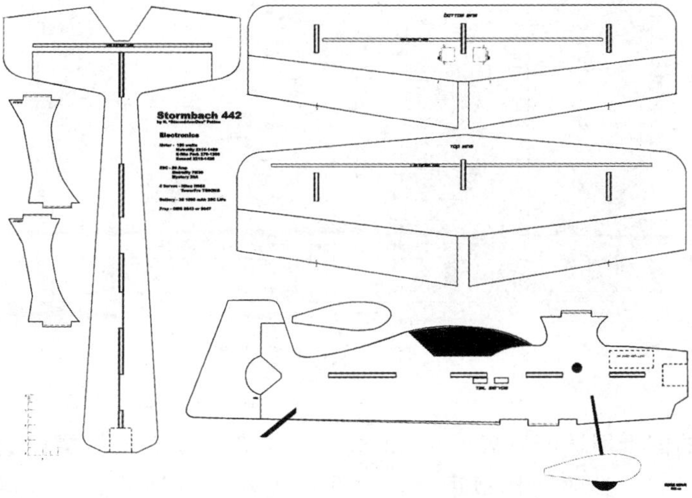

图 3-165 驱鸟航模图纸设计

用 CAD 软件 1∶1 地画出所设想的造型，设计的考虑请参详“设计图纸必知”，尺寸不小于 0.5m × 0.5m，然后复制图纸到画图工具中粘贴，保存为图片格式，再用 Photoshop 将图纸边框设定为 A1 或 A0 大小。注意 A1 纸和 A0 纸的尺寸，里面的图纸必须按比例放大或缩小，保存格式为 pdf。建议大家都有自己的想法，造出自己的航模，而不是完全参考图 3 - 166 的尺寸或网上的图纸。

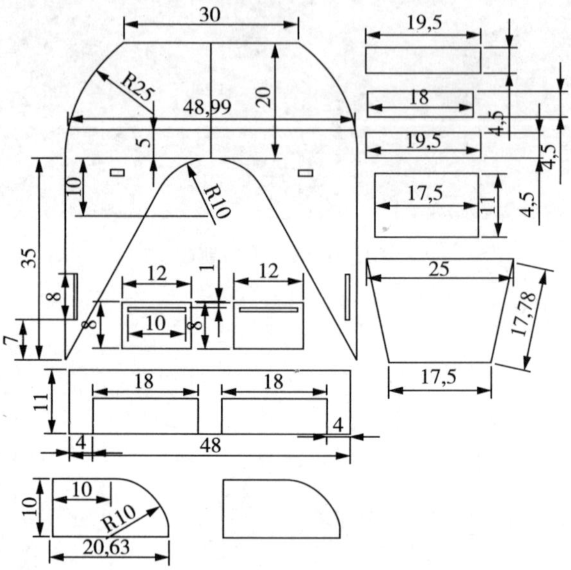

图 3 - 166　驱鸟航模设计尺寸

3. 打印图纸

复制一份 pdf 文件并打印该文件，以 A1 或 A0 的图纸或者是海报打印，如图 3 - 167 所示。

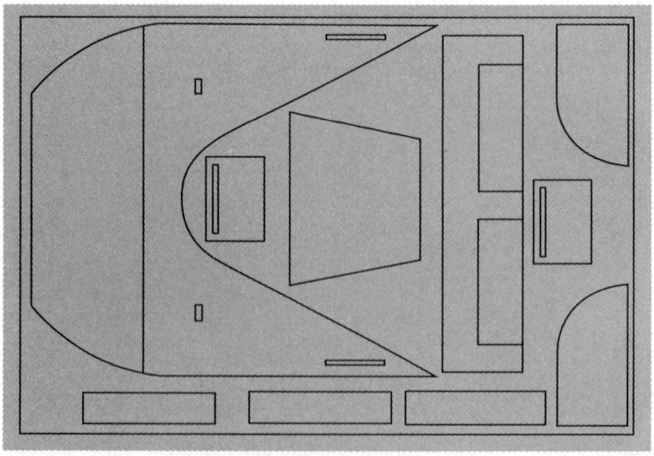

图 3 - 167　航模打印图纸

4. 切零件

把打印出来的图纸用透明胶紧贴在 kt 板上，注意不能有皱折或凸起，不然切出来的零件就不成比例了。刀具的选择很重要，选择长尖性的刀具最好，切割角度在 45°左右，把握好哪个角度切得顺畅。建议不要用尺子摆正。最后切出来的效果如图 3 - 168 所示。

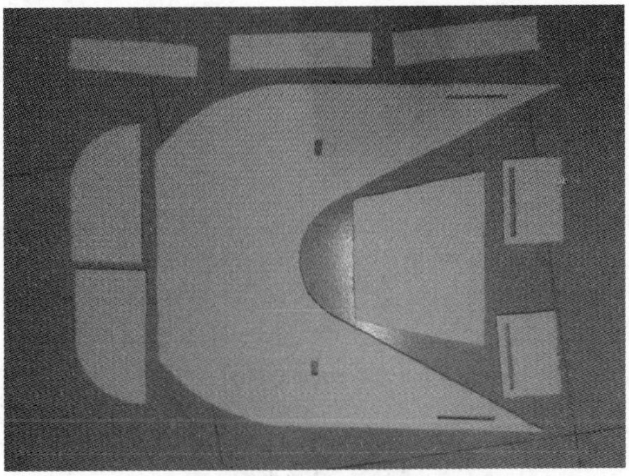

图 3 - 168　切零件效果图

5. 各零件、器件的安装

不同的航模造型，安装步骤也各不相同。在安装之前必须先看“固定翼飞机所需物品”以及相关视频介绍，了解所有物品的作用，然后根据安装的难易程度选择安装顺序，安装好后如图 3 - 149 所示。

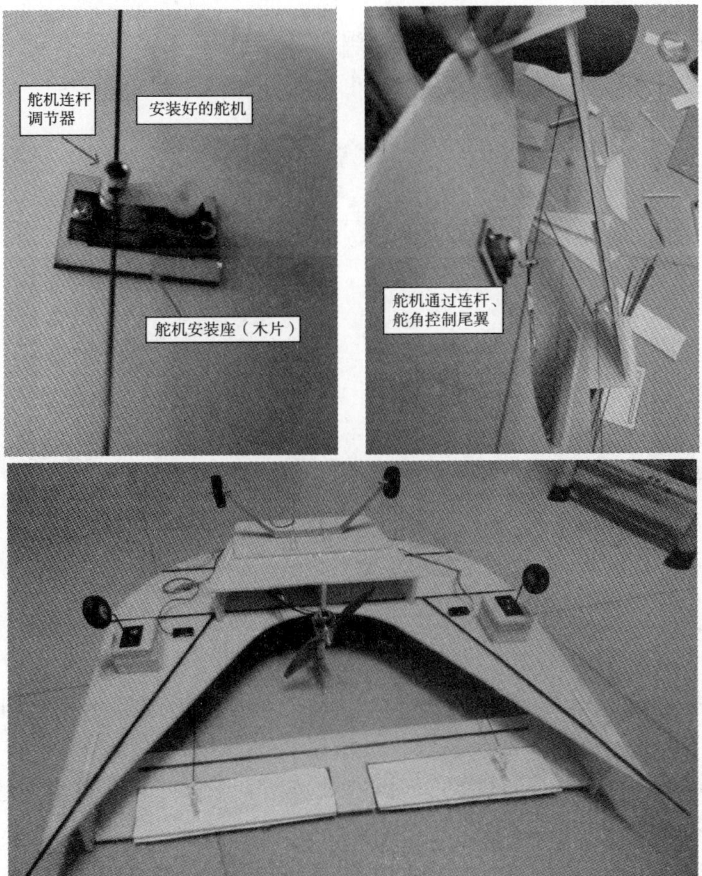

图 3 - 149　航模安装效果图

6. 遥控装置

针对遥控装置，以国内比较流行的天地飞遥控装置为例说明。遥控装置一般分发射机与接收机两部分。

（1）接收机（图 3－170）

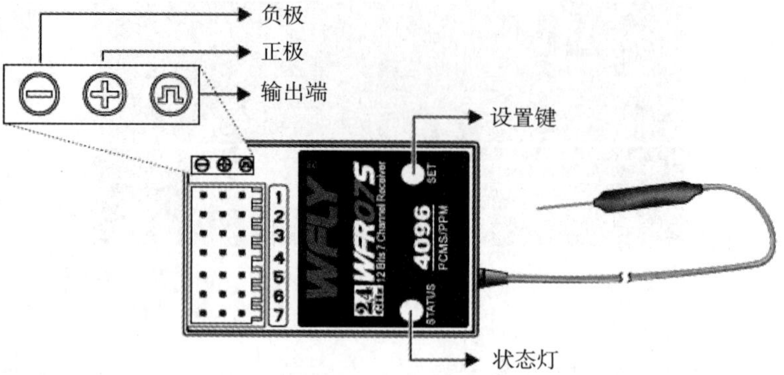

图 3－170　接收机

型号：WFR07S

类型：7 通道 2.4GHz 接收机，4096 分辨率（自适应 WFLY2.4GHz 系列产品）

电压：4.8～6V

电流：30mA

重量：9.6g

尺寸：40.42mm×27.27mm×11.88mm

频率：2.400～2.483GHz

失控保护功能连接参考

AIL：副翼（第 1 通道）

ELE：升降舵（第 2 通道）

THR：油门（第 3 通道）

RUD：方向舵（第 4 通道）

GRY：起落架（第 5 通道）

PIT：螺距（第 6 通道）

辅助通道：（第 7 通道）

（2）遥控器（图 3－171）

MENU：菜单键——进入功能菜单；在功能界面时，按则回菜单页面。

EXIT：退出键——退回到上一层菜单，或退出编辑状态。

＋/－：增加/减少键——调设数值（设置数值时，长按＋/－，有加速功能）。

方向键：方向键——切换到需要设置或需要编辑的项目。

确认键：确认键（本机确认键有 3 种功能）

——配合菜单进入项目；

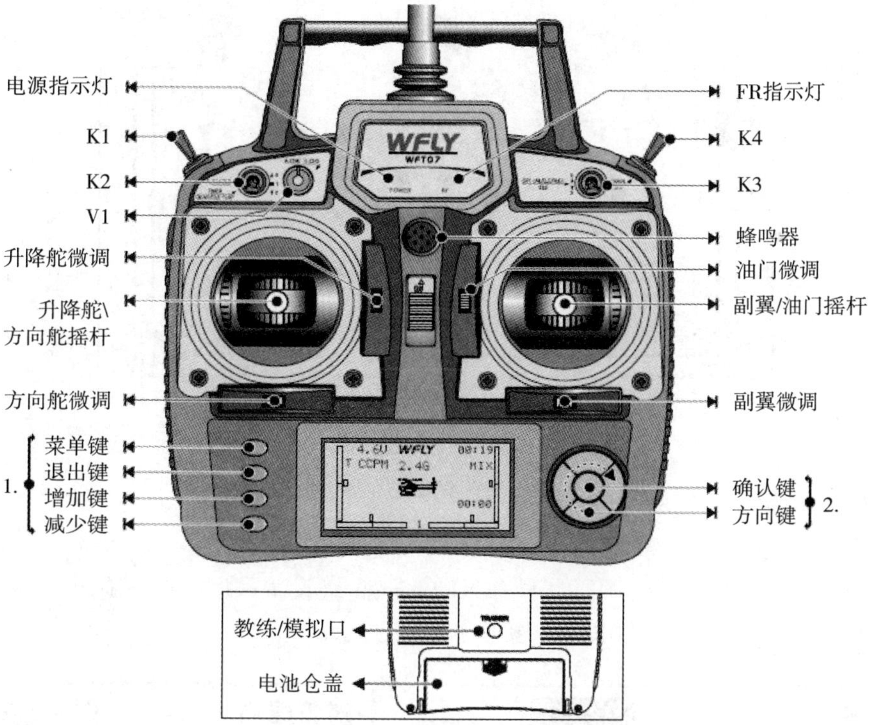

图 3 - 171　遥控器图示（右手油门）

——用于进入编辑状态；

——长按此键，所选取项可恢复默认值。

K1：两挡位。油门锁定，油门熄火。

K2：三挡位。定时器，固定翼 5 通道，固定翼升降襟翼混控。

K3：两挡位。大小动作，飞行模式（普通 NORMAL，特技 IDLE）。

K4：教练。7 通道。

遥控器显示屏界面如图 3 - 172 所示，其中各数字代表含义如下：

1——WFLY 天地飞 LOGO；

2——2.4G 工作指示：工作时显示 2.4G，关闭时无此显示；

3——飞机模式：直升机模式显示直升机标志，固定翼模式显示固定翼标志；

4——累计使用时间：可显示累计的使用时间，也可复位清除；

5——电池电压显示；

6——机型数据文件显示：1，2，3，……

7——混控状态显示：混控状态下（油门锁定，油门熄火，特技模式）显示 MIX；

8——直升机十字盘显示：如果设置了非普通模式的十字盘，将显示 CCPM；

9——教练功能显示：教练模式下将显示“T”，并闪烁；

10——定时器显示；

11——数字化电子微调：图形＋数值双重显示，更具备刻度提示音。

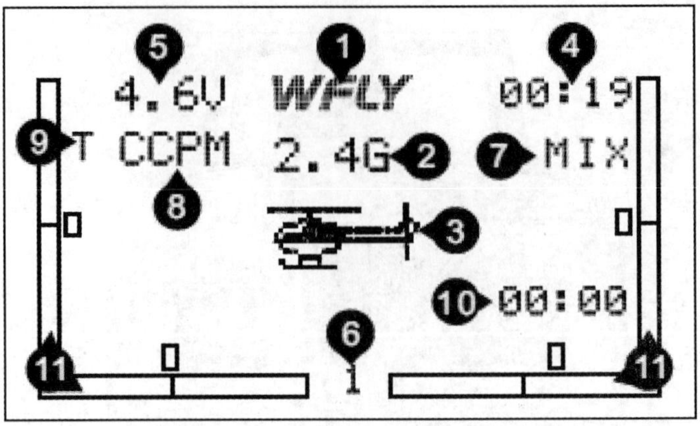

图 3-172　遥控器显示屏界面

（3）对码步骤（如图 3-173 示）

① 接收机上电，长按 SET 按键，3～4s，橙色灯慢速闪；

② 发射机进入对码菜单：开机→MENU→15 高级设置→9 对码→确定；

③ 对码成功，发射机绿灯长亮，接收机指示灯灭。

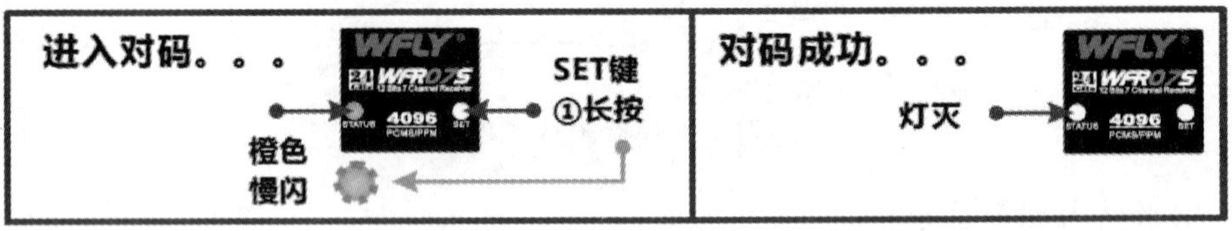

图 3-173　对码步骤

（4）验证对码

① 上舵机，操作遥控器，对应舵机有同步动作输出即对码成功。

② 关遥控器，接收机亮红灯；开遥控器，接收机灯灭，即为成功。

（5）校准

控制杆校准功能可以让用户按个人喜好再更换左右手油门后校对控制杆。

按下 MENU 键开机，进入“系统设置”菜单，用上/下方向键选择“控制杆校准”，按确认键即可进入此功能的设定界面，如图 3-174 所示，具体设置步骤如下：

① 首先使用方向键选定编辑项（以副翼校准为例）。

② 将需要校准的通道摇杆置于中点位置，控制杆校准选择用上/下键执行。

③ 选择后进入图 3-174，当“中”高亮时，直接按确认键（此时中点已校准 OK），进入摇杆最大值（高）校准。

④ 当“高”高亮时，将摇杆轻轻靠在右边（油门/升降最上边、副翼/方向最右边），按确认键（此时摇杆最大值已校准 OK），进入摇杆最小值（低）校准。

⑤ 当“低”高亮时，将摇杆轻轻靠在左边（油门/升降最下边、副翼/方向最左边），按确认键（此时摇杆最小值已校准 OK）。

⑥ 此时屏幕下方显示“确认/重置”，按确认则全部校准完毕，自动退出至上个菜单，

用右方向键选择重置则进入重新校准程序。

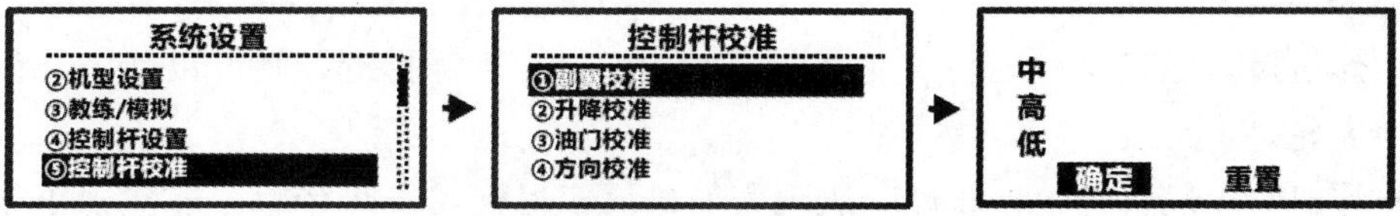

图 3－174　校准界面

（6）失控保护

失控设置功能是各种原因（如干扰、距离远等）接收机丢失发射机信号时，接收机自动将舵机位置返回到预设值或保持当前值的功能。

按下 MENU 键开机，进入“参数设置”菜单，用上/下方向键选择“失控设置”，按确认键即可进入此功能的设定界面，如图 3－175 所示。2.4G 高频系统在关闭状态下本功能无法使用。具体设置步骤如下：

① 首先使用方向键选定编辑项。

② 用＋/－键执行调设保持/具体数位。

③ 按确认键，可存入当前对应通道的实际参数。

④ 设定成功后，按 EXIT 键退出。

使用本功能时需确保没有任何无线遥控操作。

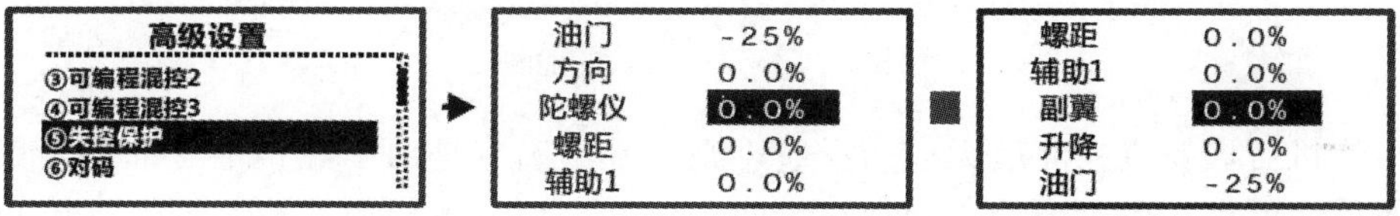

图 3－175　失控保护界面

（二）航模故障的判断与维修

1. 全机震动成因

（1）主轴弯曲；

（2）乘托桨夹的横轴弯曲；

（3）发动机离合器与离合器杯安装不良；

（4）传动齿轮过紧；

（5）发动机负荷过重；

（6）主旋翼转速过高，超过 1900 转/分；

（7）主桨重量相差太大。

2. 机尾震动成因

（1）尾轴弯曲；

（2）尾通内传动钢线弯曲；

（3）尾旋翼重量不同。

3. 机尾轻微左右摆动原因

在消音器振动频率下，在发动机动力有效转变点上会引致类似咳嗽的情况，所以使尾摆动甚至影响 gyro 不停输出讯号而加剧尾部摆动，应避免该转速。

4. 舵机一般故障判断

（1）炸机后，舵机电机狂转、舵盘摇臂不受控制、摇臂打滑，则可以断定：齿轮扫齿了，需换齿轮。

（2）炸机后，舵机一致性锐减，表现为舵机反应迟钝，发热严重，舵量很小很慢，但是却可以按照控制的指令运行，这种情况则可断定为舵机电机过流。拆下电机后发现电机空载电流很大（大于 150mA），失去完好的性能（完好电机空载电流不超过 90mA），需更换舵机电机（图 3－176）。

图 3－176　航模上的舵机

（3）炸机后，舵机打舵后无任何反应，则可基本确定是由于舵机电子回路断路、接触不良或舵机的电机、电路板的驱动部分烧毁导致的。先检查线路，包括插头、电机引线和舵机引线是否有断路现象，如果没有，就进行逐一排除。先将电机卸下测试空载电流，如果空载电流小于 90mA，则说明电机是好的，是舵机驱动烧坏了。只需将 9～13g 微型舵机电路板上面的 2 个或 4 个小贴片三极管换掉即可。有 2 个三极管的用 Y2 或 IY 直接代换，也就是 SS8550；如果是有 4 个三极管的 H 桥电路，则直接用 2 个 Y1（SS8050）和 2 个（SS8550）直接代换，65MG 的 UYR 用 Y1（SS8050，IC＝1.5A）；65MG 的 UXR 用 Y2（SS8550，IC＝1.5A）直接代换。

（4）舵机故障是摇臂只能一边转动，另外一边不动时，则可以判断舵机电机是好的，这时要重点检查驱动部分，有可能是烧了一边的驱动三极管导致的，只要按照（3）维修即可。

（5）维修好的舵机后通电，发现舵机向一个方向转动后就卡住不动了，且舵机吱吱地响，说明舵机电机的正负极或电位器的端线接错了，电机的两个接线倒个方向即可（图 3－177）。

（6）崭新的舵机（舵机结构如图 3－178）买回来后，通电发现舵机抖得厉害，但仍可用于操控航模的摇臂，则说明舵机在出厂的时候装配不当或齿轮精度不够。这个故障一般发生在金属舵机上面。如果不退货或更换，自行解决的方法为：卸下舵机后盖，将舵机电机与舵机减速齿轮分离后，在齿轮之间挤点牙膏，上好舵机齿轮顶盖，上好减速箱螺丝后，安上舵机摇臂，用手反复旋转摇臂碾磨金属舵机齿轮，直至齿轮运转顺滑、齿轮摩擦噪音减小后，

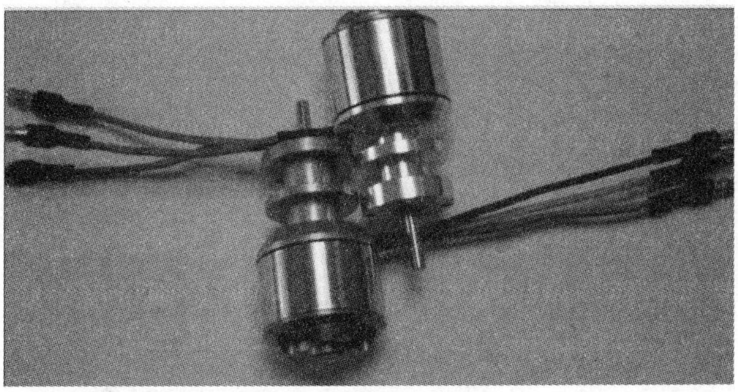

图 3-177　电机

将舵机齿轮卸下汽油清洗后，装齿轮上硅油组装好舵机，即可解决舵机故障。

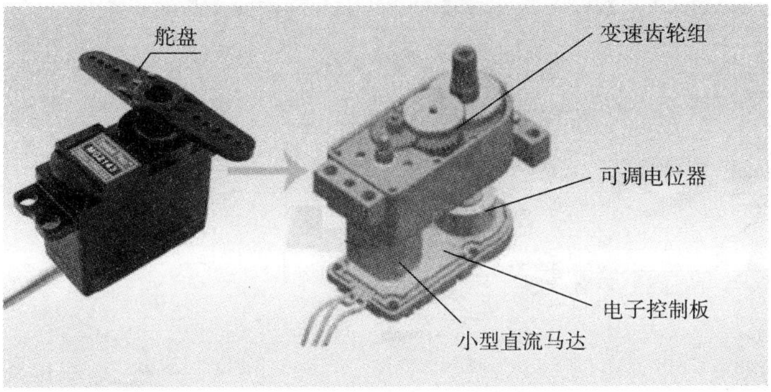

图 3-178　舵机结构示意图

（7）有一种故障舵机表现较为异常：摇动控制遥感，舵机有正常的反应，但是固定控制遥感在某一位置后，故障舵机摇臂还在慢慢地运行，或者摇臂动作延迟，并来回动作。经过多次维修、校准发现问题：应该紧密卡在舵机末级齿轮中电位器的金属转柄与舵机摇臂大齿轮（末级）结合不紧，甚至发生打滑现象，导致舵机无法正确寻找控发出的位置指令，反馈不准，不停寻找。解决了电位器与摇臂齿轮的紧密结合后，故障可以排除。如果按照该方法检修后故障仍旧存在，也有可能是舵机电机的问题或电位器的问题，则需要综合分析逐一排查。

（8）故障舵机不停地抖舵：在已排除无线电干扰的情况下，如果动控摇臂仍旧抖动，则说明电位器老化，应当更换或直接报废掉当前配件。

（9）数码斜盘舵机装机过后发现舵机运行不正常，快慢不一，其原因是部分数码舵机对 BEC 有要求，只需要加装 5V 3A 外置 BEC 后，故障就能排除，与舵机质量无关。

第九节　综合类驱鸟设备的安装与使用

一、CF 型多功能驱鸟车

CF 型多功能驱鸟车（图 3-179）用于民用、军用机场飞行区驱鸟，通过车载的煤气炮、子弹炮、音频驱鸟系统和爆闪光视觉驱鸟系统等综合设备，可有效地驱赶而不伤害飞行区内活动的各种鸟类和小动物。

CF 型多功能驱鸟车采用世界先进的集束强声的声学、音响原理及技术、车载煤气炮、子弹炮等设备，其特点是：驱鸟效果好，灵活实用，使用方便、安全，经久耐用，易维护。

图 3-179　CF 型驱鸟车

（一）CF 型驱鸟车的基本配置

（1）承载车辆；

（2）电源系统；

（3）输电与控制系统；

（4）操纵系统（操纵台）；

（5）频闪灯系统；

（6）音频、功放与扬声系统；

（7）驱鸟弹发射系统；

（8）燃气炮系统；

（9）鸟情观察系统；

（10）警示系统；

（11）机械传（转）动系统（或称机构）。

（二）CF 型驱鸟车各系统的技术性能和使用时限

1. 技术性能（参数）

对于 CF 型驱鸟车的基本配置，根据设计的基本构思和承担驱鸟任务的特殊性需要，已在 QB－K5706001－2001（企标）中提出了其应该具备的技术性能与相关参数。该标准也是今后在使用和维修过程中，鉴定设备整体性能或附件是否处于良好状态和申请报废处理的参考依据。

2. 使用时限

此处的使用时限，是指 CF 型驱鸟车中的各系统（部附件）中的“关键件”或“重要件”，按技术要求规定的使用状态条件下（以下简称规定状态条件）的可靠使用时限（或称使用寿命）。注意：非“关键件”或“重要件”损坏和发生故障时一般是可以更换或维修后继续使用的。

由于目前国家有关部门没有对驱鸟设备的可靠使用时限做出明确的规定。另外对于一种装备的可靠使用时限的长短，又与使用单位所处的地域环境、操纵人员的使用和按规定进行维修与保养时的技术水准有着密切关系，因此不易给出较为准确的界定。但是为了各方面的借鉴需要，工厂参照国家与有关主管部门的相关规定和工厂有关的技术标准，以及根据该设备适用场地和粗略估计其年平均执行任务的时间与操纵人员技术等相关因素，初步对CF型驱鸟车配置的各个部附件的“使用时间”和是否可以申请“报废”等问题，拟订了一个参考性的判定标准。

具备下列条件之一者暂定可以申请报废：

（1）经过预测，大修后技术性能仍不能满足产品固有的性能和使用性能的；

（2）设备整体老化、技术性能落后、耗能高、效率低的；

（3）大修费超过更新的；

（4）严重腐蚀降低了使用性能并涉及人员安全进行改造又不经济的；

（5）因意外灾害和事故损坏而无法修复和改装的；

（6）国家已做出强制性规定淘汰的，生产工艺已改变淘汰的，或者符合有关规定的。

另外，以下给出的各个零部件的使用时限，仅供参考。

（1）承载车辆：该型车辆的使用时限，按国家有关部门强制性管理规定，一般为10年。但是车辆是否可以申请报废与其行使路程、整车状态、油耗、维修费用上升趋势和继续维修价值等因素相关，并且需要由专业的技术鉴定部门确定。也可参照相关连队（如汽车连）同类车型使用的判定标准。

（2）频闪灯：按规定状态条件下使用时，灯管的频闪寿命为500万次（制造商提供），以平均频闪率2次/秒折算为694工作小时左右。集成电路模块使用时限低于4000小时。

（3）CD机、录放机：按规定状态条件下使用时，一般最大可靠工作时限为4000小时左右（期间需要保养维护数次）。

（4）彩色监视器：按规定状态条件下使用时，其关键部件“显像管”一般可靠工作时间最低为1.5万小时，以平均工作6小时/天折算，使用时限为7年左右。

（5）视频探头（摄像头）：按规定状态条件下使用时，以平均工作8小时/天折算使用时限为8年左右。

（6）音频功率放大器：按规定状态条件下使用时，以平均工作4小时/天折算，使用时限为7年左右。

（7）电源逆变器：按规定状态条件下使用时，以平均工作8小时/天折算，使用时限为7年左右。

（8）燃气炮：按规定状态条件下使用时，其关键部件电磁阀、脉冲点火装置和集成线路板（发生故障时可更换），一般可靠动作次数超过15万次，以平均工作200次/天折算，使用时限至少为3年。

（9）警示器：按规定状态条件下使用时，其关键部件集成线路模块（发生故障可更换），使用时限为6年左右。

（10）电器控制元件按规定状态条件下使用时，以平均工作8小时/天折算，使用时限不超过 4 年（发生故障时可进行维修或更换后继续使用）。

（11）机械传（转）动零部件：按规定状态条件下使用时，以平均工作 8 小时/天折算，使用时限为 8 年左右（期间需要保养维护数次）。

（12）驱鸟弹发射装置：按规定状态条件下使用时，撞针（单枚）可靠击发次数在 1 万次左右，压缩弹簧有效往复（一个循环为一次）运动在 3.5 万次左右（发生故障时可进行维修或更换后继续使用）。

以上是工厂对于 CF 型驱鸟车中各个部附件初步拟定的最高使用时限（或称使用寿命），其中不包括个别易损件的可靠使用时限。当将其中某个故障部件进行更换后，其使用性能是可以恢复到正常使用状态的，其装备整体使用时限将会增加。如果按照综合使用性能的最高使用时限来考虑，工厂建议按承接车辆的最高使用寿命来确定 CF 型驱鸟车的最长使用时限，暂定不超过 8 年。

（三）CF 型驱鸟车操纵方法与注意事项

1. 注意事项

（1）出巡前注意事项

① 各系统运行状况检查（尤其是停放几天不用或维修后）：当每天首次启动系统运行时必须依次启动各系统，验证其运行是否良好（2min 左右），如果运行过程出现不正常现象［尤其是传（转）动机构］要立即切断电源，排除故障，否则不得再次启动系统工作。

② 检查燃气贮气罐中的液量是否充足：首先切断系统电源，再将燃气罐从贮罐箱内取出，并提在手中以轻微晃动方式来感觉罐中剩余的液量，检查次数与时间依据使用的频率（发炮次数和液化气质量）而定。

必须注意：燃气介质必须使用普通民用液化石油气，不得使用其他可燃介质替代。

③ 检查输气管路系统的气密性：首先切断系统电源，观察输气管路中的零件是否完好无损（尤其是胶管有无老化、断裂或连接松动等现象，如果有必须及时修复或更换）后，再拧开贮气罐自备角阀，并以备好的浓肥皂水（不得使用洗衣粉水）用毛刷沾着涂在输气管和连接部位表面并观察是否产生气泡，如果有气泡则说明该部位漏气，需切断电源气源后进行修复或更换方可使用。必须注意：千万不得使用明火进行检查，贮气罐角阀在执行驱鸟任务时方可开启，收车后必须关闭（不得随意开启）；每次更换贮气罐后首先开启各自角阀（在无人和无明火并且较开阔的地方）排除罐内的空气至能够嗅到浓重的液化气味后迅速关闭角阀，再与系统连接。重新连接输气管路时切勿带入外来物，以免造成堵塞现象，并需要再次进行气密性验证。

④ 检查撞针的移动性能：将发射管（盘）脱离撞针组合件（必须在装弹前进行），使用薄板件（如钢锯条）从撞针根部平面向前推动撞针，同时用手指从撞针头部向后推回，验证其是否移动灵活无卡顿现象（15 个撞针必须依次进行一次），移动灵活时方可装填驱鸟弹。如果是天气潮湿季节，则每天第一次装弹前必须验证。参见图 3－180。

⑤ 填装驱鸟弹和卸弹壳：必须先将击发连动的机械传（转）动箱下部设置的保险开关拨至“OFF（关）”位置，方可装填驱鸟弹或卸弹壳；待装填或卸弹壳完毕并锁紧发射器后人员准备撤离时，方可将保险开关拨到“ON（开）”位置，否则无法击发驱鸟弹。参

图 3-180　检查撞针的移动性示意图

见图 3-181。

图 3-181　保险开关位置图

同时，出巡前应验证发射器是否已经装弹（必须切断系统电源），随车携带的备份弹数量应视执行任务情况确定（总量不得超过 75 枚）。应注意：备份弹不得随意放置。

各种类型的驱鸟弹建议按雷弹 30%、雷鸣弹 40%、鸣弹 30%的比例配置，即按“雷鸣弹—雷弹—雷鸣弹—鸣弹—雷鸣弹”的顺序依次填装（建议使用雷鸣弹效果较好）。

⑥ 验证燃气炮点火线圈工作状况：首先必须关闭贮气罐上的自备角阀，再接通系统电源，操纵人员在燃气炮体的一侧揭开燃气炮体后部上面的壳盖，先将标注有“ON（OFF)”的按钮按下，再将标注有“Test”的按钮按下时，点火线圈应能够发出明显的火花，否则应及时排除故障，每天首次出巡前必需验证 1～2 次。参见图 3-182。

⑦ 承载车辆性能的检测与验证：按出车前应该检查的注意事项和有关规定进行。

（2）操作过程注意事项

CF 型驱鸟车的操纵和维护保养，必须由经过专门培训的合格人员或者是经前任专职人员代培的合格人员来进行实际操作。操纵过程由车辆驾驶员 1 人和专职操纵人员 1 人共计 2 人的共同协调与配合完成，配合操作时需要思想集中，不得嬉笑打闹。

图 3-182　燃气炮试验按钮的位置

操纵过程：

① 操纵人员必须注意动作的协调性，切勿不按规定操作或随意进行操作，以免引发意外事故。

② 各系统工作电压不得使用超过规定的电压值和电源种类。尤其是使用直流电的用电设备，必须严格执行正负极接线方式的规定，以免造成电路损坏。

③ 驱鸟弹发射器和燃气炮处于工作状态时，绝对禁止用手触摸炮管内腔或向内张望，人员不得站在燃气炮管和驱鸟弹发射的前方。

④ 驱鸟弹发射过程：绝对禁止将发射器朝向飞机、车辆、人员和相关设施，以免引发意外事故；卸弹壳时不得将弹壳遗留在机场跑道上，以免发生飞机在起降过程将弹壳吸进发动机中引发飞行事故；不得随意拆卸驱鸟弹，备用的驱鸟弹和弹壳必须统一放置在贮弹箱内。

⑤ 切勿在室内、安静区域（居民区）和禁止动用明火及存放易燃易爆物品的地方使用本装备；必要时应事先与有关部门取得联系，以便获得使用许可。

⑥ 电气系统如果进水或浸入水中应尽快切断电源，再将该系统分解并采用烘干方法使其干燥，经测量其绝缘性能符合规定要求时方可继续使用。

⑦ 在燃气炮的炮管内放置杂物，调节声压调节管和搬运或拆除时，应该首先关闭电源，切断气源和拆下连接线后方可进行。

⑧ 逆变器

启动 CF 型驱鸟车中的各系统工作时，首先要将逆变器的工作开关按至“ON（开）”的位置（指首次使用），方能向用电设备提供 220V 交流电压；此开关启动后，除维修与保养，其他时间就不用再关闭（该开关属于常开控制状态）。

利用逆变器向车载电源（蓄电池）充电（即补充电量）时，必须先使各系统的电源控制开关（包括配置的各个电器设备的自备开关）处于“OFF（关闭）”状态（自备灯熄灭后），方可将逆变器的交流电源输入线插头与市电电源（220V 交流电）插座相连，逆变器即自动进入反充电工作状态向蓄电池充电，充电时间视蓄电池容量而定（一般充电时间为 6～10h）。

注意：如果使用的是不具备整流稳压器的电源（220V 市电一般是不具备整流稳压装置的）进行充电时，火线与零线不可接反（用试电笔插座），市电电源插座零线（即试电笔不亮的一项）应与逆变器的接头 L 项对接（插头属于三线两相制，中间线为地线，L 项为零线，N 项为火线）。

⑨ 警示系统：必须在连接扬声器线路完毕后再连接电源连线，扬声器线路不能出现短接、搭铁，尤其是负极线不能搭铁作为回路等现象。

⑩ 频闪灯系统连接工作时间切勿超过 4h，当连续工作 3～4h 后，应当停止 20～30min，待冷却后再继续工作。

⑪ 发射驱鸟弹：如果击发后发生不发射、出现"哑弹"现象可以继续下一枚驱鸟弹的发射；如果 15 枚驱鸟弹都经过击发后有 1/3 数量不能发射时，应立即切断发射系统电源，并关闭传（转）动箱上的保险开关，调正击发力度后，再按发射程序击发操作；当 15 枚驱鸟弹经过又一次击发后还有"哑弹"存在时，注意不得用通条退"哑弹"和弹壳，只能用两根手指用力掐住弹底凸肩部位将"哑弹"和弹壳退出，并妥善保管不得再次使用，方可再进行下一轮填装发射。

⑫ 燃气炮发射：当两次发炮操作后都没有发出爆响声时不得继续进行发射操作，应立即切断系统电源和气源，进行故障排除。

注意：燃气炮的燃气介质贮气罐每使用 3 次必须清罐一次（到当地正规气站将罐内的残液抽净），以免影响发炮质量。

⑬ 摄像头：勿将摄像头朝着太阳方向观察鸟情（以免损毁摄像仪器），规定使用温度为－10℃～50℃、存放温度为－20℃～60℃。强磁场对其工作有影响，过分振动或在湿度大于等于 95％的冷凝状态时会损坏设备。

⑭ 扬声器、监视器、录放机、CD 机等设备进行操作前应该详细阅读其使用说明书的相关内容，然后再进行操作使用；同时需要注意冷凝问题。

⑮ 设备运行过程中，如果操纵人员手感带电现象或传（转）动机构发生异常现象时，应立即切断总电源（见电压表指示状态）和气源，查明故障原因并排除，否则不得继续使用。

⑯ 执行任务过程中如果突然遇到雷雨天气，应立即切断总电源，并及时回库停止工作，以防雷电危害。

（3）收车入库停放和运输过程注意事项

① 收车入库停放时：必须切断总电源，关闭贮气罐上的自备角阀，推出未击发的驱鸟弹和弹壳（这时不得使用通条进行操作）。

② 如果是雨雪天或天气潮湿，应该及时用干布将各系统裸露部位擦干并涂上防锈油[20＃机械油，尤其撞针和传（转）或移动部位]。同时将设备罩衣罩好。

③ 驱鸟弹的领用与保管：必须严格按照部队的有关《武器弹药管理规定》执行。

④ 车辆入库停放与使用：应当按照部队的有关《装备（车辆）管理规定》执行。

⑤ 长途运输（维护与保养）：必须切断各系统的电源，以及关闭气源的自备角阀，运输过程不得随车携带驱鸟弹、液化气，并将摄像头拆下盒装保护、燃气炮炮管收回至最小长度，各系统的部附件锁紧固定好，罩好设备罩衣（必要时用绳索捆绑固定），方可进行。

2. CF 型驱鸟车操作方法

操作必须在驱鸟车各系统无故障的情况下方可进行。各系统（部附件）的操作方法分别如下。

（1）操纵系统

CF 型驱鸟车中配置的各个系统（部附件）的操纵系统统一安装在车辆驾驶室内副驾驶座位前的操纵台上，由专职操纵人员统一对各个系统（部附件）的运行下达执行指令。另外，除了填装驱鸟弹、退弹壳、开启燃气罐自各角阀、调整燃气炮的声压等项操作外，其他的操作均可在驾驶室内完成。

操纵台（图 3－183）上安装着仪表板并分别配置着电源电压指示仪表和各系统（部附件）的操纵开关或按键；各仪表、开关或按键旁都刻有功能指示指标，操作时应该按照规定程序，要求和需要进行的功能去启动其功能键或开关来下达执行指令。

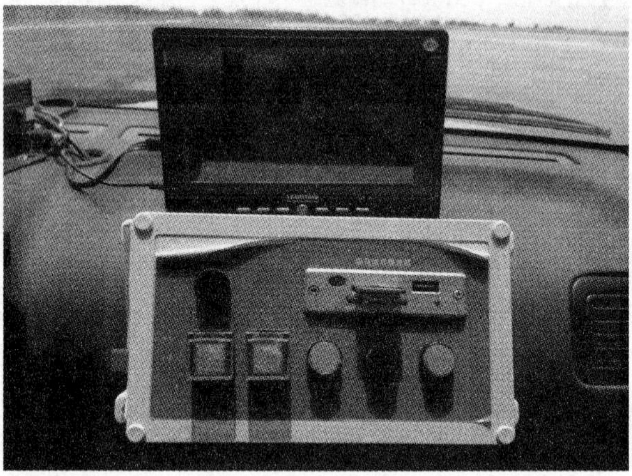

图 3－183　操纵台

（2）频闪灯系统

首先车辆驾驶员应将车头调向鸟群方向，再由操纵员将车头调向鸟群方向，再由操纵员接通“总电源”开关拨至“ON”位置（见电压表指示状态），再按下“频闪灯”系统控制键（自备灯亮，说明电源接通），频闪灯即可按设定的频闪率发射出不同颜色的闪烁光线。参见图 3－184。

图 3－184　总电源开关的位置

（3）音频、视频、功放和扬声系统

操纵人员首先开启总电源开关（见电压表指示状态），再根据需要使用的系统或部件按下该系统的控制键（自备灯亮）和其他电器设备的自备开关，该系统或电器设备即开始工作。

① 调整摄像头的观察角度：操纵员首先启动“摄像头”的电源控制键（自备灯亮），再按下驱鸟弹发射系统“云台”的电源控制键（自备灯亮），然后用左手握住调整驱鸟弹发射器发射方向的摇柄操作开关手柄向前后或左右方向拨动，就可以将摄像头的镜头调至需要观察的方位，这时操作员再用右手握住控制摄像头进行“远近观察”的开关手柄，通过向前推或向后拉来调整摄像头的焦距，即可通过监视器的屏幕达到对远距离或近距离鸟群的观察。

② 调整使用监视器：操纵员首先启动“监视器”上的自备电源开关后，再按其使用说明书的规定调整到与摄像头的动作同步为止。车辆驾驶员如果感到观看角度不合适，操纵员可将监视器下面的旋转座盘的定位销拉出，同时用另一只手将监视器旋转一个适宜观看的角度（向左 0°～60°）后即可自动定位。参见图 3－185。

图 3－185　监控器的旋转盘座

③ 调整使用 CD 机：操纵员首先启动操纵台上“CD 机”的电源控制键（自备灯亮），再启动 CD 机控制面板上的自备电源控制键，并按其使用说明书中的规定进行调整。这时操纵员就可以根据从监视屏幕中观察到的鸟种，选择出对于此种鸟具有听觉威慑作用的光盘，放入 CD 机中并按下 CD 机控制面板上的播送键，再通过调整 CD 机上的音量控制旋钮（或按键）将音量调至适应的分贝值，即可连续不断地通过扬声器向鸟群发送出具有一定威慑的音响声。

④ 调整使用录放机：操纵员应首先启动“摄像机”系统电源控制键（自备灯亮）和监视器上的自备电源开关键，再启动“录放机”控制面板上的自备电源开关键，并按录放机使用说明书中的规定调整至与系统动作一致，再装入录音带即可通过监视器的屏幕来观察鸟情，当需要录制相关鸟情时就可以按下录制键，从摄像头输入的视频信号录制到录影带中，作为防治鸟撞工作的分析材料和便于查找适宜的 CD 光盘；同时也可以通过将已录有鸟的天敌鸣叫声音的影音带播放，并启动播音键后输送至扬声器向鸟群播出。

（4）警示系统

操纵员首先接通总电源（见电压表指示状态）。

启动“警示灯”电源控制键（自备灯亮），警示灯即产生闪烁的灯光效果。

启动电子“警报”器电源控制键（自备灯亮），再旋转电子警报器操纵面板上的旋钮（是设备的电源和调整音量用的合成旋钮开关），然后根据需要的警示音响方式，将旋钮 2 调到需要音响位置（以手动操作为例：依次为开道、礼宾、救护、消防、治安、工程）或者也可以直接启动按键 3（按至“HORN”为汽笛声音，按至“SIREN”为警示声音）即可以发出不同的两种声响；当启动送话器的自备开关时（用手按住）警音停，即可由专用扬声器向外界发出操纵员的提示声音。同时可根据需要的音量来调节旋钮 1 实现提升音量的分贝值。参见图 3 - 186。

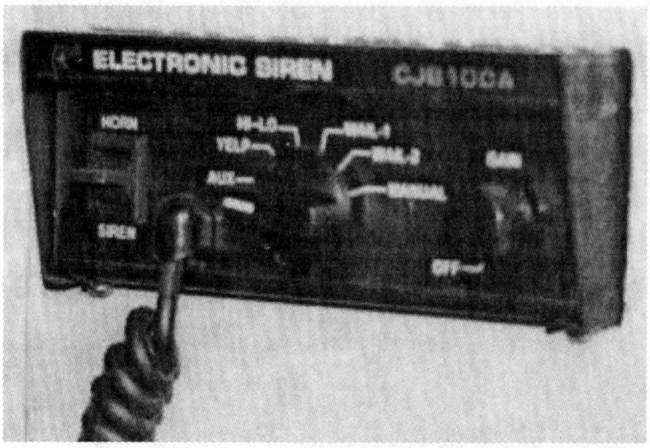

图 3 - 186　电子报警器的操作面板

（5）逆变器

首次操作时请参照逆变器使用说明书中的有关规定进行。操纵员首先应确认操纵系统的各个控制开关（键）是否处于关闭状态后，再将监视器下设置的座箱一侧的箱盖开启，确认逆变器控制面板上的工作开关是否处于 ON（开）的位置，方能输出 220V 的交流电源。当需要向车载蓄电池充电时此开关不用拨动，只需将各个电器设备的自备电源开关关闭，再按照使用注意事项中的相关规定进行操作，10s 内就可自动切换工作状态向蓄电池充电，充电结束时也不用拨动此开关。但是进行维修与保养和长期停用时必须将其关闭（OFF 位置）。参见图 3 - 187。

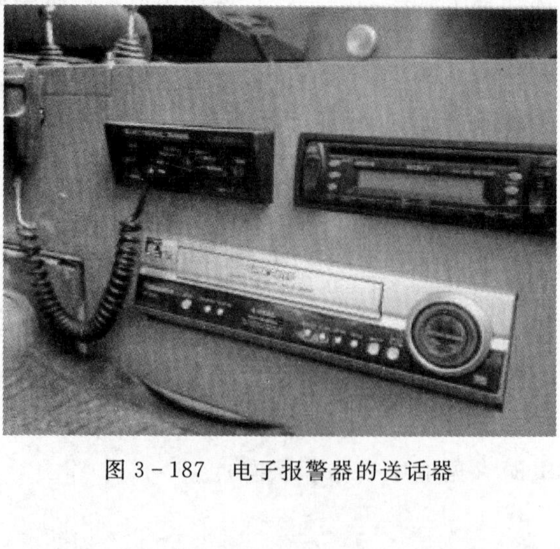

图 3 - 187　电子报警器的送话器

（6）驱鸟弹发射器操纵

① 填装驱鸟弹：首先操纵员启动操纵台上的驱鸟弹发射系统的“云台”控制键（自备灯亮），再用左手握住操纵发射器调整角度的摇柄开关手柄向前后或左右拨动，即可将发射器调至适合填装驱鸟弹的角度（驾驶员应在驾驶室外观察，一般将发射管口调至正对车头前方、俯仰角为0°左右的位置为适宜），此时操纵员必须切断发射系统“云台”的电源控制键（自备灯熄灭）后方可离开驾驶室，上到车辆后箱并站在面对驱鸟弹发射器旁的右侧凸台上，先将击发连动机械传（转）动箱下部设置的“保险开关”拨到“OFF”（关）位置，然后左手握住发射器管盘上部，同时用右手握住发射器前端设置的限位锁紧件并且顺时针转动（以发射器管口对正墙上时钟表盘为例），使其脱离转动轴上设置的螺纹，并沿着轴向向前做稍许移动，证明该件已经完全脱离螺纹后，用双手同时抱发射器的管盘沿着轴向向前移动至不能移动为止，这时右手依然握住发射器管盘上部，左手即可以接过驾驶员递过来的备弹箱（盘）并从中取出一枚已按比例配置的驱鸟弹，轻轻地将其填入其中一个发射管的后部管口内，只露出弹底凸台部位，并且用手指按实。填装一枚驱鸟弹后填装人员同时用右手将发射器管盘逆时针方向旋转（或顺时针方向）24°（即一个发射管的位置），再按照上述程序装另一枚驱鸟弹至15枚驱鸟弹填装完毕为止。参见图3－188。

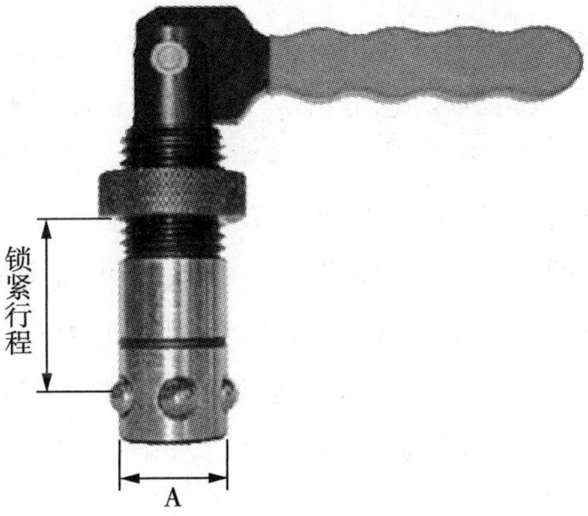

图3－188 驱鸟弹发射器的锁紧件图

驱鸟弹填装完毕后，填装人员需要用双手抱住发射器管盘的左右外侧，并沿轴向平稳地向后移动至撞针安装盘外表面镶装的一个定位拨动件的半圆孔，要到位靠紧。必须注意：向回移动的力量不得过猛，应该均匀用力，以免发生意外。同时，定位拨动件的半圆孔对正发射器管盘中的任何一管即可，都是可以互换配合的，此时操作员换用左手握住发射器管盘的上部，同时用右手握住锁紧件并移至轴上螺纹的端部位置后做逆时针转动至发射器锁紧为止，就完成了填装驱鸟弹的操作过程。参见图3－189。

注意：操作人员撤离前，不要忘记将“保险开关”拨至“ON”（开）的位置，以免影响发射。

② 驱鸟弹退壳：操作员应按照填装驱鸟弹的程序和方法将发射器的锁紧件拧开并脱离转动轴上的螺纹后，再用双手抱住发射器管盘沿着转轴的轴向向前移动至不能移动为止时，用左手握住发射器管盘的上部，同时右手握住“专用通条”，由发射器的前管口伸入

图 3-189　发射器的半圆孔拨动件位置

并向后拉动通条，即可将一枚弹壳弹出，并将发射器管盘转动一个发射管口的位置，依次重复至 15 枚弹壳退完为止，清点数量和放入贮弹箱内妥善保管。然后就可以按照填装驱鸟弹的操作程序和方法，在进行下一轮驱鸟弹的填装或将发射器移至原来的位置并锁紧为止，即完成了驱鸟弹的退壳操作过程。

注意："哑弹"不得用通条退弹，弹壳不得随意抛弃在跑道上，以免发生意外事故。

③ 驱鸟弹发射：操纵员首先确认总电源是否接通（见电压表指示状态），再按下驱鸟弹发射系统"云台"的电源控制键（自备灯亮），这时操纵员用左手握住操纵发射器调整角度的摇柄开关手柄，倒向左右时为水平转动机构（大云台）带动发射器、扬声器、摄像头做同步的水平方向的角度调整，此时操纵员可以通过从监视器屏幕中观察到的鸟情及所在的位置，不断地操纵摇柄开关手柄至确定出最佳的发射方向为止。这时操纵员就可以按下驱鸟弹发射"准备"控制键（自备灯亮），再将驱鸟弹"发射"控制键的保护盖拿下并按下该键（自备红灯亮）即开始发射驱鸟弹。当"发射"时控制键的自备等红灯熄灭时表示此枚驱鸟弹已发射完毕。

按一次"发射"控制键（注每次按住该控制键时应停留 2～3s 左右，便于撞块与限位器脱离后电动机启动）为单枚发射方式，当持续按住"发射"控制键时为连续发射方式（一般仅作为单枚发射方式）。

当不再发射时，首先应将"发射"控制键的保护盖盖回原位并切断发射"准备"控制键的电源（自备灯熄灭），就完成了驱鸟弹的发射操作（云台控制键不必切断，但车辆入库后必须切断）。

（7）燃气炮操纵

① 燃气炮声压管的调整：确认燃气炮系统的各个电源控制键是否处于关闭状态（自备灯熄灭）后，操纵员就可以离开车辆驾驶室至车辆后箱的燃气炮旁的炮面上。首先将贮气罐箱盖打开并确认燃气罐上的自备阀是否处于关闭状态，然后在燃气炮的一侧，用一只手握住声压调节管口的前缘下部，另一只手拧开主炮管上部设置的一只固紧螺钉，这时握住声压调节管拉出或推入至适当长度（发炮时一般将声压管拉出值最长时，爆响的分贝值最高）后重新拧紧声压调节管的固紧螺钉。需要注意：拧紧固紧螺钉时应对正声压调节管

上部设置的一排小孔中的其中一个方能拧紧。参见图 3-190。

图 3-190　燃气炮声压管调节

注意：首次将声压管调节后，除长途运输外一般就不用再次调节。这时操纵员可以将燃气罐上的自备阀拧开至最大后，再返回一至半圈即可，同时需要用目视确认管路连接是否良好无漏气及其他异常后将贮气罐箱盖盖上，操作人员即可撤离。

② 燃气炮发射：操纵员首先确认总电源是否接通（见电压表指示状态），再按下燃气炮系统“云台”电源控制键（自备灯亮）。此时，操纵员通过从监视器屏幕中观察到的鸟情方向，通知车辆驾驶员将车辆后部调整至适宜方向，操纵员先按照驱鸟弹发射器角度调整的方法将摄像头调至适宜的方向后（以从监视器屏幕中观察到的目标为准），再用左手握住操纵燃气炮水平转动的摇柄开关手柄并以倒向左或右的方式，不断摇动其开挂手柄至确定出适宜的发射方向为止（此时驾驶员应该下车观察）。

这时操纵员就可以按下燃气炮的发炮“准备”控制键（自备灯亮），再将“发射”键的保护盖翻开，并按下该键（自备红灯亮）即开始发炮。每按一次“发射”控制键发炮一次（按住发射控制键的持续时间 2～3s，切勿持续按住该控制键）。当不再发炮时应将“发射”控制键的保护盖盖回原位，并切断发炮“准备”控制键的电源（自备灯熄灭），则完成了燃气炮的发炮操作（云台控制键电源不必切断，但车辆入库后必须切断）。

注意：发炮时，操作员不得靠紧炮身和炮口的前方，应距炮身 10m 以上，同时燃气炮的发炮角度没有修正适宜时，不得启动发炮“准备”控制键；两次开炮的间隔应在半分钟以上，以免炮体过热损坏电路和炮体表面的防腐漆层。

（四）CF 型驱鸟车常见故障与排除方法

1. 驱鸟车各系统不能正常运行

（1）电源（车载蓄电池）电压过低（车辆已无法启动），应立即切断各系统的电源的控制开关（包括电器设备的自备电源开关），总电源依然处于开的状态，采用逆变器对车载蓄电池充电。

（2）输电线路不导通，将总电源控制开关切断（OFF 位置），用“三用表”对系统的输出端至输入端之间的控制开关、接插件、导线、接线端等进行逐级逐项检测排除。

（3）熔断器的保险丝熔断，首先切断总电源的控制开关，用目视或“三用表”和“绝缘表”检查用电器负载是否超负荷、线路是否有短路现象。当故障排除后将熔断器底座上的拉盖向下拉开取出保险丝管，按标注的规格更换保险丝并将拉盖盖回原位。参见图3－191。

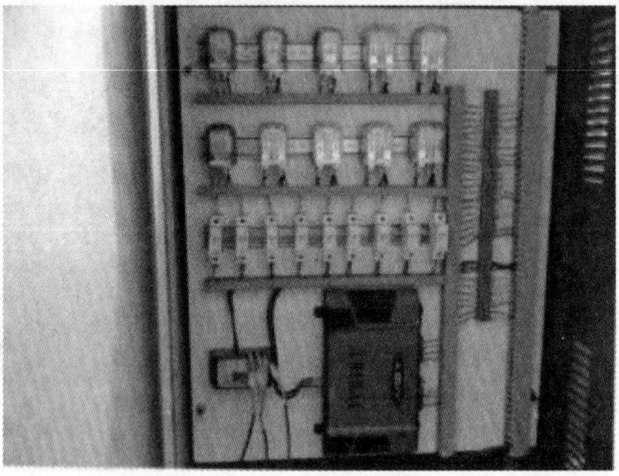

图 3－191　熔断器

(4) 继电器或电器元件损坏，首先切断总电源的控制开关，用“三用表”检查其导通性，查明故障原因后再按其标注的规格更换故障件。

2. 驱鸟弹发射系统不能正常发射

(1) 击发力不够：切断系统电源和关闭“保险开关”，再开启发射器的击发连动机械传（转）动箱后盖，松开击发器的击发力调节件的锁紧螺母，顺时针方向将击发力调节件旋入半圈至一圈后重新锁紧击发力调节件的锁紧螺母并盖上后盖，拧上箱体的固紧螺钉，待人员准备撤离时方可开启保险开关，人员撤离后再按发射程序试射。参见图 3－192。

图 3－192　击发力调节件

(2) 击发器的击杆拉栓上的拨动块松动（击杆伸出箱体外）：这个故障一般是由于击杆拉栓上设置的拨动块的固紧螺钉松动或损坏而造成击杆拉栓拉不到位，使得圆柱形压缩弹簧无法受到压缩而产生反弹动能来带动击杆撞击撞针击发驱鸟弹，应该开启击发连动机械传（转）动箱的后盖进行紧固或更换（必须在没有装驱鸟弹的状态下方可进行）。同时，若按下“发射器”后几十秒时依然无发射迹象，则应该立即切断系统电源，诊断故障原因并进行排除。参见图 3－193、图 3－194。

图 3－193　击发器结构件

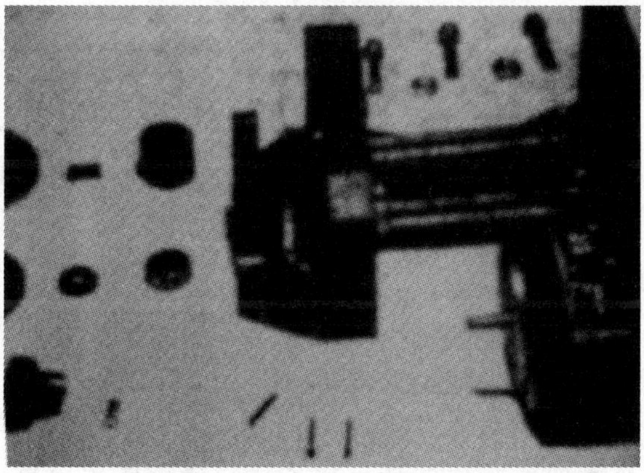

图 3－194　减速器结构件

（3）“哑弹”：指一次击发不响，经调整击发力后再次击发依然不响的驱鸟弹称为“哑弹”，应该按退“哑弹”的方法将其取出并放入贮弹箱内妥善保管。

3. 传（转）动机构不能正常运转（切断电源和气源排除故障）

（1）电源电压过低，应对蓄电池充电。

（2）电机损坏，应查明原因后方可按原规格更换电机。

（3）一级传动齿与电机输出轴产生滑动，应紧固齿轮轮毂上的紧固螺钉或更换。

（4）负载负荷过重，查明原因减轻负载重量。

（5）转动支点轴承，观察其是否进入外来物或锈蚀造成“卡死”现象，将轴承取出清洗或按同型号更换。

（6）操纵开关（键）或限位器等电器控制元件损坏造成失控，应立即切断电源进行更换。

(7) 操作不当造成的故障：由于操作不当将有可能造成控制线路、电器设备或传(转)动部附件的损毁，这时需要仔细地观察各系统的运行状况，如果发现异常现象，应该立即切断该系统电源，进行故障诊断与排除或更换故障件。

4. 燃气炮不能正常发炮

(1) 贮气罐内无燃气介质：切断电源和气源后，再将罐提起并摇动而无液体撞击罐壁声音时，应充气。注意：有时液化气质量不高剩余残液较多，检查时也会出现响声应注意区分(不得动用明火验证)。

(2) 输气管路发生泄漏：切断电源和气源后，再紧固泄漏部位或更换导管及损坏零件。

(3) 减压阀或角阀损坏：应该逐段检查(每卸下一件连接件时就做一次放气检查)到查出故障为止。必须切断电源后方可进行排除或更换。

(4) 电磁阀不工作：将与贮气罐的自备角阀连接管路拆下，再将 0.6MPa 压力的冷气瓶(或充气瓶)接入管路中，接通系统电源和冷气源后，操纵员再将炮体后上部设置的翻盖翻开，先将“ON (OFF)”按键按下，再将“TEST”按键按下时，如果没有排气声音，证明电磁阀已损坏，需要更换电磁阀。注意验证时不能使用可燃爆的介质，以及试验后必须将“ON”的按键恢复至原来的状态。

(5) 点火线圈不工作：首先将贮气罐上的角阀关闭，再接通系统电源并按(4)中描述使用“ON”和“TEST”按键检测，并注意观察和听，当按动按键时如果无明显火花产生，应检查电气线路或更换点火线圈。

(6) 燃气炮中的燃气喷嘴堵塞：当车辆在东北地区冬季使用时由于液化气质量不高(含有水分)而出现“冰堵”现象时，首先切断系统电源和燃气介质，再将喷嘴装回原位连接好管路即可试射验证。

5. 警示灯、频闪灯不能正常工作

(1) 警示灯不亮：切断系统电源，用“三用表”检查线路、灯具或模块和控制元件的导通性来确定故障原因，进行排除或更换故障件。

(2) 频闪灯不发生频闪：更换控制模板。

(3) 频闪灯不亮：检查线路和灯管的导通性能(或按原规格更换灯管)。

6. 摄像头、扬声器、CD 机、监视器、录放机、电子警报器、送话器、逆变器、功放器、燃气炮系统和驱鸟弹发射系统等设备不能正常工作

应该首先切断系统电源和燃气介质，再使用专用工具依次检查电源系统电压以及和控制系统运行有关的电器元件(熔断器、继电器、限位器、控制开关[键]和线路)等无故障后，方能判定是否属于设备发生故障。必须注意：这些设备的故障排除需要由专业人员完成，因此，不得随意进行拆卸，以免造成更加严重的故障隐患。

7. 承载车辆

承载车辆出现的各种故障的诊断与排除，应该按照车辆的相关知识和有关规定进行，此处不做介绍。

(五) CF 型驱鸟车维护与保养和定期工作

驱鸟车的维护与保养，是延长驱鸟车中配置的各系统部附件的使用寿命与使用可靠性的一项重要的基础保障工作，需要引起我们的重视。

1. 维护与保养

(1) 驱鸟车的存放：应该将驱鸟车停放在通风条件好，室内空气干燥的车库。

(2) 驱鸟车使用时如果环境温度在4℃以下或几天不用，周围环境特别潮湿（雨雪季节或化冻季节）时，应该首先启动车辆开启车内的空调系统加温10min以上，使驾驶室内的电器件和电器设备达到一定的温度（约12℃），方可启动电器系统，否则将会使电器部件造成冷凝或短路现象。

2. 定期工作

(1) 车载蓄电池：定期充电（注意每天首次启动系统前应先观察电压指示仪表的指示状态的电压是否正常）。

(2) 绝缘性能检测：220V交流逆变电路的引入与引出端与承载车辆金属壳体间的绝缘电阻值，在正常环境条件（温度22℃±2℃）下用兆欧摇表（或称绝缘表）检测时，其绝缘指数不应小于200MΩ，湿热条件下不小于5MΩ。设备与承载车辆金属壳体之间的绝缘指数如果低于5MΩ时，必须查明原因，排除故障后方可启动系统工作。同时，电路接零点应该牢固，导通性能良好，不得发生锈蚀现象。建议每月进行一次。

(3) 输气管漏气密封性检测：检测后应该及时用湿布将肥皂液擦净，以免积累过多影响下次检测效果。建议每半个月进行一次。

(4) 频闪灯频闪率检测：用秒表检验，10s内其频闪次数不得低于20次，否则应更换控制模块。建议每月进行一次。

(5) 贮气罐耐压性能检测：应当定期将贮气罐送至当地有关部门检测，合格后方可继续使用，否则必须立即更新。建议每年至少进行一次。

(6) 撞针移动性能和磨损状态检测：按撞针移动性检查方法进行。同时，用目视观察撞针的半圆形头部或根部平面，如果出现明显变形时应及时更换和修复（可用180号砂纸研磨）；撞针表面不得发生锈蚀和沿轴向发生卡顿现象。建议每天首次出巡前检查一次。

(7) 驱鸟弹发射器的击发性能检测：用手提10kgf的拉力称的挂钩钩住击发器的击杆拉栓，其拉力不得小于6kgf（不得大于8kgf，否则进行调整或更换压缩弹簧无弹无电源状态下进行）。同时，应向击发器壳体内注入适量的200＃机械油。建议每三个月进行一次。

(8) 电磁阀导通性能检测：见电磁阀的检测方法。建议每三个月进行一次。

(9) 点火线圈点火性能检测：见点火线圈的检测方法。同时需要注意两个电机端点不得发生锈蚀和附有污垢或油迹，如果发生这些现象时可用280号砂纸轻磨一下排除。建议每天首次出巡前进行一次。

(10) 机械传（转）动系统的运行状态检测分别对各系统通电，观察其传动平稳性，噪声、震动、击发准确性（可装入“弹壳”进行击发，然后取出观察撞针击发痕迹和深度）、转动到位准确性等性能试验。同时，多传（转）动机构和击发器进行擦拭和涂油与注油工作。建议每月进行一次。

(11) 每月对驱鸟弹发射管和燃气炮管内腔用干净布和沾稍许机械油擦拭一次，如果当天使用频率较高或潮湿季节，建议每天执行任务后擦拭一次。

(12) 无论是否使用都要定期做防腐工作，即将旧油层或腐蚀的部位擦净，同时涂上新油层（油层要薄厚均匀），特别是活动件、传（转）动部位、撞针组合件（撞针前部、导孔内、撞针后部与驱鸟弹发射器的击发连动机械传（转）动箱接触的表面）应注入或涂上少许 20＃机械油。建议干燥季节一个月、潮湿季节一周进行一次。

（13）车辆的保养与维护：请按相关规定进行。

（六）航空活动区车辆驾驶

要在航空活动区内驾驶车辆，驾驶员必须先熟悉本机场站坪飞机滑行、车辆行驶路线图，这样驾驶员才能够在航空活动区内行驶正确的路线，不至于偏离路线造成不必要的灾难，图 3－195 为某机场的站坪飞机滑行、车辆行驶路线图。

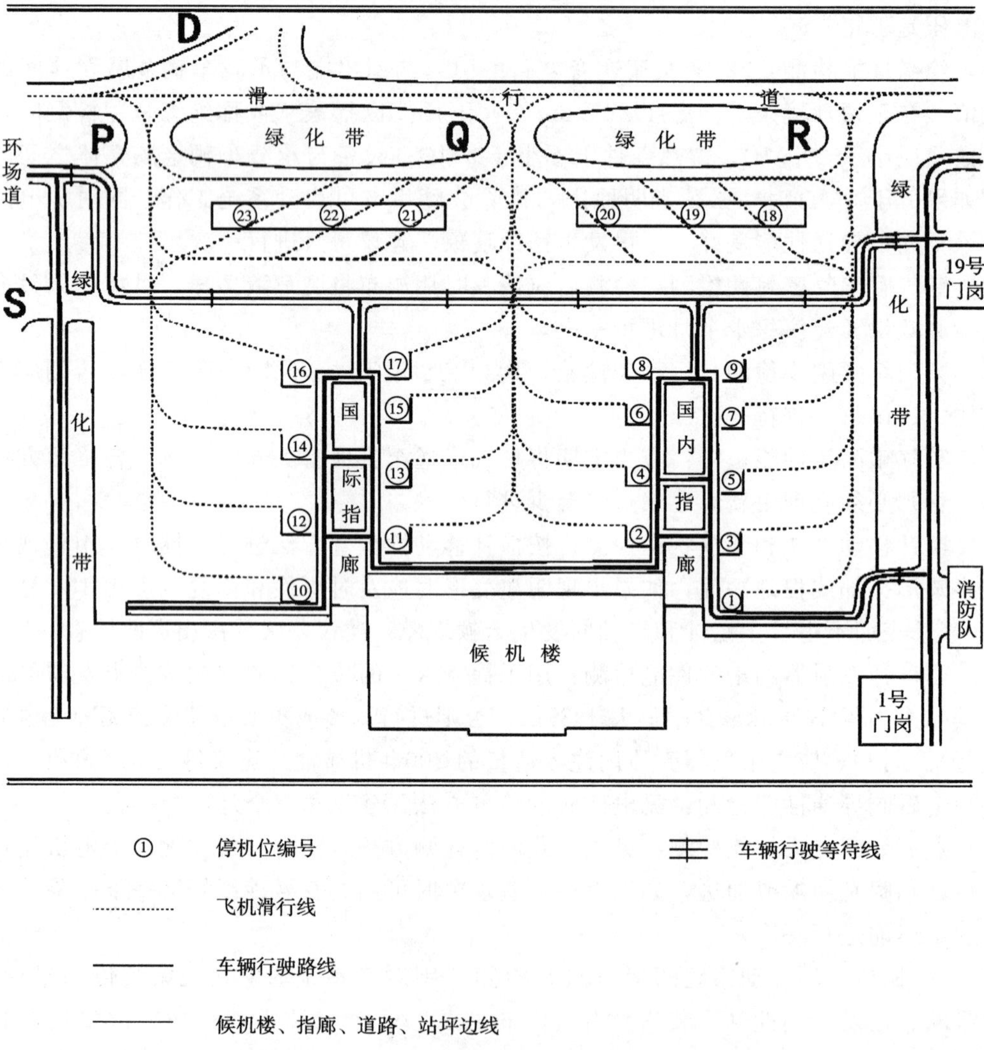

图 3－195　某机场站坪飞机滑行、车辆行驶路线图

除了要熟悉车辆驾驶路线以外，还需要对飞机的警示信号有所了解，如图 3－196 所示当飞机上的红色防撞灯亮起时，表示航空器发动机正在运转、准备开车滑行或移动，还未停止运转，车辆不能靠近行驶。

《民用机场航空器活动区道路交通安全管理规则》自 2006 年 8 月 12 日起施行，其详

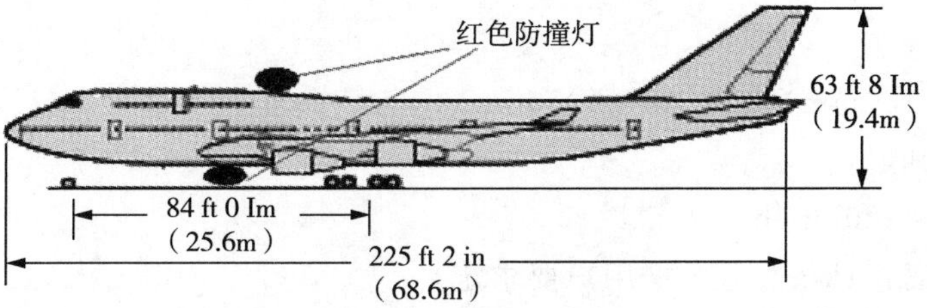

图 3-196 红色防撞灯

细内容可参考附录三。

二、轨道式遥控驱鸟车

轨道式遥控驱鸟车（图 3-197）是由空军成都航空四站厂研制的新型驱鸟装备，具有车载煤气炮、音频驱鸟系统等综合设备，可有效地完成飞行期间以及平时驱鸟保障业务。

轨道式遥控驱鸟车状似一台“小坦克”，行使轨道为一条长 1km（可根据用户要求定制）、宽 0.4m 的小铁轨。通过遥控器操作，可在 1km 范围内从机场两头变速来回行驶，时速可达到 10km，具有机动性强、自动化程度高等优点。轨道式遥控驱鸟车内置的电脑芯片中录有 100 多种鸟类天敌的声音，需要驱鸟时它按照录入程序将声音以大功率由 4 个方向的喇叭按顺序发出，形成一种音频不断变换且 360°回旋运动的、半径为 1km 的超声波，使置身其中的鸟类感到极度恐惧而离开，以达到驱鸟目的。

图 3-197 轨道式遥控驱鸟车

轨道式遥控驱鸟车还装有驱鸟煤气炮，其炮筒可以通过遥控旋转 270°，从而达到驱赶不同方向飞鸟的目的，解决了长期困扰部队实时不间断驱鸟的难题。

轨道式遥控驱鸟车还与机场实时监控系统连接，可在监控室根据机场现状远程操作。

（一）概述及技术指标

1. 概述

轨道式遥控驱鸟车由承载系统、驱鸟系统（电脑声学装置、煤气炮装置）、控制系统、遥控器、轨道等组成，装备上所有功能均采用无线遥控方式控制，可在飞行期间完成不间断驱鸟作业。

2. 主要技术参数

外形尺寸：1150mm×650mm×1000mm

总重量：250kg

行驶速度：0～20km/h

轨道铺设距离：1km（可根据用户要求定）

轨道中心距宽度：458mm

驱动电机功率：2×180W

驱动电机电压：DC24V

电源电压：DC24V

免维护电瓶：2×12V

电瓶容量：2×100Ah

一次充电连续使用时间：大于或等于6h

声音种类：60种

煤气炮最大声压级：110dB·10m

云台旋转范围：水平±120°；垂直上仰0°～60°

云台使用电源：AC220V，50Hz

遥控距离：大于2km

（二）系统组成与作用

1. 承载系统及整车布局

该系统采用轨道式电瓶小车做承载，采用两个直流电机做动力，驱动小车做前后直线运动，速度可在0～20km/h范围内任意调节。

整车布局：轨道采用钢管铺设，每6m一节，铺设的长度可根据使用单位的场地情况定，轨道两端设置缓冲挡板，距轨道两端头约10m处，左右对称各安装碰杆，其作用是和车上的行程开关相碰，使行程开关断开，致使车上驱动电机断电，使操作者在忘记操作遥控停车的情况下，车也能停下。图3-198为轨道式遥控驱鸟车整车布局示意图。

2. 驱鸟系统

该设备采用的驱鸟手段主要是煤气炮和电脑声场两种方法。

（1）煤气炮装置

该装置由煤气炮、顶载式云台组成。煤气炮炮管长度可伸缩，能取得不同频率的声音，可适应不同的鸟种，避免了鸟对声音的适应。煤气炮安装在云台上，云台可沿水平和垂直方向旋转，满足全方位、多角度工作的需要。

煤气炮的工作原理是将煤气罐中的液化石油气注入炮管中，当达到一定浓度时，再由点火线圈产生高压点火，从而使煤气炮炮管中已与空气混合的液化石油爆炸而发出巨大的声响，从而达到驱鸟目的。

（2）电脑声学装置

该装置由一个安装在车上控制箱内的主机和安装在车顶的专用扬声器组成，主机内置的电脑芯片中录有依据最新鸟类研究成果合成的60种声音及超声波声响，它可按预先录入的程序将这些音频信号以大功率从位于车顶的扬声器发出，组成声压及频率范围都很大的声场，播放的声音在一定的空间范围内形成不断地变化，并成360°回旋的运动声场，这种快速变换的声场，可使这一区域活动的鸟类感到极度恐慌而离去，达到驱鸟目的。系统采用随机方式播放，声音的长短和声音的变换的时间可随意调节，克服鸟类对系统自主适应性。

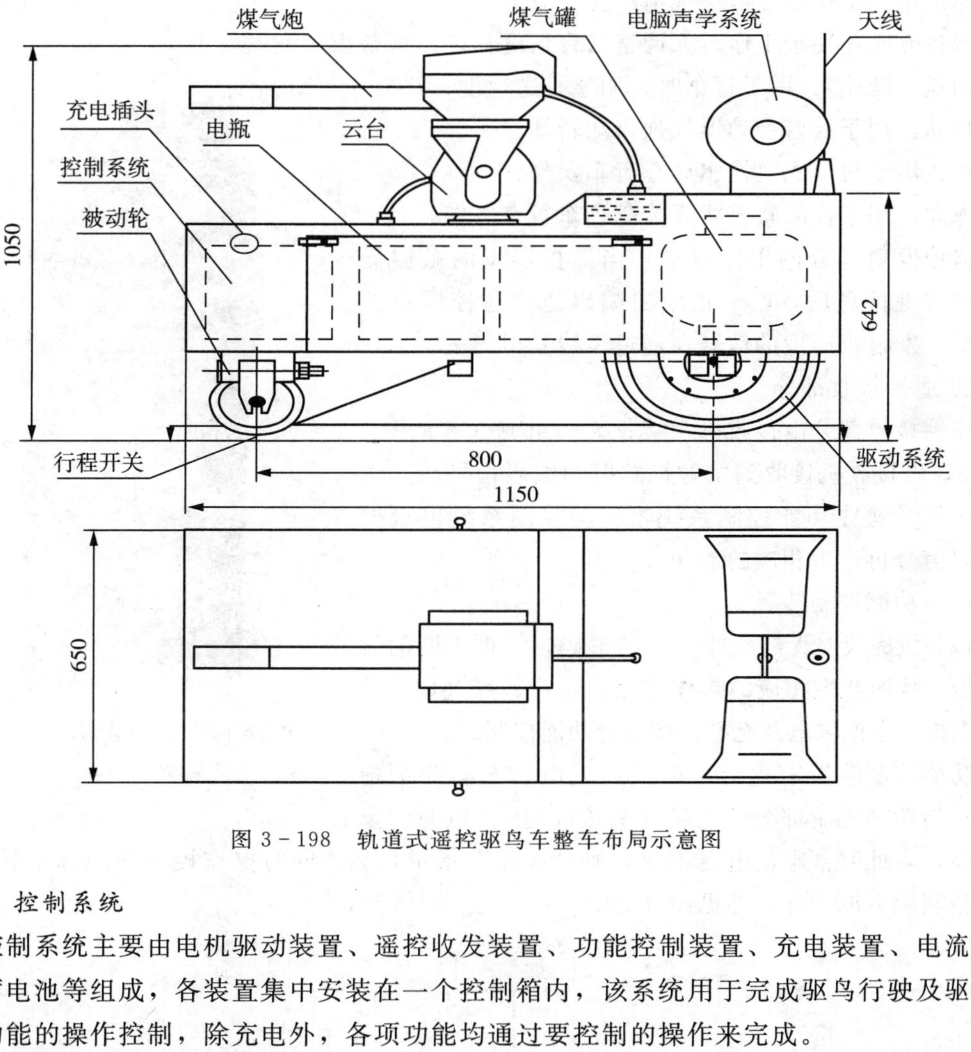

图 3－198　轨道式遥控驱鸟车整车布局示意图

3. 控制系统

控制系统主要由电机驱动装置、遥控收发装置、功能控制装置、充电装置、电流变换器、蓄电池等组成，各装置集中安装在一个控制箱内，该系统用于完成驱鸟行驶及驱鸟作业各功能的操作控制，除充电外，各项功能均通过要控制的操作来完成。

（1）电机驱动装置

驱鸟车采用24V直流电机，带动两个驱动轮驱动整车做前后直线运动，电机驱动装置通过PWM（脉宽调制）方式可以对电机进行调速。电机调速一共分为五级，当按“车”按键时，为最低速，约为5km/h，此时供给电机的PWM方式平均电压为12V；按“加速”按键可逐渐增加速度，最高速度约为20km/h，此时供给电机的PWM方式平均电压约为24V。

（2）遥控收发装置

遥控收发装置主要由遥控发射部分和遥控收发部分组成。

① 遥控发射部分

遥控发射部分为手持式设备，该设备由发射主机、发射天线、电池及充电器组成。发射主机控制面板各件名称及功能如下。

电源开关：为手持遥控器供电；

声：用于控制轨道式遥控驱鸟车音响系统工作；

炮：用于工作时点响煤气炮；

云台方向：用于工作时，调整云台角度，进而调整煤气炮发射方向；

加速（减速）：用于行车时，调整行进速度；

自动：用于云台带动煤气炮自动转动；

车：用于轨道式遥控驱鸟车行车操作；

方向：用于控制轨道式遥控驱鸟车行车方向。

遥控发射部分的工作原理：当遥控器里的微控器检测到按键信息后，产生相应的编码送往遥控器里的发射机，发射机产生的信号在通过天线发射出去。

② 遥控接收部分

遥控接收部分由接收机及接收天线组成（参见图 3-199）。当接收机接收到发射机发射的编码信号后，将该编码信号送往功能控制系统，功能控制系统再根据该编码信号再产生相应的动作。

（3）功能控制装置

该装置完成对无线接收信号的解码，根据不同的编码信号，从而产生相应的操作来完成生产、煤气炮、云台、电机、电池供电及充电、指示等功能控制。

图 3-199　轨道式遥控驱鸟车遥控发射机

功能控制装置有电源、欠压、充电、充满四个指示灯；当功能控制部分的电源开关接通时，“电源”指示灯亮，若此时蓄电池电压不足，则“欠压”指示灯亮，同时操作控制功能都不起作用。功能控制装置原理图（参见图 3-200）。

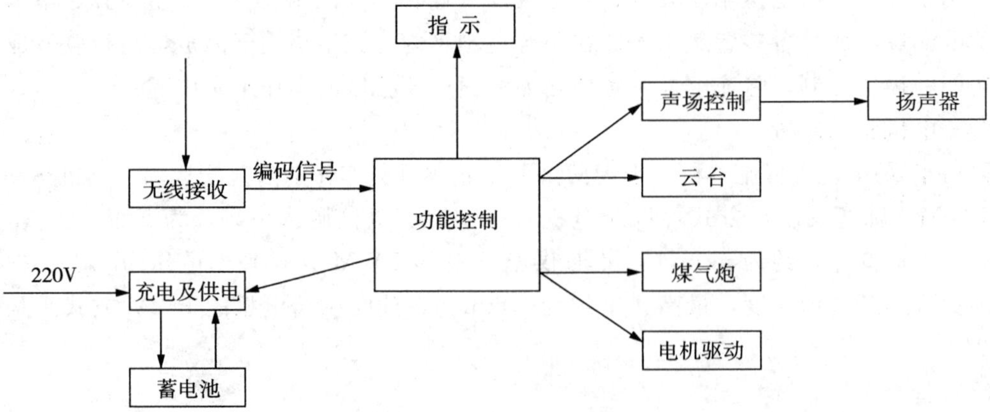

图 3-200　功能控制装置原理图

当220V充电电源接通时，不管电源开关是否打开，“电源”指示灯亮，同时“充电”指示灯亮；当充满时，则“充满”指示灯也亮。充电时，所有控制功能都不起作用。

当正常工作时（蓄电池有电），功能控制装置接收到天线编码信号，再根据编码信号产生相应的电平，从而控制相应的继电器，以完成各种控制功能（如声场控制、煤气炮控制、云台控制、电机控制等）。

（4）充电装置

该充电装置制作在控制箱内，通过开关电源为车上24V蓄电池提供充电电源。

（5）电源变换器

驱鸟车由于需要220V交流电源控制云台转动，煤气炮及声场控制装置则需要12V直流电源，驱鸟车提供的电源为24V，这就需要将24V蓄电池电压转换成220V交流电源和12V直流电源。220V交流电源功率为100W，12V直流电源功率为100W，全采用开关电源方式。

（6）蓄电池

驱鸟车配了两种蓄电池，一种是供遥控器用的锂电池；另一种是为驱鸟车提供电源的24V蓄电池。

（三）使用操作及维护

1. 使用操作

（1）行驶及各功能的使用方法

① 使用前检查遥控器开关应处于关闭位置，检查无误后打开轨道式遥控驱鸟车的前门（矮门），先打开车内的控制箱面板上的电源开关（参见图3-201），再打开逆变电源开关；打开驱鸟车的后门（高门），打开车内的液化气罐开关，按动红色按钮（注意：检查轨道两端头行程开关碰杆应在位）。

图3-201　控制面板示意图

② 手持式遥控器，打开遥控器电源开关。

③ 按下“车”键后放开，驱鸟车行驶；再按下“车”键，驱鸟车停止行驶。驱鸟车行驶的方向为上次停止时所保持的方向（第一次行驶方向为向前）。

④ 当驱鸟车开始行驶时，注意观察其方向，当不是所要求的方向时，按下“方向”

键后放开，驱鸟车停止行驶，在10s后换向，再按下“车”键驱鸟车开始行驶。

⑤ 加速：按下“加速”键后放开，驱鸟车加速一次；再按下“加速”键后放开，驱鸟车再加速一次，驱鸟车行驶共分为五级速度。驱鸟车在停止的时候，按下“加速”键，也可以启动驱鸟车行驶，加速过程同上。

⑥ 减速：按下“减速”键后放开，驱鸟车减速一次；再按下“减速”键后放开，驱鸟车再减速一次。驱鸟车在停止过程中，“减速”键不起作用。

⑦ 当驱鸟车行至轨道断头触碰开关后，驱鸟车停止向前运动。

⑧ 按下“声”键放开，驱鸟车的声场控制部分工作，喇叭发出高频及超声波声场；再按下“声”键后放开，声场控制部分停止工作。

⑨ 按住“炮”键不放，煤气炮一直工作，大约4s左右开一次炮（在煤气炮门和煤气炮控制开关打开的情况下）；放开“炮”键，煤气炮停止工作。

⑩ 根据需要，可随时通过“云台”方向控制按键调整煤气炮发射方向，其按键的操作方法是：按下相关方向键后放开，云台带动煤气炮移动；再按下相关方向键后放开，停止移动。

⑪ 停止工作时，应关闭遥控器电源开关。

⑫ 结束工作后，应关闭轨道式遥控驱鸟车上的电源开关、煤气开关。

（2）电源的使用

① 车上电瓶充满电后可连续工作5～6h，当电力不足时，驱鸟车所有功能都不起作用，同时，控制箱面板上“欠压”指示灯亮。

② 为保证下次使用，应及时对驱鸟车进行充电，充电时，将交流220V电源通过驱鸟车侧面的充电插座送入车内进行自动充电，这时控制箱面板上的“电源”和“充电”指示灯亮，表示正在充电；若充满，则“充满”指示灯亮。充电时间不超过10h，控制箱上的电源开关对充电没有影响。

③ 遥控器充满电后使用时间约为5h，当遥控器电力不足时，应更换备用电池，使用完毕后，应对电池及时充电，充电时将遥控器电池专用充电器插入220V市电，将电池放入充电器，这时若充电器上的橙色指示灯亮目标则是正在进行慢充；当按下充电器上的按键，红色指示灯亮，表示进行快充。电池充满电需要12h，平时最后进行慢充，因为慢充可延长电池使用寿命。

④ 两种电源的充电操作应注意：遥控器电池必须在电量不足时才能充电，不能随时充，且充电时间不允许超过16h，否则对电池寿命有影响。24V蓄电池和遥控器电池充电完全不一样，遥控器电池必须在用完后才能充，而24V蓄电池需随用随充，这样能增加24V蓄电池使用寿命，忌等到欠压时才充电。

（3）电脑声学驱鸟车装置声音调节操作

该系统出厂时已经进行了调节，如用户要根据自己的需要重新设定声音；声音的长短或改变声音变换的时间可打开驱鸟车前门，在电脑声学装置主机上按以下步骤进行：

首先扳动调节面板上的播放间隔时间单位选择开关（最上方），选择两次播放的间隔时间，此开关手柄指向“秒”时，旋动播放“间隔”时间调节旋钮，两次播放的间隔时间在1～60s变化；当此开关手柄指向“分”时，旋动播放“间隔”时间调节旋钮，两次播放的间隔时间在1～60min变化；当此开关手柄扳至“随机”时，两次播放的间隔时间则完全是由系统自行随机选定，此时操作者不能通过播放间隔时间调节旋钮选择两次播放的时间间隔。旋动播放“持续”时间调节旋钮，确定系统每次发出驱鸟车音频的持续时间（图3-202）。

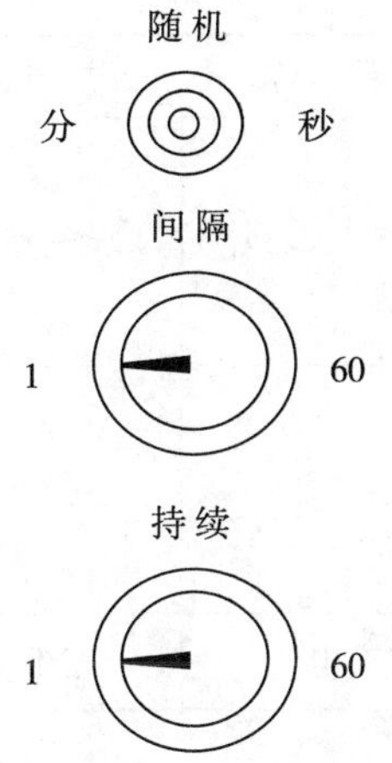

图3-202 控制箱面板上有关声音调节的旋钮

2. 维护与保养

（1）各车门使用时应避免敲击、碰撞，防止变形；

（2）驱鸟车露天停放时应罩上防尘防雨罩；

（3）定期检查轨道，有无固定膨胀钉松落现象及轨道严重变形现象；

（4）在擦拭车辆及设备前，先断开电源，勿用液体或喷雾式清洁剂，请用湿布擦拭；

（5）应防止异物进入控制箱内，并勿让腐蚀性液体溅到其上，以防出现危险；

（6）更换零件时，请用与原部件性能相同的零件，不合格或性能有异的代用品可能导致危险；

（7）本车采用免维护蓄电池做电源，长期不用时应将蓄电池负极线拆除并充满电存放，同时每间隔三个月进行一次充放电维护；

（8）液化气罐每三年检查一次，在使用过程中若发现钢瓶有严重腐蚀、损伤或对其安全可靠性有怀疑时，应提前进行检验；

（9）妥善保管随车工具、备件和技术资料。

（四）常见故障及排除方法

常见故障及排除方法见表3-14。

表3-14 轨道式遥控驱鸟车常见故障及排除方法

部件名称	故障描述	故障原因	排除方法
全车	控制不起作用	电源不通或保险丝烧断	查看遥控器电源开关是否打开，遥控器电池是否有电，（当遥控器显示屏右上角显示“BATT”时表示电池电量不足，应及时充电），同时查看驱鸟车的控制器电源是否打开，欠压指示灯是否亮；若一切正常，检查导线等有无短路现象后更换规格容量相同的保险丝
驱动电机	电机不转	电源未通，电池电力不足	接通电源、充电
电脑声学装置	无声	音频驱鸟装置损坏、控制电路损坏	更换或维修
云台	云台无动作	逆变器开关未开、逆变器坏、线路故障、云台坏	打开开关、检修或更换

（续表）

部件名称	故障描述	故障原因	排除方法
煤气炮	煤气炮不响	液化气罐未开、气罐红色按钮没按开、液化气罐无气、液化气罐质量不好、线路故障	打开气罐开关、按下红色按钮、充气、重新灌液化气、检修
遥控器	遥控不灵	遥控器电池电量不足、遥控器或接收机故障、接收机电源损坏	充电、检修
充电	充不上电	外接电源无电充电系统故障	接入交流 220V 充电电源检修

由于鸟类对任何非致命性手段的适应性，加上钢轨的铺设成本以及在机场内对铺设钢轨的限制等原因，该机场驱鸟设备没有得到广泛认可和大范围推广应用。

三、高压脉冲电子驱鸟器

高压脉冲电子驱鸟器一般安装在线路的绝缘子上方，如图 3－203 所示。当鸟落在驱鸟器板上，驱鸟器板倾斜，板上的水银开关接通电路，瞬时产生脉冲高压打击驱赶鸟类，通过几次电击鸟的肌体，鸟就有了记忆，不再降落在这个地方，达到驱赶鸟类的目的。

智能型高压脉冲电子驱鸟器采用单晶硅太阳能电池为电源，用大容量、高效免维护电容器做储能元件，高效电子脉冲发生器发出高压脉冲，当驱鸟器上有鸟落上或临近时，发出高压电子脉冲电压电击驱赶鸟类，其产生的10kV 高压脉冲电压微电流对鸟不造成伤害，且绿色环保。

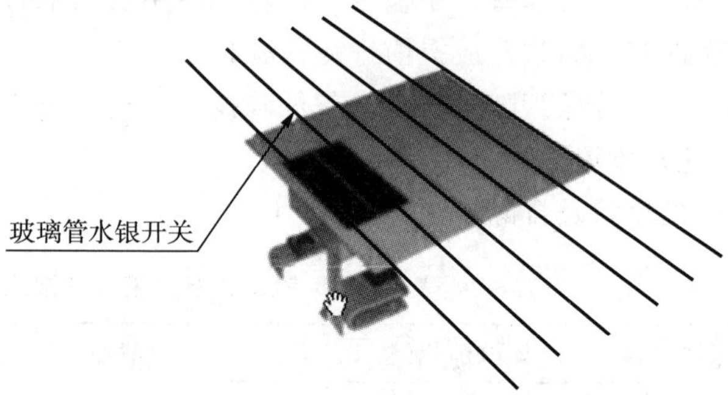

图 3－203　高压脉冲电子驱鸟器

单晶硅太阳能电池技术成熟、进口超大容量高效免维护电容器充电次数大于 20 万次。运行环境为：－40℃～70℃、湿度为 95%；运行可靠，维护工作量小，使用寿命长。

全封闭模具压制，使装置内的高压线圈、电容等受气候条件影响小，有可靠性保证。

有锂蓄电池功能，符合环保要求，对鸟类无伤害，符合人类爱护野生动物的要求。

（一）QNQ—I 型高压脉冲电子驱鸟器技术参数

1. 太阳能板

选用进口芯片，国内封装效率高，技术成熟。使用年限 10 年以上。太阳能板在其他领域广泛使用。太阳能板在太阳能光的照耀下，能产生 6V 的电压给电容充电（第一次的充电时间在 10min 充足，以后充电时间 5min 充足。）

太阳能板在阴天的状态下也能工作，阴天时太阳能板能产生 3V 的工作电压给电容充电。高压发生器的工作电压为2.5～5V。

2. 电容储能

电容器选用进口的超级电容做储能元件，容量为法拉级电容，容量大，漏电率非常小。充放电在20万次以上（10年以上），电容器在充足电的状态下，放置20天后仍然能给高压发生器供电工作。

3. 高压发生器

选用高效、可靠的电子元器件做高压发生器，电子元件少工作，可靠输入电压为2.5～5V，输出电压为12000～15000V。电压高，电流很小，对人和鸟没有伤害，但这个电压比较高。

4. 驱鸟器尺寸图

驱鸟器的橙黄色底板是边长26cm的正方形

放电线长：62cm

放电线间距离：4.8cm

放电线距底板距离：0.8cm

放电线安装柱长：1.5cm

（二）QNQ—I型高压脉冲电子驱鸟器安装使用说明

在安装前须注意，该装置中水平开关中的水银球，一定要调在玻璃管的后部，如图3-204所示。

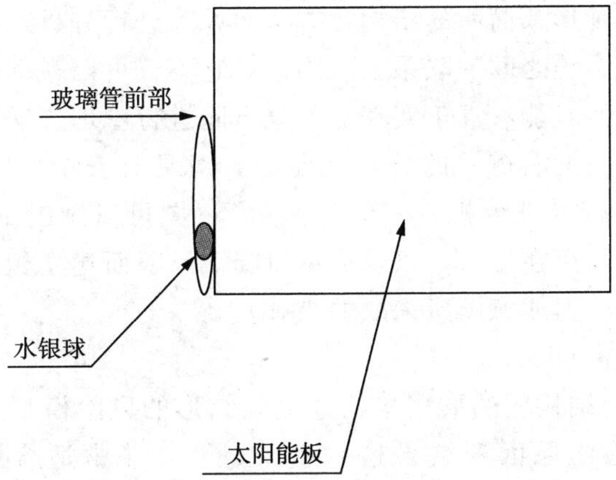

图3-204　QNQ—I型高压脉冲电子驱鸟器的安装

操作方法：按压固定板，让水银球滚到玻璃管的前部、后部，应反复调整几次。

当线路需要检修时，必须要先对驱鸟器进行放电。放电的方法，按压驱鸟器的前部，使玻璃管中的水银球滚到玻璃管的前部，这时驱鸟器进行放电（放电时间约需1min）。放电后方可取下驱鸟器，对线路进行检修。

安装支架可以根据现场情况选择合适的安装方式。

QNQ—I型高压脉冲电子驱鸟器的设计，综合考虑了保障线路的正常运行并兼顾保护鸟类的原则，克服了当今驱鸟装置的不足，具有成本低、现场装卸方便、实用性强、环保节能和不影响线路的正常运行等优点。

未来篇

第四章 驱鸟设备的发展趋势

随着科学技术的不断发展，人类驱鸟的方法与措施也在不断地演变与创新。本章从科学的鸟击分析法到驱鸟设备当今所展现出的发展趋势逐一展开叙述。

一、科学的鸟击分析法——BowTie 法

1. BowTie 法发展及原理

一般认为 BowTie 最初被称为蝴蝶图（Butterfly Diagrams），来源于 20 世纪 70 年代的因果图（Cause Consequence Diagrams）。在 20 世纪 70 年代末，由 ICI（英国化学工业公司）的 David Gill 完善了这种方法，并将其改称为 BowTie。BowTie 是一种风险分析和管理的方法，它采用一种形象简明的结构化方法对风险进行分析，把安全风险分析的重点集中在风险控制和管理系统之间的联系上。因此，它不仅可以帮助安全管理者系统地、全面地对风险进行分析，而且能够真正实现对安全风险进行管理。这种方法将原因（蝴蝶结的左侧）和后果（蝴蝶结的右侧）的分析相结合，对具有安全风险的事件（称为顶级事件，蝴蝶结的中心）进行详细分析。完整的 BowTie 图可以用图示说明危险（源）、顶级事件、顶级事件的原因及潜在后果，以及为尽量降低风险而建立相应风险控制措施（为保持理想状态而对不良影响力或意图所采取的措施）。

2. BowTie 法的优势

BowTie 法以逻辑化结构图的形式来构建蝴蝶结形的风险模型，结果清晰明确，非专业人士也能理解从危险的原因到结果这一整个过程，非常适合风险信息交流与教育。BowTie 图另一个突出的特点是综合运用主动和被动两种风险控制措施，同时在很多情况下，路径和各项控制措施之间并不是独立的，所以在构图过程中充分运用了 BowTie 方法演绎及推理的功能优势，进行全面的定性分析，为可能出现的情况做好“万全”准备。BowTie 分析方法适用范围广，不仅在石油化工行业内得到广泛的推广使用，而且在管理、交通等行业领域开始崭露头角。另外，BowTie 图可以在很大程度上消除语言障碍，实现国际化通用。

3. BowTie 法的步骤

基于 BowTie 方法进行风险分析时最好由 2～4 人的风险分析小组来执行，小组至少有 1 人熟悉 BowTie 的分析机理及构建流程，其余成员应了解程序特性且具有与系统相关的操作经验。构建 BowTie 图的实施步骤如下：

（1）识别需要分析的具体危险事件，并将其作为 BowTie 图的顶级事件。

（2）分析造成顶级事件发生的威胁（原因），并在 BowTie 图左侧的每个原因与顶级事件之间画线。

（3）识别原因导致顶级事件发生的传导机制，提出相应的预防性控制措施。

（4）识别可能造成控制措施失效的风险升级因素及控制这些风险升级因素的措施，并纳入图中。

（5）在 BowTie 图的右侧，识别顶级事件的不同潜在后果，并以顶级事件为中心，向各潜在后果处画线，将后果的减缓性控制措施及升级因素和与升级因素相应的控制措施写在连接顶级事件和潜在后果的线条上。

由上述步骤构建的 BowTie 图见图 4－1。

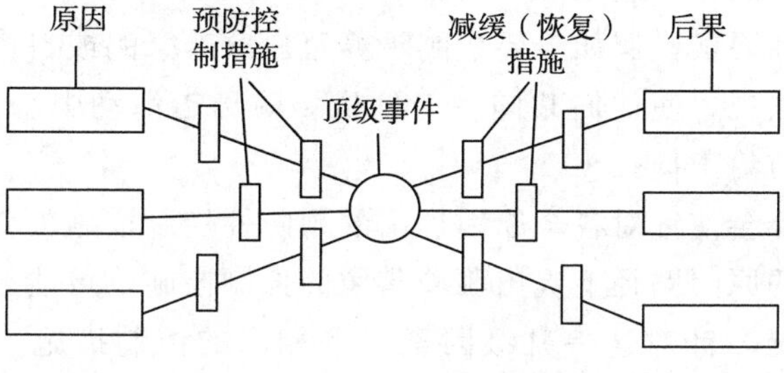

图 4－1　BowTie 图示意图

4. 应用 BowTie 方法对鸟击事件进行分析

鸟击发生的必要条件是飞鸟和航空器，其中航空器是人类经济发展所必需的，不能为避免鸟击事件的发生而限制航空器的使用，所以主要研究对象是飞鸟，应着眼于如何减少飞鸟出现在飞机周围。

第一步，选定鸟击事件作为要进行分析的具体风险事件。

第二步，分析出现鸟击事件的原因。

（1）机场选址是本质问题，如果机场位于鸟类的栖息地（如湿地、池塘、丛林）附近就大大增加了鸟类出现在航空器周围的概率，而且机场一旦建成，那么就基本不可能更改，可以开展的工作只能是鸟击的预防。

（2）机场周围的草地、农作物、树林或灌木丛以及垃圾堆是鸟类觅食的天然场所，所以这些就会造成鸟类出现在机场周围，从而对飞机的起飞降落过程及飞行安全构成威胁。

（3）鸟类的自然迁徙可能会经过机场上空或与航空器的航线相冲突，是非常重要的可能造成鸟击事件的原因之一。

（4）不确定性的因素，如附近的鸽子（或其他类似鸟类）养殖户，他们会散养或不定期地将鸽子放飞，这也是航空器飞行安全不容忽视的威胁之一。

第三步，针对上述各类原因可以找出相应有效的预防性控制措施。

（1）机场选址在鸟类栖息地附近加大了预防鸟击事件发生的工作量和难度，为了让驱鸟活动更有效果，驱鸟的频率和方法的采取都要经过严密的规划与管理，此时可以采取的措施有：立网或使用驱鸟球等工具，让鸟类不能进入到机场范围内；在离机场较远处构建适宜鸟类生存的环境，将鸟群驱往新的栖息地；定期的人工驱鸟活动或驯养猎鹰进行生态驱鸟。

（2）对于机场附近鸟类天然的觅食场所，可以采取的有效控制措施包括开展驱赶飞鸟的活动、驯养猎鹰等。机场周围的草地还可以进行除草或用水泥等覆盖地面，定期喷洒防治蚯蚓、昆虫的杀虫剂和灭鼠剂；对易吸引鸟类的农作物则可以通过与周围居民交涉来约束其种植行为；对树林或灌木丛要定期进行修剪或将其砍伐，避免藏匿野兔或者鸟类筑巢，再或者是改种一些不吸引鸟类的灌木；垃圾堆则可以掩埋或焚烧，同时还可以与相关部门进行交涉，变迁垃圾堆存放地点等。

（3）针对鸟类的自然迁徙可以首先听取鸟类学专家的意见，对自然迁徙的鸟类的种类、路线和时间段（主要为春、秋两季）有一个大概的了解，在特定时间段内针对不同种类的鸟采取相对应的驱鸟措施，还要结合雷达监测，时刻掌握机场鸟情，完善鸟情记录规范及程序，实现对鸟类的科学追踪。

（4）对于不确定性因素，例如不要让鸽子养殖户散养家鸽或自由放飞信鸽，还要向周围居民宣传民航法律法规，使他们共同参与到机场防鸟击活动中来，及时报告散养鸟类，从而预先做好沟通与防治工作。

第四步，考虑可能会使针对各个原因提出的预防性控制措施失效的风险升级因素；在鸟类觅食场所这一类的原因路径上提出驯养猎鹰的控制措施，可能会出现猎鹰生病使得这一控制措施失效的情况，针对这一升级因素采取相应的控制措施：雇佣专业驯养猎鹰的人、兽医。与机场周围种植农作物的居民展开交涉，禁止他们继续种植的过程中，很可能达不到预期的效果，为确保该措施顺利实施，要倡议政府相关部门进行区域立法。

第五步，鸟击事件可能对驾驶舱风挡玻璃、发动机及起落架等飞机构成部分造成不良后果，针对不同后果，可找出相应的减缓（恢复措施），再考虑升级因素及相应的控制措施。

（1）为防止驾驶舱风挡玻璃破碎可以采取的控制措施包括：飞行员驾驶飞机采取减速或躲避措施，该措施可能会因为飞机处于高速运行而致使躲避或减速不可行；制定发生鸟击后的标准操作程序，并在每年的飞行机组复训中加入相关的模拟训练，模拟鸟击使飞机性能下降，并造成多个系统损坏的情景，加强飞行机组在飞机被鸟击后的处境意识和使用正确的操作程序的能力；严格执行风挡设计标准，并加强材料研发，使得风挡可以承受更大的冲击力而不损坏。

（2）为减缓单个发动机吸入飞鸟的后果严重性，飞行员可以驾驶飞机躲避其他飞鸟，以免飞鸟再次被吸入发动机；关闭该发发动机；按照标准的单个发动机失效操作程序进行；严格执行发动机设计标准，不断提高发动机抗鸟击的性能。

（3）当多个发动机同时吸入飞鸟时，可以采取躲避/减速、让发动机以75%的动力继续运行5min、执行标准的多个发动机失效的操作程序，还要严格执行发动机设计标准。

（4）在起飞过程中起落架损毁，若是在飞机达到决断速度之前，则取消起飞，同时起飞机场迅速采取应急救援措施，执行规范的起落架损毁操作规程，并严格管理起落架设计标准。

（5）在降落过程中起落架损毁，可以采取的措施包括执行规范的起落架损毁操作规程，目的机场迅速采取应急救援措施，还有严格管理起落架设计标准。

（6）对其他部位造成损毁，飞行员采取躲避/减速措施，同时还有规范操作规程、严格管理设计标准。

按照上述步骤构建的基于 BowTie 方法的机场鸟击风险分析图如图 4－2 所示。

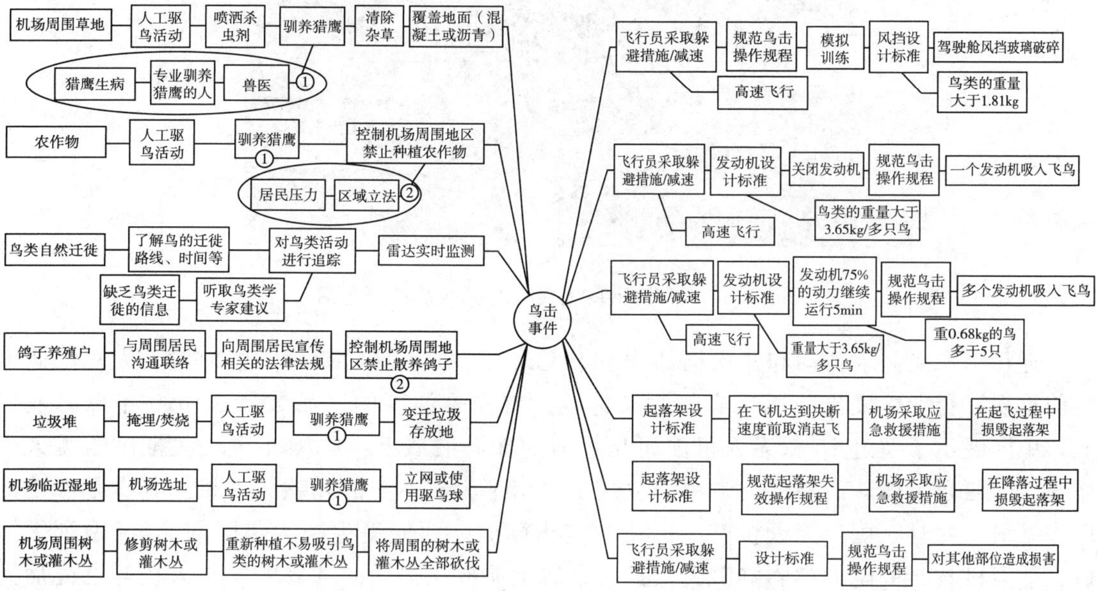

图 4－2　基于 BowTie 法的鸟击事件分析图

二、无人机

现阶段机场驱鸟是通过听觉、视觉或化学剂手段影响动物的感观来实现的，多为鸟枪和猎枪、烟火、煤气炮和鞭炮、电子合成噪声和警告系统、超声波等物理、化学驱鸟法。以上驱鸟方法有一定效果，但需耗费大量人力、物力，且鸟类对此易产生适应性，对误入机场飞行区的高危鸟类防范效果还需进一步提高。因此，机场驱鸟无人机就应运而生（图 4－3、图 4－4）。

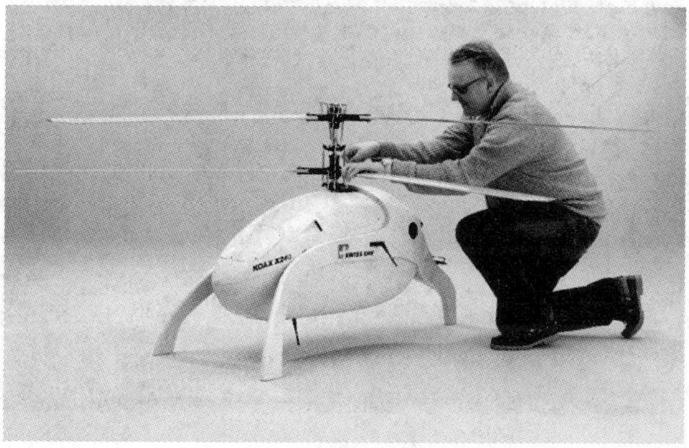

图 4－3　无人机

图 4－4　多轴驱鸟无人机的调试及机场运用

近几年，受需求拉动和几次局部战争中无人机卓越表现的激励，国内对无人机的研发空前重视，行业爆发出前所未有的发展速度。首先是涌现的产品数量。2010 年珠海航展上，中国展示了超过 25 款无人机。而几年前的珠海航展上，中国才第一次推出了无人机概念。即便是上届珠海航展上，中国也只是展示了为数不多的几款无人机。其次是涉足的厂商暴增，并且，国产无人机产品已成功走出国门。西安爱生技术集团的 ASN 系列无人机、航天科技十一院的“彩虹”无人机、中航工业成飞集团的“翼龙”无人机等已先后签订出口订单。

具体到民用方面，首先，无人机作为一种新型遥感监测平台（图 4－5），飞行操作智能化程度高，可按预定航线自主飞行、摄像，实时提供遥感监测数据和低空视频监控，具有机动性强、便捷、成本低等特点，其所获取的高分辨率遥感数据在海域动态监管、海洋环境监测、资源保护等工作中用途广泛。其次，航拍无人机是集成了高清摄影摄像装置的遥控飞行器，系统主要包括载机、飞控、陀螺云台、视频传输、地面站及通话系统等。航拍无人机飞行高度一般在 500m 以上，适合影视宣传片及鸟瞰图等的拍摄。这种飞行器灵活方便，能快速地完成镜头的拍摄。

图 4－5　无人机遥感监测

在无人机展会上，中国无人机厂商风头很劲，大疆、零度、Yuneec 在国外的民用无人机市场知名度和占有率都很高。除了无人机本身，大疆和零度的飞控占有率也非常高。美国、日本和德国的很多无人机公司都在使用大疆的无人机飞控来打造他们的无人机，由于这些中国公司的飞控积累了非常多的飞行经验和参数，所以性能稳定。另外，无人机所使用的直流无刷电机有 90％以上都是来自中国。

中国民航总局《关于进一步加强鸟害防治工作的通知》（民航机发〔2005〕102 号）对机场鸟害防治工作的“责任区”确定为：机场围界以内，飞机起飞阶段高度 100m 以内或者进近阶段高度 60m 以内的区域。在该区域内发生鸟击事件，凡构成飞行事故的，将按照有关规定和程序组织调查，并视情况追究相关单位责任；凡构成事故征候的，在统计上均认定为机场管理机构的责任。

机场驱鸟无人机具有机动方便、节省人力、高速有效等特点。针对现阶段无人机发展水平，应强化其飞控模块、电力供应及飞行避让系统，进一步保障飞行安全。具体体现在三个方面：

第一，机场驱鸟无人机对机场鸟类的驱赶。机场驱鸟无人机在场务人员接到塔台要求驱鸟的命令后，可快速机动，飞至指定净空地点，配合驱鸟煤气炮等现有措施有效驱赶鸟类。

第二，机场驱鸟无人机对影响飞行区净空安全的风筝、孔明灯、气球等外来物的捕获。机场净空区常常会出现一些“不速之客”。“儿童散学归来早，忙趁东风放纸鸢”，人们常把放风筝当作一种“岁时风俗”。但是在机场附近放风筝，若风筝遇上高速飞行的航空器，后果将不堪设想。风筝可能被吸入航空器发动机或堵塞空速管，造成发动机故障、空中停车或仪表指示故障；其引线绳可能缠挂在航空器各种操作舵面上，导致航空器操作困难；与高速飞行的航空器相撞时，会损坏航空器的外部结构。飞行员为避让风筝，导致正常飞行操作受到影响，可能酿成事故。近几年首都国际机场、银川河东国际机场、郑州新郑国际机场、惠州机场、泸州机场等先后发布通告，禁止机场净空区内放飞风筝、孔明灯等危害净空安全的活动。机场驱鸟无人机的应用，将及时、准确捕获这些“不速之客”。

第三，机场驱鸟无人机对机场飞行区 FOD 的巡查。现阶段机场对 FOD 的日常巡查主要依靠机场场务员配合机场跑道巡查车配合作业。采用多种影像传感器的无人机可沿跑道贴近巡查，通过无人机相关的影像处理器分析计算，及时发现 FOD 及道面异常情况，采取有效措施处理。同时结合无人机拍摄影像云端储存等功能，可对道面巡查工作进行科学有效的记录归档。

伴随着机场驱鸟无人机的深入研发、系统升级（图 4－6），以及机场驱鸟工作的实际需要，机场驱鸟无人机的作用、功能不仅仅局限于对机场鸟类的直接、快速、有效的驱赶；更相应衍生出用于机场驱鸟中喷洒药剂、生态调查工作方面的驱鸟无人机平台。

机场喷洒药剂型驱鸟无人机通过电控、飞控等方式，一个人就可操作，完成草坪区药剂喷洒，工作效率和服务面积大大提升（图 4－7 至图 4－9）。总结起来有五大优点：

一是操作简单。驱鸟无人机不需要跑道，随时直起直落。从几米低空飞行可在视距范围内控制飞行喷洒效果，能够精准地喷洒。配备先进的导航自驾系统可以通过地面基站或者一台笔记本电脑设计飞行路线实现飞机自主喷洒药剂。

图 4-6　驱鸟无人机相关的系统升级

图 4-7　无人机田地喷洒药剂调试

图 4-8　无人机草地喷洒除虫试剂

图 4-9　无人机喷洒药剂作业图

二是速度快，效率高。机场草场区昆虫来势非常凶猛，有时人工喷洒效率不够，大面积爆发时无法消灭。机场驱鸟无人机平均每分钟可喷洒约 2 亩。每次装药可以喷洒 30～40min，每次起降可喷洒 50～60 亩农田，是目前传统的人工喷洒速度的近百倍，完全有可能逐步取代传统的人工喷洒药剂作业。

三是喷洒均匀和雾化效果好。在喷洒药剂时，无人直升机向下的强烈旋转气流可以使草场植物翻动和摇晃，这时在下方的植物中形成一个紊流区，从而非常均匀地喷洒药剂，因此能将部分药剂喷洒到茎叶背面和根部，这是目前人工或其他喷洒设备无法做到的。由于直升机下旋风力集中而有力，采用超细雾状喷洒比较容易透过植物绒毛的表面形成一层药剂膜，从而均匀而有效地杀灭害虫。

四是环保效果好，省水，省药，减少污染。无人机作业可省药 30%，省水 90%，有效解决药剂残留及土壤、水源污染问题，喷洒药剂用量少，环保效果好。规模化喷洒方式有利于机场管理部门对机场草坪区质量的把控，减少对机场环境的污染。喷洒时也不会影响远处操作人员的身体健康，劳动强度也大大降低。

五是操作安全。无人机自主飞行喷洒药剂，喷洒作业人员避免了直接暴露于药剂范围内的危险，保障了人员的安全。即使采取手动遥控作业，人员与无人机距离较远，发生操作故障或紧急情况时也不会对操作人员造成危害。改型驱鸟无人机由飞行平台（固定翼、单旋翼、多旋翼）、GPS 飞控、喷洒机构三部分组成，通过地面遥控或 GPS 飞控，来实现喷洒作业，可以喷洒药剂、粉剂等。

各个机场的生态调查报告，是鸟击防范工作中的重要一环。根据机场生态调查报告可以掌握机场及周边地区威胁飞行安全的鸟类动态及与其密切相关的环境、其他生物类群状况，确定主要危险鸟类活动及其影响因素的时空分布，研究针对性的防范和治理建议措施。建立机场鸟情和相关生态环境基础数据库，为建立机场鸟情信息管理系统提供基础数据及系统框架。制定适合于本机场特点的机场鸟击防范工作方案并实施有效的控制措施。

通过对机场驱鸟无人机平台载具的改进，例如加装高清航拍组件、升级图像传感系统等，可以使其很好地运用到机场生态调查报告中（图 4-10 至图 4-12），全方位、立体化、高质量地完成机场生态调查报告。无人机航拍生态调查其优点体现在以下几个方面：

一是机动性强。多旋翼遥控飞机由于其体积相对较小，灵活轻便，任何地方都可以起

图 4-10　现阶段生态调查常用的航拍无人机（DJI/大疆 Inspire1 Pro 系列）

图 4－11　升级高清航拍组件的无人机

图 4－12　广州白云国际机场周边生态航拍图

降，适用于城市道路、乡间小道以及室内等等，还可以进入一些危险区域进行拍摄。

二是受场地限制小。在需要一些狭小地带的快速穿行航拍时，其他航拍手段都无法实现，而这恰恰是遥控飞机航拍的最大优点，能拍摄出别具特色的视觉效果，其音像资料可以更好地用于生态调查报告。

三是费用低。相对于其他航拍手段来说，无人机航拍是费用最低廉的。

四是安全性能好。由于不需要拍摄人员在飞行过程中的参与，故大大提高了拍摄人员和“飞行员”的安全，即使发生意外，最多也就是“机毁”而不会出现“人亡”，并且随着技术的提高，在遥控飞行器上应用的技术也越来越先进，现在连坠毁的可能性都已经降低到非常微小的程度了。

可以预见，在不久的将来，机场驱鸟无人机将不断扩大应用范围，通过无人机驱鸟、无人机喷洒药剂、无人机生态调查等手段来全面协助机场驱鸟工作的开展，以减少人力、物力的投入，解放生产力，从而在根本上提高驱鸟效果，保障机场飞行安全。

三、机器人

机器人（图 4－13）是自动执行工作的机器装置。它既可以接受人类的指挥，又可以运行预先编排的程序，也可以根据以人工智能技术制定的原则纲领行动。它的任务是协助或取代人类进行的工作，例如生产业、建筑业，或是其他危险性的工作。

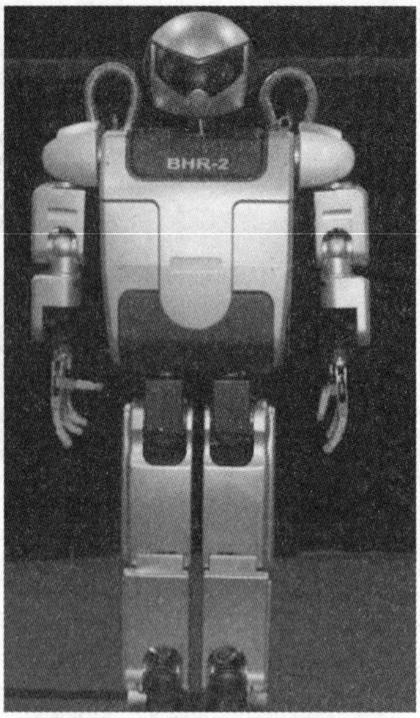

图 4-13　机器人

（一）组成部分

机器人一般由执行机构、驱动装置、检测装置和控制系统和复杂机械等组成。

1. 执行机构

即机器人本体，其臂部一般采用空间开链连杆机构，其中的运动副（转动副或移动副）常称为关节，关节个数通常为机器人的自由度数。根据关节配置形式和运动坐标形式的不同，机器人执行机构可分为直角坐标式、圆柱坐标式、极坐标式和关节坐标式等类型。出于拟人化的考虑，常将机器人本体的有关部位分别称为基座、腰部、臂部、腕部、手部（夹持器或末端执行器）和行走部（对于移动机器人）等。

2. 驱动装置

是驱使执行机构运动的机构，按照控制系统发出的指令信号，借助于动力元件使机器人进行动作。它输入的是电信号，输出的是线、角位移量。机器人使用的驱动装置主要是电力驱动装置，如步进电机、伺服电机等，此外也有采用液压、气动等驱动装置。

3. 检测装置

是实时检测机器人的运动及工作情况，根据需要反馈给控制系统，与设定信息进行比较后，对执行机构进行调整，以保证机器人的动作符合预定的要求。作为检测装置的传感器大致可以分为两类：一类是内部信息传感器，用于检测机器人各部分的内部状况，如各关节的位置、速度、加速度等，并将所测得的信息作为反馈信号送至控制器，形成闭环控制。一类是外部信息传感器，用于获取有关机器人的作业对象及外界环境等方面的信息，以使机器人的动作能适应外界情况的变化，达到更高层次的自动化，甚至使机器人具有某种“感觉”，向智能化发展。例如，视觉、声觉等外部传感器给出工作对象、工作环境的有关信息，利用这些信息构成一个大的反馈回路，从而大大提高机器人的工作精度。

4. 控制系统

控制系统有两种，一种是集中式控制，即机器人的全部控制由一台微型计算机完成；另一种是分散（级）式控制，即采用多台微机来分担机器人的控制。如当采用上、下两级微机共同完成机器人的控制时，主机常用于负责系统的管理、通信、运动学和动力学计算，并向下级微机发送指令信息；作为下级从机，各关节分别对应一个 CPU 进行插补运算和伺服控制处理，实现给定的运动，并向主机反馈信息。根据作业任务要求的不同，机器人的控制方式又可分为点位控制、连续轨迹控制和力（力矩）控制。

（二）巡检机器人

1. 系统功能框图

巡检机器人本体由锂电池组供电，具备自动充电功能，并可通过电源模块为设备供电。驱鸟器不需要自备蓄电池和太阳能电池板。巡检机器人本体工控机通过继电器组控制驱鸟器电源。驱鸟器以单片机为控制核心，上电后自动运行。单片机发出超声频率的脉冲电压，经超声驱动电路处理后，输出到超声探头形成超声波。实时时钟为驱鸟提供时间依据。指示灯用于显示工作状态。巡检机器人配备全向型防水拾音器，可以用于探测鸟叫声，使驱鸟针对性更强。单片机读写存储芯片记录驱鸟次数等事项。图 4－14 为系统功能框图。

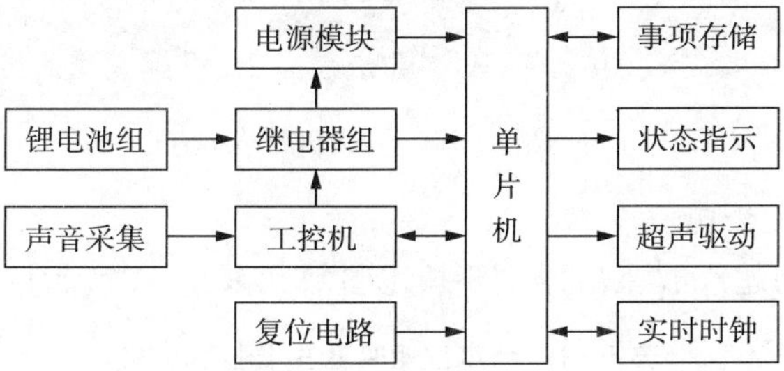

图 4－14　系统功能框图

2. 工作原理

驱鸟系统采用推挽式功率放大电路，配合专用的防水超声波换能器，可将单片机发出的高频脉冲信号，转换成 100dB 以上的超声波播放出来，刺激鸟类神经系统，使其生理紊乱而逃离。驱鸟系统上电后，持续 10s 发出 6kHz 的低频超声，同时指示灯以 1s 的间隔闪烁。1min 后进入工作状态，指示灯常亮。驱鸟系统有定频和扫频两种工作模式，1min 切换 1 次工作模式。单片机根据内置 ADC 产生的随机数，切换超声波定频工作频点。扫频工作在 20～30kHz 的频段中循环，鸟类不易产生适应性。巡检机器人后台通过无线网桥给工控机下发巡视命令，控制变电站巡检机器人进行设备巡视。在机器人巡视过程中，工控机通过继电器组控制超声波驱鸟系统发射定频、扫频超声波。声音采集模块将采集的周围声音送入工控机，工控机对声音进行鸟叫声的提取。工控机可根据鸟叫信息采取相应的驱鸟策略。

3. 驱鸟器适应性结构设计

巡检机器人前部装有超声波停障装置，为防止干扰，将驱鸟器安装在巡检机器人后盖板上。为使驱鸟器发射的超声波尽可能覆盖到鸟害高发位置，包括一般设备和位置较高的设备，如铁塔、门架、阻波器、开关箱等容易搭建鸟窝的地点，同时考虑机器人的行进路线与设备区的相对位置关系（巡检机器人在变电站道路中间运行），将超声波探头斜向上方安装。考虑室外应用防水性能要求高及雨水积聚影响超声波探头起振等问题，选用防水型超声探头，并将超声波电路板安装在机器人本体内部。巡检机器人安装驱鸟器后效果如图 4－15 所示。

图 4－15　巡检机器人

4. 技术参数及相关检测

巡检机器人集成的超声波驱鸟器主要技术参数如表 4－1 所示。

表 4－1　超声波驱鸟器主要技术参数

供电电压	DC12V
作用范围	鸟类、啮齿类、小动物等
超声波声压级别	100～120dB
频率范围	20～30kHz
工作环境温度	－30℃～80℃
超声波作用半径	12m

为保证超声波驱鸟器满足驱鸟要求，必须进行相关检测，主要包括：

（1）鸟类实测。将鸽子等鸟类装于笼中饲养，并放置在驱鸟器有效范围内，开启驱鸟器。逐日观察受测鸟类的生活状态，是否受到驱鸟器的影响。受测鸟类的生活状态，应在驱鸟器发挥作用一段时间后受到不同程度的影响，如进食减少、不爱活动、落羽、精神萎靡等。

（2）鸟巢检测。将驱鸟器放置于有鸟类栖息的鸟巢周边。在生效时间后，观测鸟类在该鸟巢的活动是否有不愿归巢、弃巢等情况。表明驱鸟器能有效抑制鸟类的筑巢、栖息。

（3）仪器检测。用专用检测设备在驱鸟器作用范围内，检测驱鸟器正常工作状态下发出的声波、超声波的频率强度等是否达到预设数值。

（4）开关机检测。设备是否具有运行状态指示功能。突然断电或电压缓慢降低对设备工作状态及性能是否造成损害。

（5）侵蚀检测。设备外壳能否满足防护要求，能否抵御自然状态下的风雨侵蚀。

第五章 驱鸟设备与鸟类保护

鸟的历史比人类历史还要悠久。地球上的鸟分游禽、涉禽、攀禽、鸠鸽、鹑鸡、猛禽、燕雀七大类。现在，全世界约有鸟类8600种。在鸟类最昌盛的时期，世界鸟类约有160万种。我国现有鸟类1256种，约占世界鸟类的13%以上，是世界上拥有鸟类种数最多的国家。

爱护鸟类是一种美德。在英国伦敦，无论大人、小孩不但不打鸟，而且热情款待鸟类；在尼泊尔加德满都，乌鸦可以漫步街头，车辆也要闪避；在鸟的王国——斯里兰卡的首都科伦坡，街道两旁树上鸟窝累累，鸟从居民窗户飞进飞出。世界上已有20多个国家选定了国鸟，有的国家如日本还规定了鸟节。

人们之所以爱鸟，不仅仅是因为鸟能给自然界带来无限生机，给人类生活增添无穷乐趣，还因为绝大多数的鸟是益鸟，对维护生态平衡有利。比如，杜鹃有“春的使者”的美称，一只杜鹃一年能吃掉松毛虫5万多条；大山雀是“果园里的卫士”，一只大山雀一天捕食的害虫相当于自己的体重；猫头鹰被称为“捕鼠能手”，它在一个夏季可捕食1000只田鼠，从鼠口夺回1吨粮食；啄木鸟堪称“森林的大夫”，一对啄木鸟可保护500亩林木不受虫害；喜鹊一年的食物中，80%以上都是害虫；一窝燕子一个夏季吃掉的蝗虫，如果头尾连接起来，可长达3公里。有些鸟类虽然不吃害虫，但却是花粉、树种的传播者。如生活在热带的太阳鸟，经常在花丛中穿来穿去，起到传递花粉的作用。

鸟类是大自然的重要成员，人类的朋友。如果鸟类在地球上绝迹，不但大自然要失去莺歌燕舞的生气，更重要的是生态失去平衡，人类将会遭灾。鸟类灭绝后，昆虫、小兽就会大量繁殖，森林、草原会被一食而空，地球上的动物以及我们人类就会失去资源，失去食物。

一、鸟类的生存现状

中国是世界上鸟类资源丰富的国家之一。据国家林业局及中国野生动物保护协会最新统计，中国现有鸟类1256种，不仅鸟类资源种类丰富，而且只有中国特有的鸟类也非常多。目前，中国有褐马鸡等50多种特有珍稀鸟类。世界上共有鹤类15种，中国就有9种；雁鸭类148种，中国有46种；野生雉类276种，中国有56种，被国际鸟类学界称为“雉类的王国”；世界上最为珍稀的朱鹮，一度被认为在世界上已经灭绝，1981年在中国被重新发现，经过中国政府的努力，目前已经发展到200多只，为世界拯救濒危物种树立了榜样。草鸮数量非常稀少，已列入国家重点保护野生动物名录，属国家二级保护鸟类（图5-1）。然而，中国野生动物保护协会公布的对野生动物状态的调查报告表明，近年来食用、经营野生动物现象有所发展，尤其有些地方食用野生鸟类成为一种风气，违法经营鸟类的情况比较普遍，甚至有些地区达到了难以遏制的程度。调查中发现，人类食用野生动物的种类约53种，除梅花鹿、鸵鸟等7种来源于人工养殖外，其他46种野生动物均源于野外，占调查种类的86.8%。仅广东省平均每天就要吃掉两万只鸟。据广东省林业厅的有关负责人介绍，全省鸟类资源有450余种，近几年已经有许多野生鸟种濒临灭绝，调查人员对25座城市的1381家餐馆、286家副食商场、218处集市进行了调查，经营野生动物的餐馆688家、副食商场44家、集贸市场91处。其中兽类16种，两栖爬行类16种，鸟类21种。在南方一些城市街头的酒楼、饭馆走一圈，无论是高档的“食府”“美食城”，还是低廉的“大排档”，几乎到处都卖野味。吃“雀”的人极为普遍。这个“雀”并不单指麻雀，而是所有野生鸟类的统称。许多饭店的门前，常见“百鸟齐鸣”的景象，然而这些鸟很快就成了食客桌上的美味。中国野生动物保护协会介绍，从近年查处的捕杀鸟类事件中可以看出，一些人被经济利益所驱动，不惜一切手段捕杀鸟类（图5-2）。如发生在河南省三门峡市的毒杀白天鹅事件，发生在山西省忻州地区的毒杀野鸡事件，发生在江西省鄱阳湖的毒杀鸟类事件。投毒者的直接目的，就是为了捕杀后去饭店卖钱。据不完全统计，我国动植物种类中已有15%～20%受到威胁，高于世界10%～15%的平均水平。

图5-1　草鸮

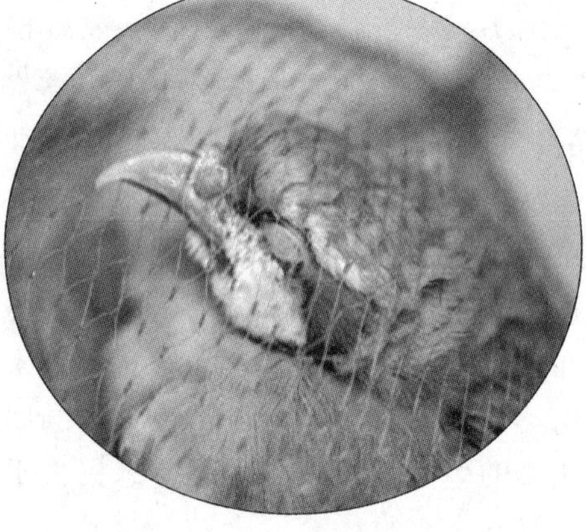

图5-2　被捕的鸟类

近日，名叫“鸟类生活国际”的组织发布最新的研究报告，向人类提出警告，世界上将有1000多种鸟类面临灭绝的危险，而非洲农业发展以及热带森林的减少更让这种危险雪上加霜。该组织是一个全球性的保护组织联盟，这份报告对鸟类目前的状况以及分布情况都做了系统的研究。下面就是一组研究报告数据：

世界上每8种鸟类就有一种鸟类面临灭绝的危险，或者说有1211种鸟面临灭绝的危险，占已知的1万种鸟类的12%，而且有179种鸟已经处在灭绝边缘。在1211种濒危鸟类中，有966种（占80%）鸟类的数量不到10000只，数量在2500只以下的有502种（占41%），而更有77种鸟类的数量不足50只，这77种鸟属于高危物种，极可能会从地球上消失。

世界上受到威胁的大部分鸟类生活在热带地区，而其中的64%是由于热带森林遭到破坏而引起的，欧洲农田里的鸟类在40年里数量下降了三分之一。海岛上濒危鸟类的67%是由外来物种的引进造成的，比如岛上引进兔子或山羊，它们破坏了鸟类的生活环境，导致鸟类数量急剧下降。

二、鸟类的价值

鸟类的价值如图5-3所示。

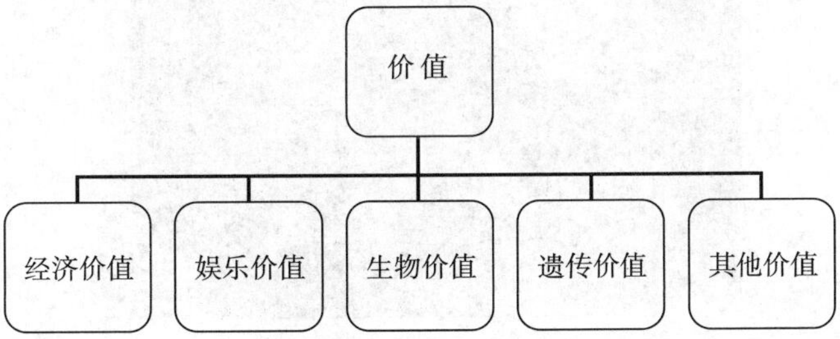

图5-3 鸟类的价值

1．经济价值

鸡、鸭、鹅、鸽子等，是人类蛋白质的重要来源，家禽是由野禽驯化而来的。鸭类（图5-4）和鸡类，其肉可食，其羽毛可做羽扇、头巾、羽绒服等。

图5-4 绿头鸭

2．娱乐价值

驯鸟的玩家通常会在公园等地交流，进行鸟类的表演，每逢节假日就会有众多玩家带着各自的宝贝现身，各展所长，争奇斗胜，以作消遣。不少居民都喜养鸟，以此为生活增添新的情趣（图5-5）。

3．生物价值

（1）啄木鸟啄树取食时，脑袋不停地震动，而生理机能不受任何影响，科学家由此模仿啄木鸟的头壳制成了“防震碰撞头盔”。

（2）飞机的出现是来自人们对飞禽鸟类的直接模仿。蜂鸟不仅能垂直起落，而且在吸

图 5-5　鸟类的娱乐价值

吮花蜂时能以直立姿势悬在空中，进退自如，灵活异常。飞机的垂直起降、空中悬停及掉头都受蜂鸟这些功能的启发。

（3）在鸽眼的启示下，科学家用光电管和人工神经元制成了“电子鸽眼”，它能够快速检测经过眼前物体运动的速度、方向、大小及形状。将这种电子鸽眼安装在机场上，能大大提高指挥系统的工作效率，能够防止飞机碰撞事故。

（4）根据猫头鹰眼睛的特殊构造，科学家发明了“夜视仪”（图 5-6）。

图 5-6　猫头鹰眼睛与夜视仪

4. 遗传价值

鸟类是一个巨大的遗传基因库，保护鸟类就是保存鸟类的遗传基因，也就保存了遗传基因的多样性。遗传基因多样性是生物多样性的基础。

5. 其他价值

（1）监测环境

鸟类有富集有害物质的功能，吸入的空气和进食的食物如被污染，就会在鸟类体内富集，人们通过收集鸟类胃容物的方法，进行实验分析污染物，便可知环境的污染状况。所以鸟类常用来监测环境，用于反映环境质量的变化。

（2）预报地震

有些鸟类的感觉比人类敏锐，能先于人类感觉到地面的轻微震动，利用鸟类的这种功能预测地震具有一定的意义。鸽子在预测地震方面有很大的贡献，它的腿上有一个小巧而灵敏的感受地震的特殊结构，人们根据它的原理仿制出一种新的地震仪，使地震预报更加准确。在1976年的唐山大地震中，一家养的几百只鸽子在地震来临前一个多小时内，全部离巢飞走。“鸽子惊飞”现象说明在地震来临前鸽子已经感觉到了人类感觉不到的地面的轻微震动。

三、保护措施

1. 具体保护措施

（1）保护鸟类的栖息环境，积极参加植树造林，治理水污染。

（2）主动学习保护鸟类的科学知识和相关法律法规。

（3）不伤害、不笼养、不捕杀野生鸟类。

（4）自觉遵守野生动物保护法律法规和有关规定，不非法出售、收购、加工、运输鸟类或其产品。

（5）敢于同不良行为做斗争，不随意掏鸟蛋、毁鸟巢或捕杀鸟类。

（6）对伤害鸟类者主动劝说，发现乱捕滥猎、伤害、贩卖鸟类等野生动物的不法行为，及时检举和控告。

（7）积极参加“爱鸟周”活动，向社会广泛宣传鸟类的知识，增强人们爱鸟护鸟的意识。

（8）从我做起，摒弃陋习，拒食濒危鸟类。

2. 保护公约

由于环境的污染，加上乱捕滥猎等原因，鸟类资源遭到破坏，种类、数量越来越少。

保护鸟类公约是为保护鸟类而设置的公约，共五条。

一、防止野外鸟种灭绝。

二、监测全球鸟类及其重要栖息地之保育状况。

三、评鉴并确保全球性鸟类及重要之生物多样性代表地区之适当保育。

四、提升世人对鸟类及自然环境之重视与关怀。

五、重视鸟类，关注鸟类灭绝。

第六章 未来的驱鸟设备

一、电磁类驱鸟设备

电磁波，是由同相且互相垂直的电场与磁场在空间中衍生发射的震荡粒子波，是以波动的形式传播的电磁场，具有波粒二象性。电磁波由同相振荡且互相垂直的电场与磁场在空间中以波的形式移动，其传播方向垂直于电场，电磁波在真空中速率固定，速度与光速一样，为 3.0×10^{8}m/s。

电磁波（图 6-1）伴随的电场方向、磁场方向、传播方向三者互相垂直，因此电磁波是横波。当其能阶跃迁过辐射临界点，便以光的形式向外辐射，此阶段波体为光子，太阳光是电磁波的一种可见的辐射形态，电磁波不依靠介质传播，在真空中的传播速度等同于光速。电磁辐射由低频率到高频率，主要分为：无线电波、微波、红外线、可见光、紫外线、α 射线和 γ 射线。人眼可接收到的电磁波，称为可见光（波长 380～780nm）。电磁辐射量与温度有关，通常高于绝对零度的物质或粒子都有电磁辐射，温度越高辐射量越大，但大多不能被肉眼观察到。

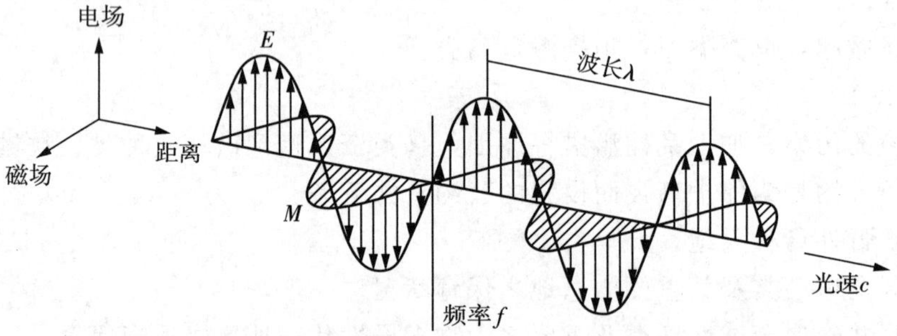

图 6-1 电磁波

频率是电磁波的重要特性。按照频率的顺序把这些电磁波排列起来，就是电磁波谱。如果把每个波段的频率由低至高依次排列，它们是无线电波、微波、红外线、可见光、紫外线、α 射线及 γ 射线。

通常意义上所指有电磁辐射特性的电磁波是指无线电波、微波、红外线、可见光、紫外线，而 α 射线及 γ 射线通常被认为是放射性的。

电磁场是物质的特殊形式，它具有一般物质的主要属性，如质量、能量、动量等。客观上永远存在着与观察条件无关的统一的电磁场，把它分成电场与磁场两部分是相对的，是与试验条件有关的。

对于随时间做正弦变化的电磁波，按照其电场强度 E 与磁场强度 H 的等相面（即波前面）为球面、柱面或平面的不同情况，电磁波又有球面波、柱面波与平面波之分。

电场与磁场都在垂直于传播方向的平面上的电磁波，称为横电磁波，简称 TEM 波。在垂直于波的传播方向平面上其含电场的电磁波称为横电波，简称 TE 波；而在传播方向上有电场分量而无磁场分量的，称为横磁波，简称 TM 波。

电磁波谱按正弦电磁波在自由空间中的波长 λ 或频率 f（$\lambda f=c=3.0\times10^8\,\mathrm{m/s}$）的顺序排列而成的表称为电磁波频谱。为了方便，常把波谱分成频段或波段。300GHz 以上，便依次进入远红外、可见光、α 射线和 γ 射线区域了。

据报道，曾经有过这样一件事情发生：有一架运输机，在一家养殖场的上空低空盘旋过后，场主发现场内养殖的几千只鸡都死了。后来通过调查原因得知，是这架运输机发出的一种次声波与鸡心脏的固有频率相近，与心脏产生了共振导致鸡全部死亡的。后来通过查阅资料得知，各种鸟类的心跳频率都要比哺乳类动物的心率大得多，一般每分钟 300～500 次，飞行时还要快些。且鸟类的心脏在受到惊吓或刺激后很容易发生心力衰竭。因此，是否可以利用鸟类这一生理上的特征和弱点来研究驱鸟已成为驱鸟研究人员的研究热点。

另外，在探索鸟类迁徙和信鸽归巢的研究中，人们还发现，鸟类对次声波和磁场极为敏感，而这些却不会被人类发觉，这是现代科学早已发现和证实了的。

美国康乃尔大学教授克莱丁在探索信鸽归巢和鸟类迁徙的研究中发现，信鸽等鸟类能够察觉到频率极低的声音，即低于人类听觉范围的声音，又叫次声波或亚声波。他发现，信鸽能够听得见并辨别出频率很低的声音，即中央 C 音以下 8 个音阶的声音。那些来自于喷射气流、海洋波涛、雷雨、地形上的目标，如山脉所发出的一贯的、相同调号的低频率音程都能被信鸽等鸟类所发觉并识别出来。这些低频波能传播到数百公里，甚至数千公里的地方。信鸽和鸟类就是靠这些复杂的声音图谱为自己导航归巢和迁徙的。

2001 年 8 月，中央电视台一套《人与自然》栏目还曾播出过这样一个事实：发生在大西洋海面上的一场海啸所发出的低频波，竟使远在千里之外的英国一个广场上正在觅食的一群鸽子吓得飞逃。

在现实生活和科学活动中，人们就曾利用过鸽子等鸟类进行地震和风暴来临前的预测与研究。因为地壳的运动和气流的波动等自然环境的细微变化所发出的低频波都能被鸟类所发觉。我国早在 20 世纪六七十年代就有鸟类预测地震的研究和记录，结果表明预测的准确性大于 95%。由此可见，鸟类对低频波是相当敏感的。这里所说的低频波，就是人耳听不见的次声波，可以利用它来研究驱鸟。

综上所述，如果对不同鸟类能找到一种或几种频率的波，对鸟类能产生不舒服或不适应的感觉和影响，使它们能够远离飞行区域，而这个频率对人类又无影响和伤害，就找到了解决问题的关键，就可以轻易地通过一个无线电装置来产生或合成所需的频率，再把它转换为一定强度的声波发射出去，根据区域范围的大小来调整发射功率确定强度。另外，根据波形特点，还可以采用声波合成的方法进行定向发射。下面有两种驱鸟设计方案：

其一，在鸟类心率 300～600Hz/min 频率范围内找几个频点，发射一定强度的该频率的波，使鸟类在这个波覆盖的范围内有不舒适的感觉，逼使它们飞离这个区域；

其二，模仿地震、海啸或风暴发生时所发出的特有的低频波，模拟产生一定强度的该频率的波，使这个波覆盖区域内的鸟类惊厥外逃。

这样，就达到了驱鸟的目的，且效果持久，同时对鸟类和人类都没有伤害。生物学家、鸟类专家和自然科学家们一定能研究并找到这个频率。到那时，一种全新方式的绿色环保的驱鸟设备即将诞生。

二、声波类驱鸟设备

声波驱鸟以其不伤害鸟类，通过播放超声波刺激鸟类的神经系统，使其生理紊乱而逃离，故没有地域性限制，适合大范围的推广应用。在实际应用中还可通过不断变换超声波频率降低鸟类的适应性。此外由于超声波频率高于人耳所能听到的范围，所以能尽量减少其对人类生活造成的影响。采用定时工作方式的驱鸟装置会加快鸟类对驱鸟装置的适应速度，采用探测方式可减缓这方面影响，故在未来的声波驱鸟设备中声波驱鸟器将与飞鸟探测器相结合，形成一种联动的驱鸟设备，减少鸟类的适应性，达到最好的驱鸟效果。

这里提出一种智能型驱鸟装置，它采用微波雷达探测，误报率低，探测立体角度大。此外根据探测结果做出的驱鸟超声波频率变化和强闪光动作，既能降低鸟类的适应性又能增加惊吓的效果。

（一）微波多普勒雷达飞鸟探测原理

微波多普勒雷达飞鸟探测原理如图 6-2 所示，雷达发射固定频率 f_0 的微波对空扫描，如遇到活动的飞鸟，回波频率与发射波频率出现频率差 f_d，称为多普勒频率。根据 f_d 的大小，可测出飞鸟对雷达的径向相对运动速度。采用频率过滤方法检测目标的 f_d 谱线，可滤除干扰杂波的谱线，从强杂波中分辨出飞鸟目标。所以多普勒雷达具有很强抗杂波干扰能力，能探测出复杂环境背景中活动的飞鸟。f_d 的计算式为：

$$f_d = 2v\ (f_0/c)\ \cos\theta \tag{1}$$

式（1）中：v 为目标速度；c 为光速，$c=3.0\times10^8$ m/s；θ 为飞鸟移动方向与微波辐射方向间的夹角。

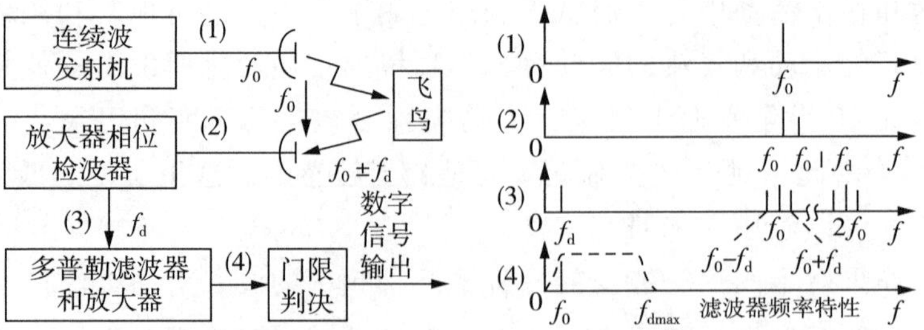

图 6-2　微波多普勒雷达飞鸟探测原理

设飞鸟朝微波辐射方向移动速度为 1～3m/s，则 f_d 为 70～210Hz。通过对多普勒信号进行选频放大和门限判决后，就能获得能够反映飞鸟活动情况的数字脉冲输出，为单片机下一步的驱鸟动作提供依据。

（二）系统工作原理

驱鸟装置系统主要由探测模块、电源模块、控制中心和执行模块 4 部分组成。光敏检测电路检测外界光照情况为系统选择白天/夜间工作模式提供依据。微波多普勒雷达负责探测杆塔附近的飞鸟活动情况，提供数字信号给单片机判断。电源模块由蓄电池加太阳能板组成，保证整个系统在独立的情况下能持续稳定地工作。控制中心由单片机 PIC16C54 和基本的外围电路组成，主要负责白天/夜间模式选择，接收雷达信号，驱动执行模块工作驱赶飞鸟等。执行模块由超声波放大换能电路和强闪光模块组成。超声波放大换能电路将单片机产生的超声波信号进行功率放大和换能，可向塔杆附近播放 120dB 的变频超声波。强闪光模块由大功率白光 LED 和驱动电路组成，在单片机控制下，在夜间模式下定时地发出强光。

（三）系统硬件设计

1. 微波多普勒雷达模块

微波多普勒雷达模块由微波移动传感器和多普勒信号处理电路组成。微波移动传感器采用的是 X 波段移动传感多普勒模块 HB100，它集成了振荡器、混频器、发射和接收天线，仅需提供 5V 电源便可直接输出毫伏级的多普勒信号。多普勒信号处理电路如图 6－3 所示，主要负责提取、放大、数字化能反应塔杆附近飞鸟活动情况的多普勒信号，再提交给单片机处理。图 6－3 中，R_1 为微波移动传感器的额定负载；C_2、C_5 实现了电路各部分的直流隔离，抑制低频波动；C_1 滤除微波移动传感器高频杂波，从而提取出能反应塔杆附近飞鸟活动情况的多普勒信号。

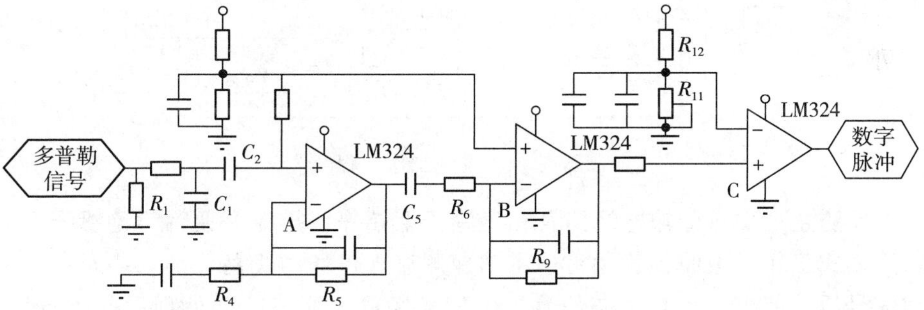

图 6－3　多普勒信号处理电路

由 LM324A 及相关元件组成第 1 级放大电路，其增益 $A \approx R_5/R_4 = 1000$；第 2 级放大器由 LM324B 及相关电路组成，增益 $B \approx R_9/R_6 = 62$；两级放大增益 $C = A \cdot B = 62000$，约 48dB。由 LM324C 及 R_{12}、R_{11} 组成的电压比较器，把前级放大的信号变换成数字脉冲信号，调整 R_{11} 可改变探测距离的大小。

2. 单片机选择

PIC16C54 是一种超小型单片机，采用仅 33 条的精简指令集，指令字长 12 位，全部为单字节；除改变 PC 值的指令外，其余均为单周期指令，简单易学，有利于缩短开发周期；具有内部自振式看门狗，可防止程序跑飞，确保系统的稳定性；在拷贝时熔断保密熔丝可保护程序不被拷贝，保密性高，为嵌入式控制应用提供质优价廉的解决方案。

3. 太阳能供电系统

太阳能供电系统由太阳能电池板、控制电路和蓄电池组成。太阳能电池板是供电系统的核心部分，其作用是将太阳辐射能转换为电能，推动电路工作或送往蓄电池中存储起来；控制电路的作用是控制整个供电系统的工作状态，包括太阳能电池板输出电压与蓄电池充电电压（电路工作电压）之间的转换，对蓄电池的过充电和过放电保护等；蓄电池采用免维护铅酸电池作为太阳能电池板的补充，在光照充足时将多余的电量存储起来，在阴雨天等需要的时候再释放出来，保证这个驱鸟装置系统能持续且稳定地工作。

4. 执行模块

超声波放大电路采用由 TIP127 和 TIP122 组成的推挽式功率放大电路，配合专用的超声波换能器，可将单片机发出的具有超声波频率的信号，转换成 120dB 以上的超声波播放出来，刺激鸟类神经系统，使其生理紊乱而逃离。

强闪光模块由大功率白光 LED（3W）和驱动电路组成。采用大功率场效应管 BUZ91A 驱动，可通过单片机的高低电平直接控制 LED 的亮灭，亮度大于 300lm，产生的强光可照亮塔杆附近，恶化鸟类栖息环境，防止鸟类在杆塔上栖息和筑巢。

（四）系统应用

根据白天晚上驱鸟目的的不同，系统设置了两种工作模式。图 6－4 所示为系统工作流程。

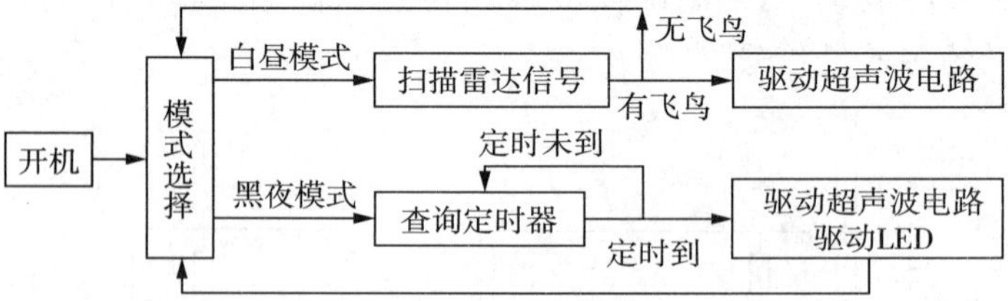

图 6－4　系统工作流程

白天主要防止鸟类碰撞输电线路及在绝缘子上端停留排泄粪便污染绝缘子等。系统采用主动探测模式工作。微波多普勒雷达主动探测靠近机场的飞鸟等活动小目标，单片机在收到活动信号后，产生变频超声波信号。该信号经放大换能电路处理后向机场四周播放，驱赶飞鸟。晚上主要是阻止鸟类在机场栖息，由于夜间鸟类在机场上基本不活动，此时雷达探测关闭，系统切入定时工作状态，以降低功耗。每隔一段时间，单片机驱动超声波换能电路向机场四周播放高分贝超声波，驱动强闪光模块闪烁刺眼的白光，打断鸟类的休息，直至鸟类无法忍受，离开机场。

三、信息类驱鸟设备

（一）机场智能化驱鸟系统

目前国内外采用的是一系列简单直接的驱鸟方法，目前比较流行的驱鸟方法有煤气炮、录音驱鸟、驱鸟车、超声波驱鸟器、猎杀等。煤气炮使用起来不方便且不环保，如 Claws 驱鸟器主要由煤气炮和两个扩音喇叭组成，煤气炮通过点燃煤气瞬间发出爆鸣声来驱鸟。现在该类产品逐渐被市场所淘汰。超声波驱鸟器由于覆盖范围的限制，起效慢，一般用在电力系统中，使用在机场效果不好。录音驱鸟，采用的方法是播放鸟类天敌的鸣叫声以及鸟类遇到伤害后的悲鸣声的录音，时间久了鸟类会产生适应性，对此置若罔闻。国内机场现有的装备中，轨道式无人驾驶遥控驱鸟车装备有驱鸟炮和大功率喇叭等驱鸟设备，通过无线遥控，使驱鸟车在轨道上来回巡逻，但是无线遥控驱鸟车对鸟情的处理受到轨道的限制，鸟类很容易适应。猎杀的方式虽然有效，但是破坏了生态平衡，所以尽量不用。国内现有的驱鸟手段存在一定弊端，国外的声音驱鸟器成本过高，易损耗，而且往往存在着水土不服的缺点。本系统基于 ZigBee 和短波的无线传感器网络，实现了对机场区域鸟情信息的实时采集，解决了鸟情报警不及时和机场鸟情信息管理不规范的问题，同时通过无线网络和上位机监管平台结合数据挖掘技术，对鸟情报警信息进行管理分析，根据实时鸟情信息设定驱鸟方式从而联动驱鸟。驱鸟设备采用智能机器人和智能驱鸟炮，解决了鸟类对驱鸟设备的耐受性问题。利用无线传感器网络（WSN）的优势，初步解决了传统驱鸟的时效性差，管理不便、成本高、人员需求多等问题。有效驱赶鸟类，保护了生态平衡的同时有效降低了鸟撞事故的发生。

1. 机场智能化驱鸟系统设计方案

机场智能化驱鸟系统结构介绍：基于对机场现场的驱鸟情况的考察，提出了以 Cortex－M3 内核的 Stm32 为核心的机场鸟情信息采集系统，利用电子罗盘和 GPS 技术采集现场鸟情，借助无线网络传输鸟情信息、控制信息。组合控制声音驱鸟、机器人驱鸟、煤气炮驱鸟等多种驱鸟方式，达到良好的驱鸟效果。与传统驱鸟设备相比，鸟情的信息采集智能化，电子罗盘和 GPS 技术可以采集鸟情报警的方向、速度、地理位置，将鸟情信息数据存入数据库，利用数据挖掘技术对鸟情信息进行分析，对鸟情进行预报，在未出现鸟情的情况下提前做好准备工作，杜绝鸟撞事故的发生。传统的鸟情采集都是通过操作人员手写记录，这种方法既不规范时效性又差。

机场智能化驱鸟系统框图如图 6－5 所示，当机场驱鸟人员发现危险情况时，通过鸟

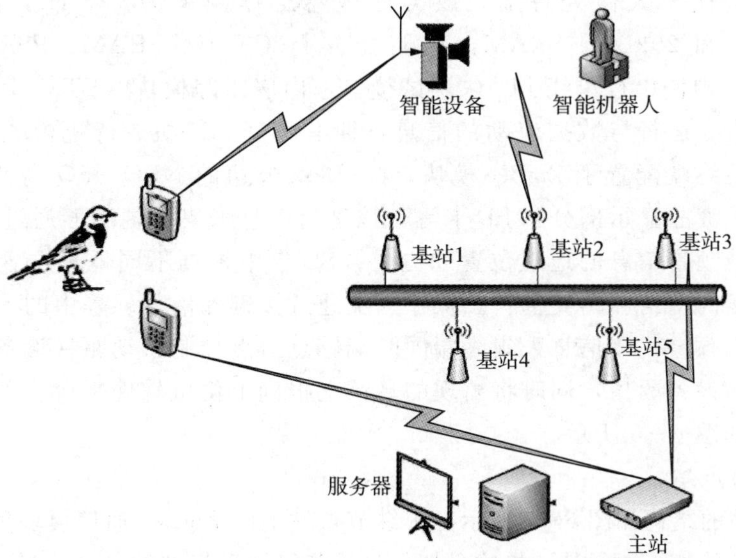

图 6－5　机场智能化驱鸟系统框图

情信息采集仪操作面板上的键盘采集鸟情信息，借助ZigBee和短波无线网络传输到上位机管理平台。上位机软件对鸟情信息进行分析处理后，可以针对不同的鸟类和不同的鸟情，选择不同的驱鸟方式，如机器人驱鸟、音频驱鸟、煤气炮驱鸟等，也可以选择组合方式，将多种驱鸟方式组合起来使用，达到最佳的驱鸟效果。该系统的驱鸟设备在传统驱鸟设备的基础上做了一定的改进。传统的驱鸟设备单一化，每个飞行日的联动驱鸟设备相同，该系统中引用了多种驱鸟设备，确保了驱鸟设备的多样化，同时传统的驱鸟设备的动作模式都事先固定好嵌入驱鸟设备中，音频驱鸟器中的声音都是固定的。该系统中的联动驱鸟设备可以根据不同的鸟情信息实时改变驱鸟方式，根据需要组合驱鸟设备，根据机场位置、季节、鸟类的不同设定驱鸟的声音。

2. 机场防鸟撞系统的模块功能设计

（1）ZigBee网络

ZigBee技术是一种基于IEEE802.15.4协议标准的新兴短距离、低功耗无线通信技术。它已经成为无线通信网络的一个研究热点，ZigBee技术的主要特点包括低数据速率、低功耗、短时延、高容量、低成本等。在WSN网络中所有ZigBee网络节点设备分为以下三种类型：网络协调器节点（Coordinator）、路由节点（Router）和终端节点（End Device）。这三种节点类型都是网络层概念。他们的部署决定了网络拓扑形式。不论ZigBee网络采用何种拓扑方式，网络中都需要有一个并且只能有一个网络协调器节点。它是整个网络的规则制定者，管理整个网络的设备。它可以选择信道的频段，允许加入节点和删除节点。路由节点可以转发数据，延伸ZigBee网络规模，主要用于树形和网形拓扑结构中。路由节点不能够休眠。终端节点的主要任务是发送和接收信息。节点类型的定义和节点在应用中所起到的作用并不相关。

（2）鸟情信息传感器采集终端

STM32F103RBT6是鸟情信息采集终端的MPU和软件运行的平台，STM32F103是32位标准RISC嵌入式微处理器，该类处理器工作频率为72MHz，内置128kB的FLASH存储器和20kB的SRAM，存储器支持CF卡、SRAM、PSRAM、NOR和NAND存储器，内嵌串行单线JTAG调试接口，内嵌跟踪模块（ETM），可以提供芯片运行时清晰的指令运行与数据流动的信息，拥有睡眠、停机、待机模式三种低功耗模式。该信息采集终端配置了ZigBee模块、u-Blox公司的NEO-5Q高性能GPS芯片、电子罗盘部分、液晶显示部分和SD卡等。该鸟情信息采集终端能够通过GPS芯片和电子罗盘采集鸟情预警信息的地理位置和方位，SD卡中根据不同地理位置和气候的不同存储了相应机场的鸟情和鸟类资料。操作人员通过按键和液晶屏幕中的人机界面进行鸟情信息的采集和预警。该信息采集终端同时能够点对点控制联动驱鸟设备，在紧急情况下组合联动驱鸟设备驱鸟，同时将出现的鸟情上报到上位机软件平台。鸟情信息采集终端的结构组成如图6-6所示。

（3）中继节点站

中继节点站的结构如图6-7所示，中继节点站上的ZigBee通信模块负责和联动驱鸟设备、鸟情信息采集终端通信，接收鸟情信息采集终端采集到的鸟情信息，下发控制联动驱鸟设备的命令信息。MCU负责ZigBee网络和短波无线网络数据的解析、处理和转发。

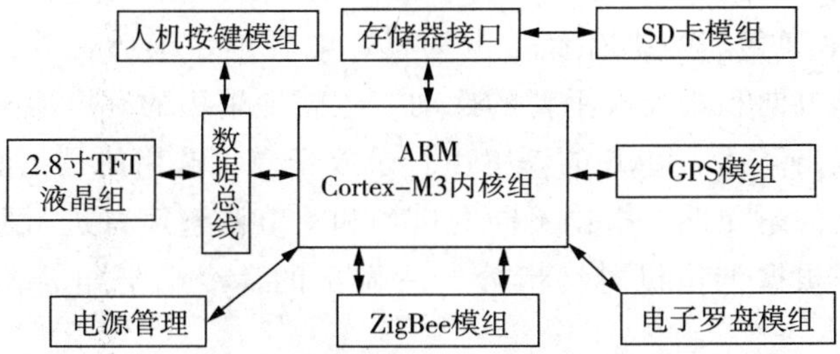

图 6-6 鸟情信息采集终端的结构组成

短波电台通信模块负责和主站平台进行通信。该种组网方式大大降低了数据传输的误码率，提高了通信质量和效率。中继节点站负责将采集终端采集到的鸟情信息分析处理后传输给主站上位机软件平台，中继节点站起到了信息上传下达的作用，这就要求其具有良好的数据处理能力，中继节点站选用的微控制器是STC系列的STC12C5A60S2微控制器。STC12C5A60S2单片机中包含中央处理器（CPU）、程序存储器（Flash）、数据存储器（SRAM）、定时/计数器、UART串口、串口2、I/O接口、高速A/D转换、SPI接口、PCA、看门狗及片内R/C振荡器和外部晶体振荡电路等模块。STC12C5A60S2系列单片机几乎包含了数据采集和控制中所需的所有单元模块。每个中继节点和信息采集终端的ZigBee网络以星形网络的方式组网。短波数传电台模块选用的是TDX-868A数传电台，该型号电台的抗干扰性强，发射和接收灵敏度高，支持点对点、点对多点的无线数据通信，工作频段是433MHz ISM频段，不需要额外申请频段，该电台的额定工作电压是12V，装载户外天线后通信距离可以达到3km，该电台模块与外部通信采用的接口是UART和RS485，最大的数据传输速率可以达到38400bps。

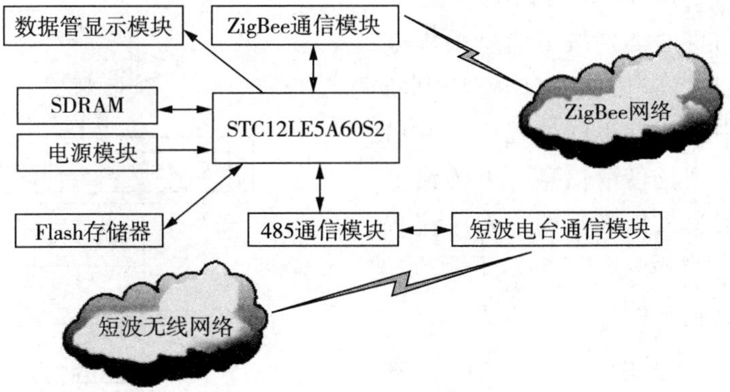

图 6-7 中继站结构图

（4）智能联动驱鸟设备

智能联动设备包括声驱炮、煤气炮、激光驱鸟器、机器人等，在此详细介绍其中一种新型的智能机器人。智能机器人能够接收上位机平台的命令信息和鸟情信息采集终端的报警信息，并做出响应，调整设备转向鸟情报警的方向进行组合驱鸟方式智能有效驱鸟。联动设备既要接收信息采集终端的命令信息，又要接收上位机监管平台的动作命令，所以选用的处理器是 STC 系列的 STC12C5A60S2 微控制器，确保了工作稳定性和准确性。该智能设备配置了 ZigBee 通信、数据存储、电动机、电磁炮、录放音等模块。电动机用于转动调整机器人的动作方向和机器人手臂的摆动。电磁炮采用的是电容充电快速放电原理激发炸头动作，瞬间发出高达 180dB 的爆鸣声。录放音模块选用的是工业型模块，能够实时更新声音，应对鸟类的耐受性，根据不同的机场和季节调整声音进行驱鸟。所有的模块可以同时启动，也可以根据上位机对鸟情分析后做出的命令信息组合不同的模式做出驱鸟动作。

3. 软件设计

(1) ZigBee 设备的程序设计

终端节点和中继节点都是由 MCU、XBee 组成的。首先是对 XBee 的设置和调试试验。X-CTU 是 Digi 西无线通信产品测试软件和设置工具，它的功能包括：工作频段、网络 ID 号、某设备在网络中唯一的标识等参数的设定，以及信道通路的基本测试。其次，在 ZigBee 设备中的主控芯片是软件编程的重点，同时也是对 ZigBee 协议栈的实现。针对 STM32 和 STC12 系列单片机的开发工作，应用最广泛的开发环境是 KEIL 集成开发平台。系统将 ZigBee 协议栈采用模块化程序设计方式。软件模块分为数据采集、数据发送和数据接收模块、XBee 连接 UART 等模块。收发模块是其核心。

(2) 信息采集终端软件

信息采集终端开机后要先进行初始化，初始化包含液晶初始化、Zigbee 初始化、按键初始化三部分。初始化正常后进入 While 循环，等待报警中断的出现。当操作人员发现环境现场异常，出现鸟情信息后，需要启动联动设备或者将鸟情信息数据上传，并根据鸟情信息的类别按下信息采集终端的相应按键。当相应按键按下触发中断后，根据不同的中断执行不同的程序，并启用相应传感器采集现场鸟情信息，上传给上位机监管平台。信息采集终端的主程序流程图如图 6-8 所示。

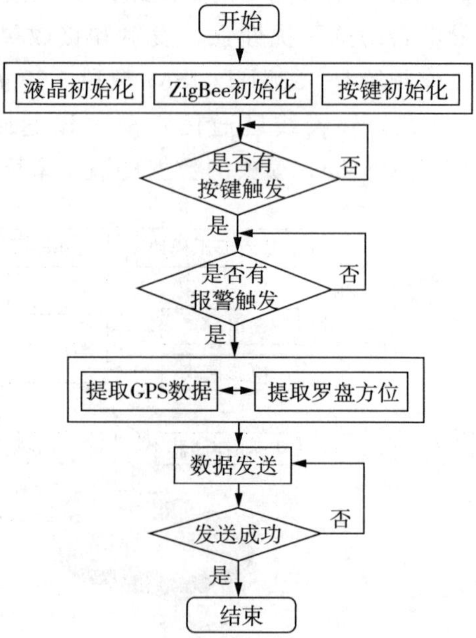

图 6-8　信息采集终端的主程序流程图

(3) 中继节点站软件

中继站节点开机上电后，先进行电台初始化、ZigBee 初始化、数码管初始化，初始化完成后将基站的基本信息和通信信息在数码管上循环显示。如果设备出现异常，在数码管上则会显示异常报警信息，初始化正常后等待中断信号，即检测是否有串口中断。当信息采集终端鸟情信息传输到中继站节点触发串口中断后，中继站 MCU 解析收到的数据，并根据数据类型从电台发出；当主站平台的命令信息传输到中继节点站触发串口中断后，中继站 MCU 解析接收的数据信息，根据数据类型从 ZigBee 模块发送到 ZigBee 网络。中继节点站核心原理图如图 6－9 所示。

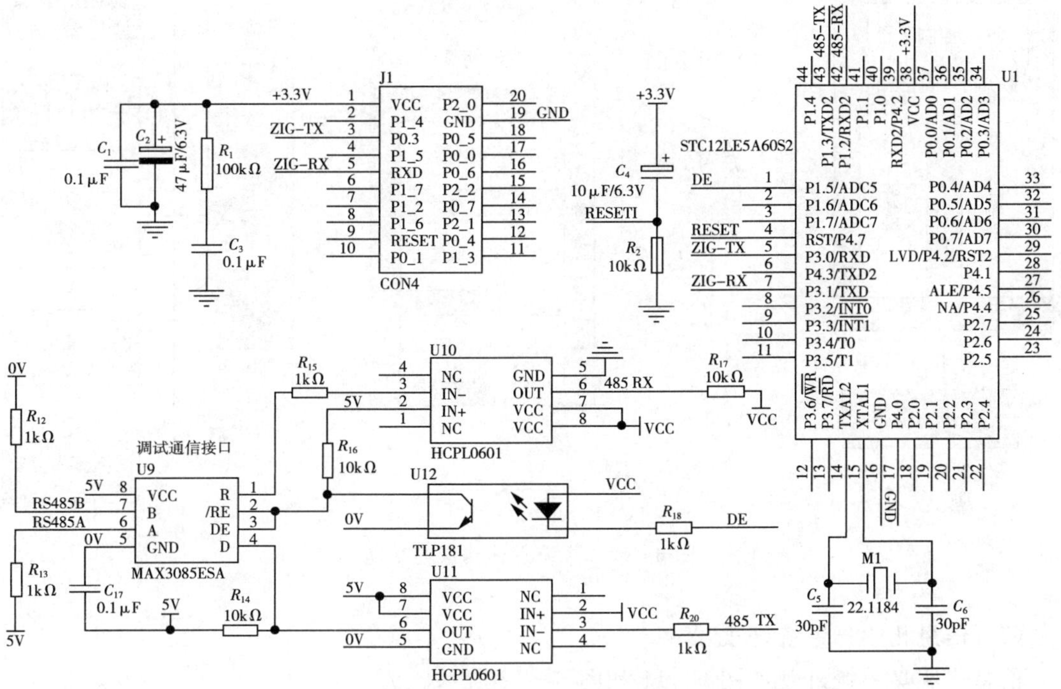

图 6－9 中继节点站核心原理图

（4）智能联动驱鸟设备软件

联动智能设备开机上电初始化后，先检测驱鸟设备的各个驱鸟模块是否正常工作，如果不正常工作，则发送故障信号给主站平台进行汇报；如果驱鸟设备检测正常，则进入 While 循环，检测是否有串口中断。当监测到串口中断后，对串口中断接收的数据进行解析，根据不同的数据类型和命令类型组合驱鸟模块做出相应的驱鸟动作。

（二）信息化驱鸟系统

1. 总体构成与功能

（1）信息化驱鸟系统总体构成与功能

“信息化驱鸟系统”是由北京弘毓福科技发展有限公司按照服务机场、着眼发展、立足现有、适当超前、综合集成、探驱一体的思路，自筹资金、自主研发、自主创新研发制造的智能化驱鸟系统。

该系统由“联动控制平台”“高清探测器”“热成像探测器”（下称“双光探测器”）、“定向声波驱鸟器”“智能云台”“高性能电动力”及“运载车辆”等组成，同时预留有“强光驱鸟器”等设备接口。该系统可对机场鸟情实施自动化的探测、识别、报警和驱赶，并为后续回溯、查看和分析提供依据。

该系统具有自动化程度高、实时性强、人机交互性好、可探测识别报警和驱赶效果显著等特点，在国内外处于领先水平，对机场驱鸟工作和提高飞行机场保障安全系数具有很大作用（见图 6－10）。

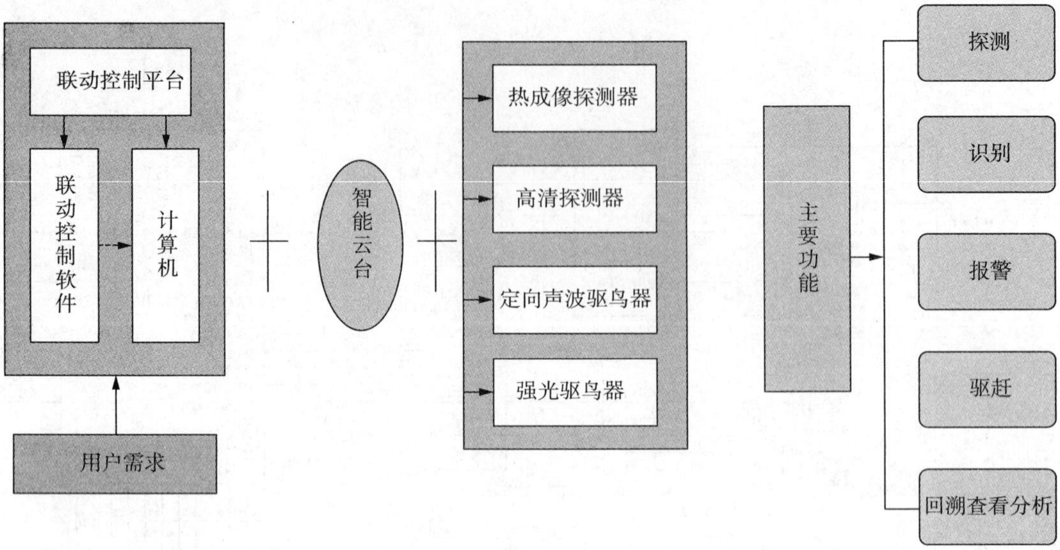

图 6－10　系统总体构成与功能

（2）信息化驱鸟系统外观尺寸

信息化驱鸟系统外观如图 6－11 和图 6－12 所示。

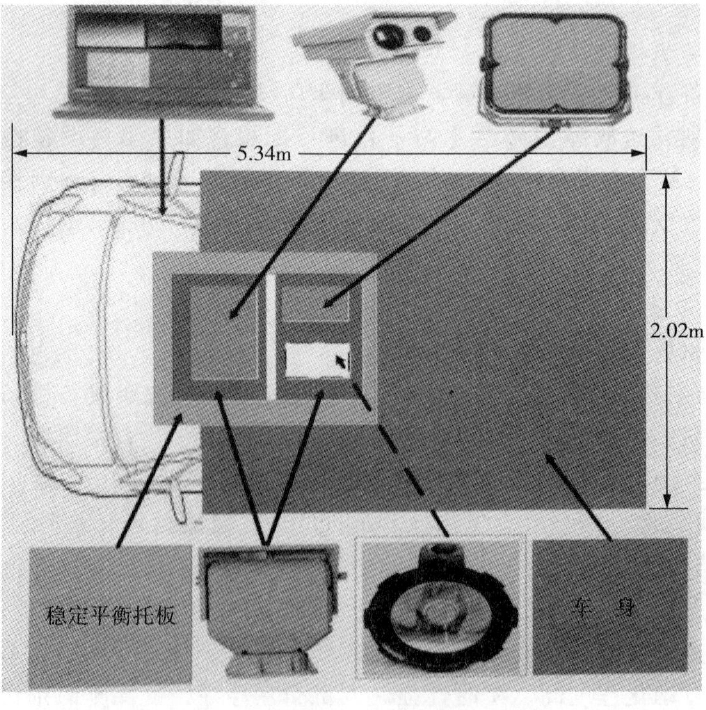

图 6－11　信息化驱鸟系统外观尺寸俯瞰

图 6－12　信息化驱鸟系统外观图

2. 联动控制平台

（1）联动控制平台组成

联动控制平台是整个系统最为重要的核心部分，主要由计算机（图 6－13）和联动控制软件（图 6－14）组成，承载鸟情数据采集、数据传输、数据运算、模数转换、图像处理、视频成像、快速报警、指令发送、状态反馈和信息存储等功能，可对信息化驱鸟系统进行实时操控和监视，提供人机交互界面，实现相关人员的驱鸟需求。

图 6－13　高性能计算机

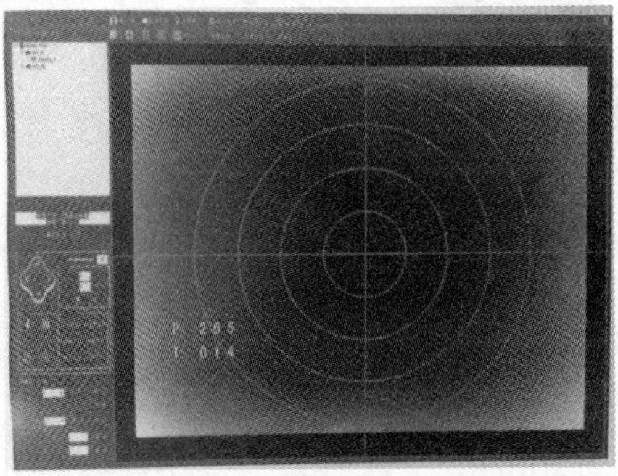

图 6－14　联动控制软件

该平台具有高度的智能化水平，具有鸟情探测、识别、报警、驱赶和信息还原五大功能，并将五大功能模块无缝连接，实时处理相关鸟情信息并联动驱鸟，同时可全程存储鸟情相关翔实信息和素材，供回溯原始状况、查看分析、鉴定鸟害使用。

该平台集成化程度高、嵌入性能强、模块组合互换性强，关键数算判识技术功能强大，可为后期转型升级提供较大拓展空间。

（2）联动控制机理

联动控制流程如下：指挥员（操作人员）启动信息化驱鸟系统→配置系统参数→设定驱鸟模式→发送指令→系统协同运转→驱鸟效果显示（图 6－15）。

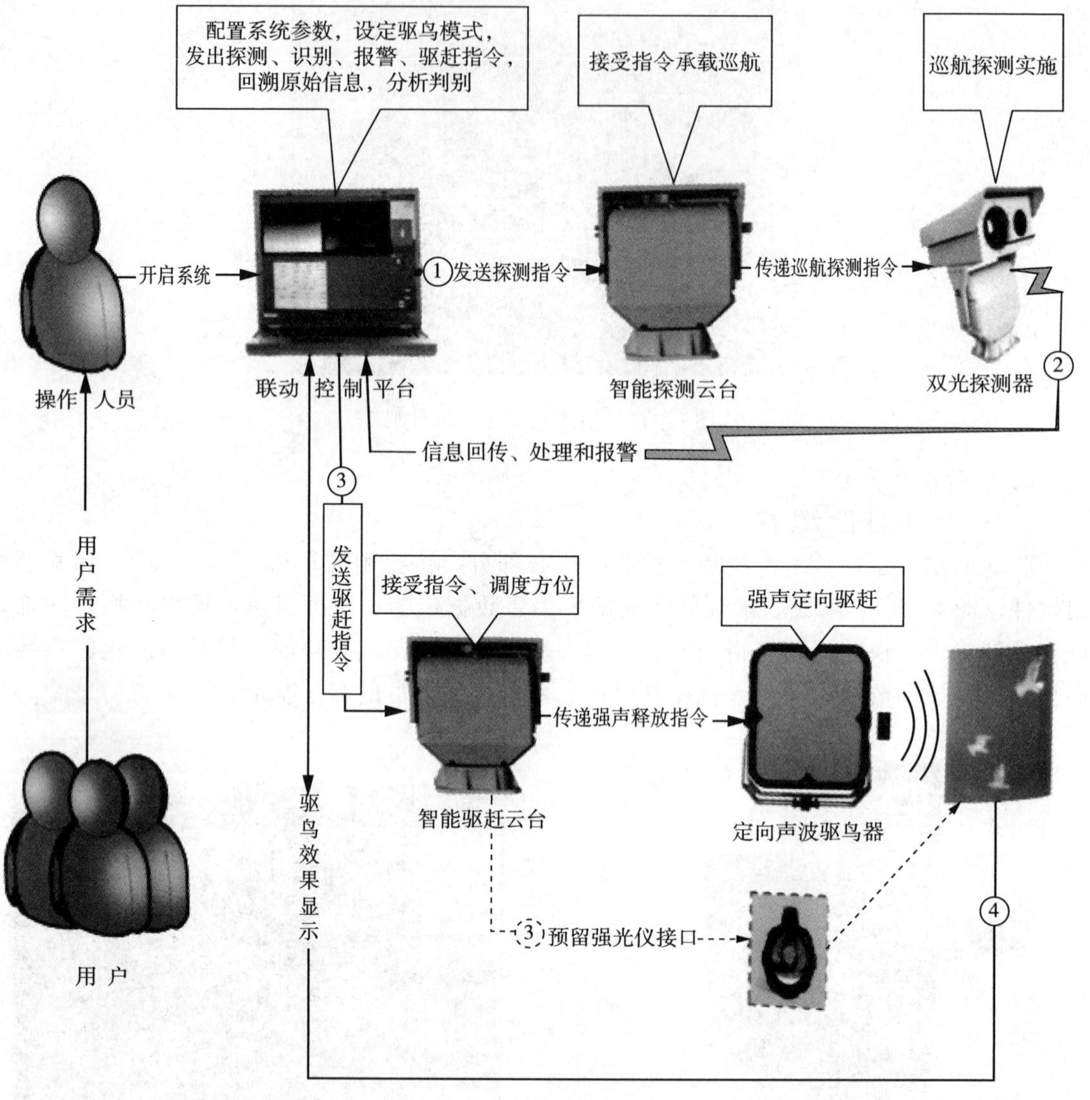

图 6－15 联动控制机理

（3）联动控制功能特点

① 驱动高清探测器和热成像仪探测器，实时动态探测和识别鸟类，在树林、建筑物复杂背景下的准确率达 80％以上，在天空净空背景下的准确率达 95％以上。

② 锁定目标，感知跟踪鸟类飞行轨迹。

③ 确定鸟类活动方位、数量、距离等关键数据。

④ 确定鸟类活动数量，同时可达 40 只鸟左右。

⑤ 确定鸟类活动距离：热成像探测器对树林、建筑物等背景下的鸟类，有效探测距

离半径可达 500m；对天空净空背景下的鸟类，有效探测距离半径可达 880m。高清探测器对树林、建筑物等背景下的鸟类，有效探测距离半径可达 600m；对天空净空背景下的有效探测距离半径可达 2500m。

⑥ 实时报警。

⑦ 实时联动驱赶。

⑧ 预置多种场景策略，随着环境的改变而变化系统性能，增强适应性。

⑨ 储存声波类型可无限扩展。

⑩ 可最大限度地获取、分析、处理和储存鸟类信息，同时回溯还原原始翔实信息。

⑪ 兼容性强，接口可扩展。

3. 联动控制技术指标

(1) 联动控制软件技术指标

联动控制软件技术指标如表 6－1 所示。

表 6－1　联动控制软件技术指标

<table>
<tr><th>名　称</th><th colspan="2">条　件</th><th>指　标</th></tr>
<tr><td rowspan="2">准确率</td><td colspan="2">净空背景</td><td>>95%</td></tr>
<tr><td colspan="2">树林、建筑物等背景</td><td>>85%</td></tr>
<tr><td>视频播放延时</td><td colspan="2">/</td><td><0.1s</td></tr>
<tr><td>识别鸟类数量</td><td colspan="2">/</td><td>40 只</td></tr>
<tr><td rowspan="2">高清探测距离</td><td rowspan="4">鸟
长：0.2m
宽：0.2m</td><td>树林等背景下的有效距离</td><td>半径 600m</td></tr>
<tr><td>净空背景下的有效距离</td><td>半径 2500m</td></tr>
<tr><td rowspan="2">热像仪探测距离</td><td>树林等背景下的有效距离</td><td>半径 500m</td></tr>
<tr><td>净空背景下的有效距离</td><td>半径 800m</td></tr>
<tr><td>报警响应时间</td><td colspan="2">/</td><td><0.2s</td></tr>
<tr><td>驱赶响应时间</td><td colspan="2">/</td><td><0.2s</td></tr>
<tr><td>信息量获取储存</td><td colspan="2">/</td><td>云信息</td></tr>
<tr><td>预置策略</td><td colspan="2">/</td><td>多环境</td></tr>
<tr><td>声波类型</td><td colspan="2">/</td><td>云信息</td></tr>
<tr><td rowspan="3">环境条件</td><td colspan="2">温度</td><td rowspan="2">与计算机一致</td></tr>
<tr><td colspan="2">雾、雨雪</td></tr>
<tr><td colspan="2">风</td><td>符合飞机起降条件</td></tr>
<tr><td>接口兼容</td><td colspan="2">/</td><td>符合软件标准可匹配</td></tr>
</table>

(2) 联动控制计算机性能指标

联动控制计算机性能指标如表 6－2 所示。

表 6-2　联动控制计算机性能指标

名　称	硬　件	指　标
品牌	基本参数	ThinkPad
型号		T540P（20BFS03H00）
颜色		黑色
操作系统		Windows 7
核心数	处理器	双核心
CPU 类型		Intel HasWell i5
CPU 型号		Intel 酷睿 i5 4200M
CPU 主频		2.5～3.1GHz
三级缓存		3MB
内存容量	内存	8GB
内存类型		DDR3
最大支持内存		16GB
磁盘容量	硬盘	16GB＋1TB
磁盘类型		混合硬盘
磁盘转速		5400 转/分
磁盘接口类型		SATA 接口
显卡类型	显卡	独立显卡
显存容量		1GB
显卡型号		NVIDIA GeForce GT 730M
屏幕尺寸	显示屏	15.6 英寸
屏幕比例		16∶9
屏幕分辨率		1366×768
屏幕类型		LED
电池类型	电源	6 芯锂电池
机身尺寸	规格	376.6mm×248.1mm×（29.9～33.9）mm
重量		2.46kg
适应温度	一般性试验	极限值－20℃～63℃ 顺畅运行－5℃～50℃
适应湿度		国家标准

4. 双光探测器

双光探测器由“热成像仪探测器”和“高清探测器”两部分构成（图 6-16）。

图 6-16　双光探测器

(1) 热成像仪探测器

热成像仪探测器功能特点如下：

① 17μm 像素，画质细腻，对细微目标观察清晰，探测距离远；

② 高灵敏度，温度分辨率高达 50mK，帧频 25Hz；

③ 首创 30～150mm 连续变焦，大范围搜索，识别远处目标，不丢失目标；

④ 图像降噪处理，增加数字图像细节增强 DDE 功能，输出热白/热黑/伪彩色图像；

⑤ 性能稳定；

⑥ 密封防水，抗恶劣环境，超长工作寿命。

热成像仪探测器技术指标见表 6-3 所示。

表 6-3　热成像仪探测器技术指标

分　类	属　性	指　　标
品牌	155R（640 机芯）热成像仪	
探测距离	人 (1.8m×0.5m)	3600m
识别距离		900m
辨认距离		500m
红外镜头	焦距	30～150mm
	像素	17μm
	视场角	4.2°×3.3°～20.6°×16.5°
	视场范围	宽：61.78m　高：49.29m
	镜头控制	电动变倍　电动聚焦　自动聚焦
	空间分辨率	0.56～0.11mrad

（续表）

分　　类	属　　性	指　　标
探测器	探测器类型	非制冷微测辐射热计焦平面阵列探测器
	有效像素	640×512
	光谱范围	8～14μm
	温度灵敏度	≤50mk@F1.0，300K
	帧频	25Hz
	图像处理	数字图像细节增强（DDE）、伪彩色
环境指标	工作温度	－25℃～55℃（－40℃～55℃可定制）
	贮存温度	－40℃～65℃
	防护等级	IP66
	抗震	GB/T 4857.10—2005
	抗冲击	GB/T 15412—1994
	防雷	2000V
物理特性	重量	≤5kg
	尺寸	400mm×202mm×200mm（$L\times W\times H$）
	安装方式	室外底座安装

（2）高清探测器

高清探测器功能特点如下：

① 日夜型两百万低照度彩色摄像机，可实现昼夜连续减控；

② 可选的自动聚焦功能，可实现多种聚焦方式和触发方式；

③ 3D定位功能，能实现框选放大和点击居中功能，降低操作难度，提高设备易用性；

④ 专业设计外壳，美观、轻巧、坚固、耐高温、抗腐蚀、防水、防酸雨。

高清探测器技术指标见表6-4所示。

表6-4　高清探测器技术指标

分　　类	属　　性	指　　标
品牌	155R高清探测器	500万像素
探测距离	人 （1.8m×0.5m）	5000m
高清镜头	焦距	10～320mm
	光圈值	F2.5～F16
	视场角	1.2°～38.5°

（续表）

分　类	属　性	指　标
摄像机	传感器类型	1/1.8'' Progressive Scan CMOS
	色彩模式	500 万像素一体化 ICR 双滤光片日夜切换
	快门速度	自动和手动调节
	透雾	开/关可选
	背光补偿	开/关以及区域可选
	感兴趣区域	支持开/关，区域可选
	降噪功能	3D 数字降噪
	编码格式	H.264/MJPEG/MPEG4
	视频分辨率	2592×1944
	视频码率	32kb/s～16Mb/s
	视频帧率	60Hz：30fps（2592×1944），30fps（2048×1536）
	网络协议	TCP/IP/RTP/RTSP/HTTP/DNS/DDNS/DHCP/FTP/NTP/PPPOE/SMTP/UPNP
	特性	支持心跳，视频遮盖，密码保护

（3）双光探测器外形尺寸

热成像仪探测器和高清探测器集成一体之后，其外形规格如下（图 6－17、图 6－18）。

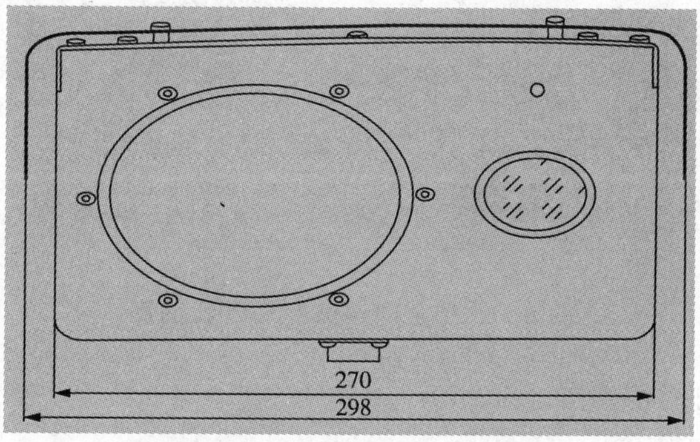

图 6－17　护罩正面视图（单位：mm）

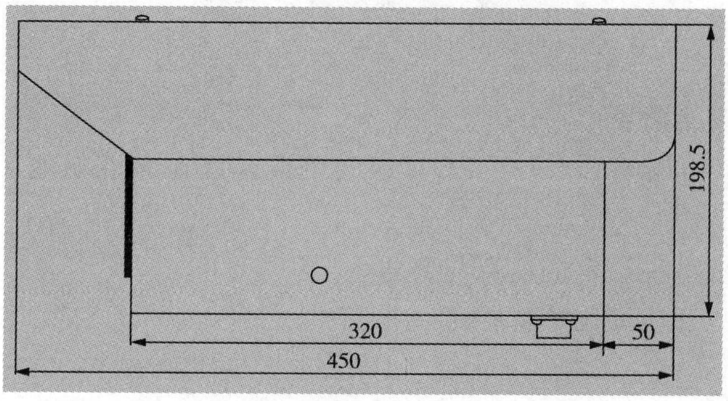

图 6－18　护罩侧面视图（单位：mm）

5. 定向声波驱鸟器

定向声波驱鸟器是世界上最先进的远程高效声波定向发射装置（图 6－19、图 6－20）。

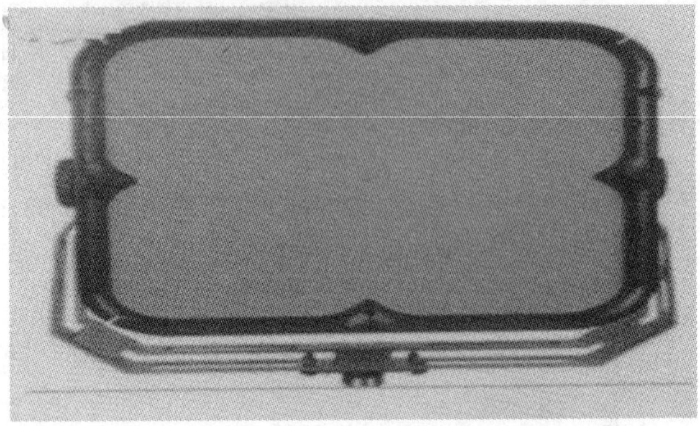

图 6－19　定向声波驱鸟器正面图

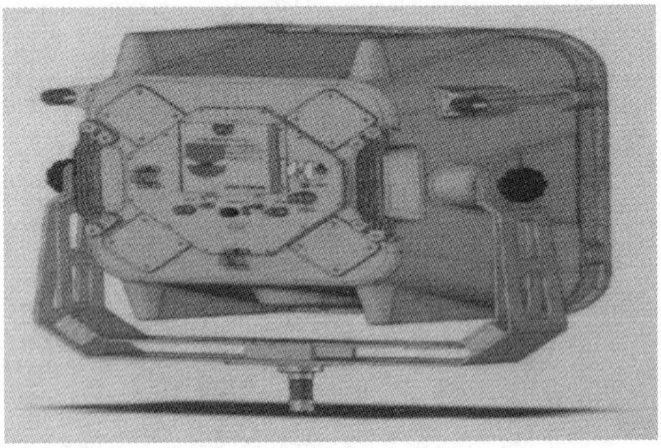

图 6－20　定向声波驱鸟器背面图

定向声波驱鸟器功能特点如下：

① 驱赶鸟类距离可达 2000m；

② 保持平坦频响，一般为 300～6500Hz，声音强度变化小于 5dB，音质在所有频率传播清晰；

③ 声波的方向性；

④ 具有语音增强功能；

⑤ 声波波束宽度在标称±15°～±7.5°区间可调，以在高混响地区或需要特定规格的声波时使用；

⑥ 可录制和播放各种语言的信息与警告；

⑦ 音量可控，以适应周围环境；

⑧ 全天候使用。

定向声波驱鸟器技术指标见表 6－5 所示。

表 6-5　定向声波驱鸟器技术指标

分　类	属　性	指　标
声音性能	通信范围	最大传输 2000m
	频率范围	500～5000kHz
	声音波束宽度	±15°　@1kHz/－3dB
	电量要求	正常耗电量 250W
	功率输入	直流 12～28V
	消除反向声波	控制器后方比前方声音低 35dB 以上
环境试验	随机振动	MIL-STD-810F，Method 514.4
	冲击响应谱（SRS）	MIL-STD-810F，Method 516.5
	操作性能	MIL-STD-810F，Method 501.4
	降水	MIL-STD-810F，Method 506.4，吹雨
	操作湿度	MIL-STD-810F，Method 507.4（－33℃～60℃）
安全试验		MIL-STD-1474D
物理性能	设备重量	发射器阵列重量 4 磅

定向声波驱鸟器外观尺寸：定向声波驱鸟器顶部、背面、侧面分别如图 6-21、图 6-22 和图 6-23 所示。

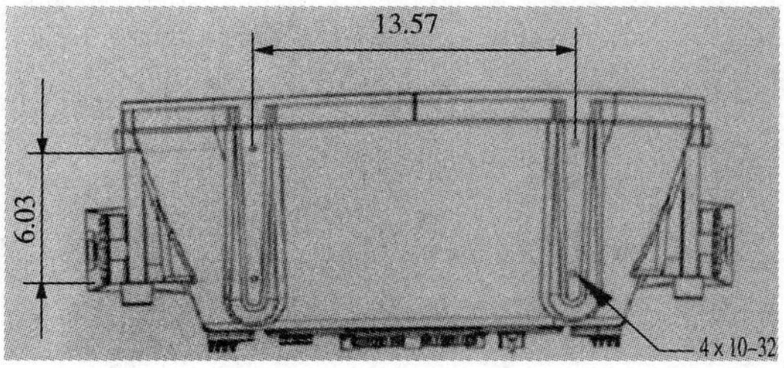

图 6-21　顶部图
（单位：cm）

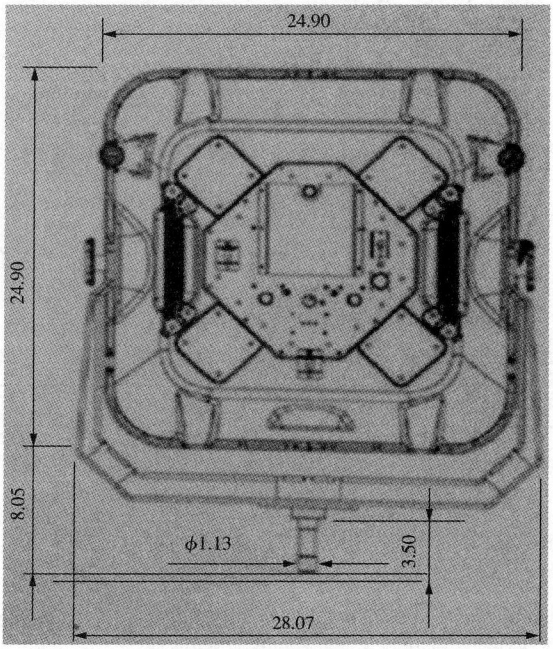

图 6-22　背面图
（单位：cm）

6. 智能云台

智能云台分智能探测云台和智能驱赶云台两套设备仪器，其功能特点、技术指标和外观尺寸均一致。智能探测云台承载“双光探测器”，智能驱赶云台承载“定向声波驱鸟器”，均为信息化驱鸟系统提供全方位巡航探测和同步驱赶支持（图 6 - 24）。

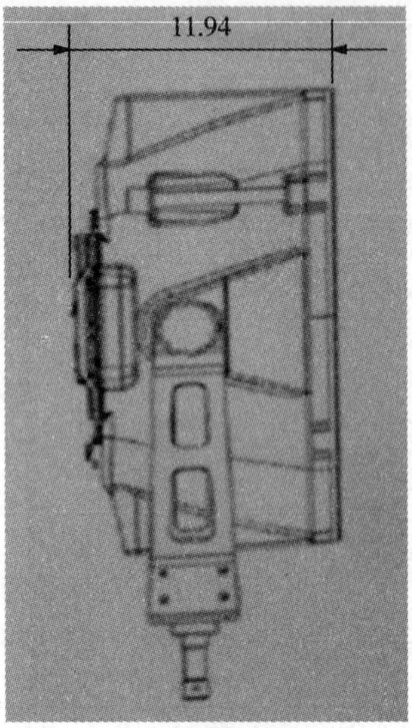

图 6 - 23　侧面图

图 6 - 24　智能云台

智能云台功能特点如下：

① 最大承载可达 35～50kg；

② 水平 360°连续旋转；

③ 支持网络和多种镜头预置位功能；

④ 防护等级 IP66；

⑤ 回传云台方位值、摄像机焦距值、聚焦值等信息；

⑥ 稳定性强。

智能云台技术指标见表 6 - 6 所示。

表 6 - 6　智能云台性能指标

分　　类	属　　性	指　　标
负载性能	最大负载	35kg/载双光探测器 50kg/载声波探测器
旋转性能	旋转角度	水平 0°～360°连续旋转俯仰＋45°～－45°
	旋转速度	水平 0.01°/s～12°/s　俯仰 0.01°/s～8°/s
巡航扫描	自动巡航	8 条　每条 10 个巡航点
	自动扫描	2 条
	镜头预置位	支持
	预置位	200 个

（续表）

分　　类	属　　性	指　　标
回传性能	方位值	有
	聚焦值	有
	焦距值	有
通信性能	通信波特率	2400/4800/9600/19200 b/s 可选
	通信接口	RS485 支持角度查询回传
温度范围	电源范围	AC24V±20％，50/60Hz；DC 28V±20％
	工作温度	－25℃～65℃，90％±3％，非凝结
	储存温度	－40℃～70℃
物理性能	防护等级	IP66
	整机重量	23kg

智能云台外形尺寸如图 6－25 所示。

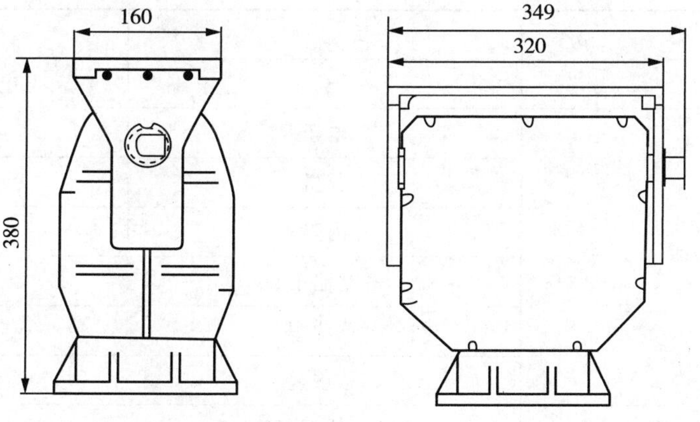

(a) 底座安装尺寸（单位：mm）

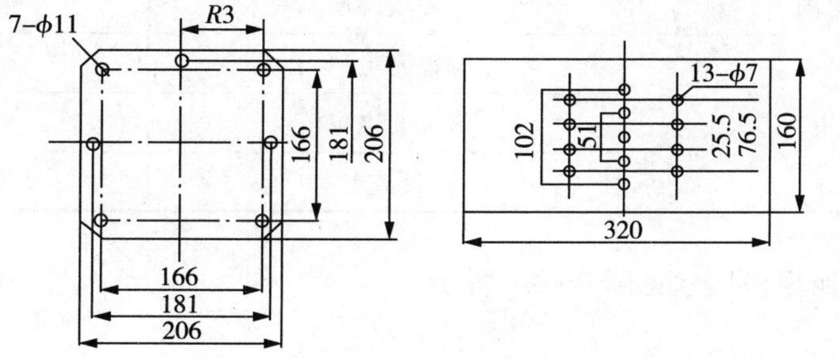

(b) 转接板安装尺寸（单位：mm）

图 6－25　智能云台外形尺寸

7. 高性能电动力组

高性能电动力组由 4 块高性能畜电池和 UPS 电源组箱体构成，为信息化驱鸟系统提供稳定可靠的动力来源（图 6－26）。

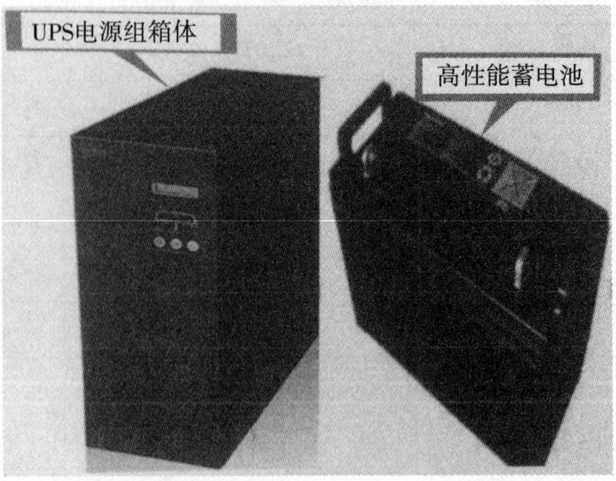

图 6－26　高性能电动力组

高能电动力功能特点如下：

① 电动力组由 4 块高性能电池和 UPS 电源构成；

② 为信息化驱鸟系统提供持续、稳定、可靠的电动力；

③ 充满一次电可提供长达 8 个小时的电力支持；

④ 25℃浮充使用寿命 7～10 年；

⑤ 通过 UL 安全认证。

高性能畜电池组技术指标如表 6－7 所示。

表 6－7　高能电动力技术指标

分　　类	属　　性	指　　标
品牌		畜电池 NP100－2
总体性能	电压	12V
	容量	100Ah
	内阻	14Ω
	畜电池个数	4
	总功率	4800W
	总重量	128kg
使用期限	单次使用时间	8h
	使用寿命	7～10 年
温度范围	环境温度	－22℃～55℃
充放电	浮充电压	13.3～13.7V
	最大充电电流	0.3C
	自放电	20℃下小于 2%

高性能畜电池规格尺寸见图 6－27 所示。

8. UPS 电源

不间断电源系统（图 6－28）即人们常说的 UPS（Uninterruptible Power Supply），它是一种含有蓄能装置（蓄电池），以逆变器为主要组成部分的恒压、恒频的电源设备。它主要为计算机、计算机网络系统或其他电力电子设备提供不间断的电力。当市电输入正常

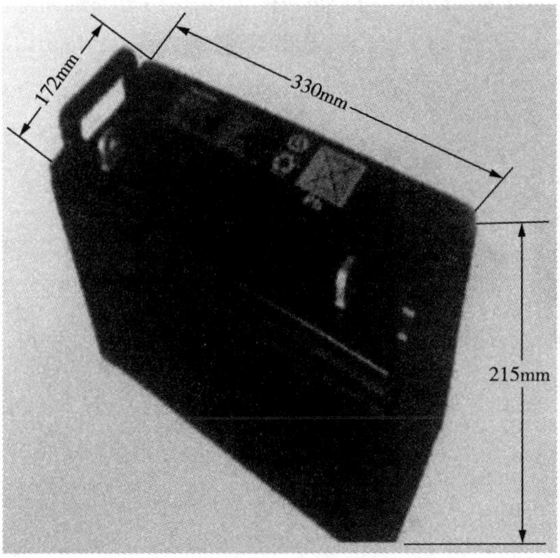

图 6－27　高能电动力规格尺寸图

时，UPS将市电整流通过逆变器或直接稳压后供给负载使用，此时的UPS就相当于一台交流稳压器，同时还可向机内的蓄电池充电。当市电发生中断或异常时，UPS立即将电池的电能通过逆变，转换为交流电向负载继续供电，使负载维持正常的工作，并保护负载的软硬件不受损坏。

图 6－28　不间断电源系统

UPS电源系统由五部分组成：主路、旁路、电池等电源输入电路，进行AC/DC变换的整流器（REC），进行DC/AC变换的逆变器（INV），逆变和旁路输出切换电路以及蓄能电池。其系统的稳压功能通常是由整流器完成的。整流器件采用可控硅或高频开关整流器，本身具有可根据外电的变化控制输出幅度的功能，从而当外电发生变化时（该变化应满足系统要求），输出幅度基本不变。净化功能由储能电池来完成，由于整流器对瞬时脉冲干扰不能消除，整流后的电压仍存在干扰脉冲。储能电池除可存储直流直能的功能外，对整流器来说就像接了一只大容器电容器，其等效电容量的大小与储能电池容量的大小成正比。由于电容两端的电压是不能突变的，即利用了电容器对脉冲的平滑特性消除了脉冲干扰，起到了净化功能，也称对干扰的屏蔽。频率的稳定则由变换器来完成，频率稳定度取决于变换器振荡频率的稳定程度。为方便UPS电源系统的日常操作与维护，设计了系统工作开关、主机自检故障后的自动旁路开关、检修旁路开关等开关控制。

在电网电压工作正常时，UPS给负载供电（图 6－29），而且同时给储能电池充电；

当突发停电时，UPS 电源开始工作，由储能电池供给负载所需电源，维持正常的生产（如粗黑→所示）；当由于生产需要，负载严重过载时，由电网电压经整流直接给负载供电（如虚线所示）。

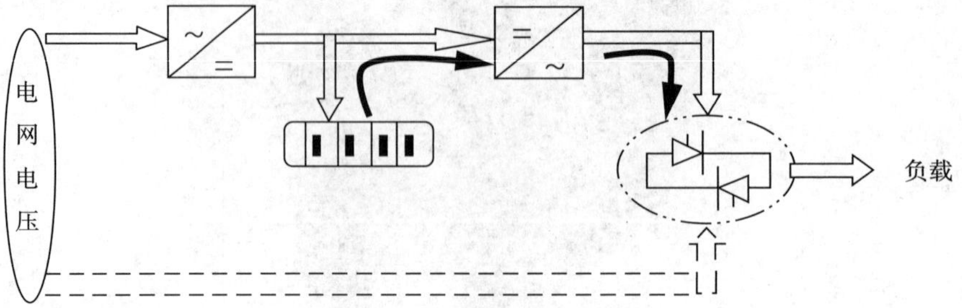

图 6-29　不间断电源供电示意图

9. 信息化驱鸟系统展望

（1）联动控制软件发展

① 探测鸟情方位将精确到具体位置，探测鸟情距离将扩展到市场硬件产品的最大值。

② 识别鸟情将确定鸟种。

③ 报警方式更加多样化和多内容。

④ 驱赶将快速灵敏，发现、驱赶、猎杀一体化。

⑤ 储存海量信息，并精确分析鸟撞事故原因。

（2）联动控制硬件发展

集成声波、激光、雷达等更高性能驱鸟手段。

（3）联动控制功能发展

① 探测识别立体智能化。可发现半径为 3km 范围内的鸟类。

② 鸟类鸟情识别精准化。精确测定鸟类活动高度、距离、坐标，给驱鸟和飞行提供安全参考。

③ 鸟情日常管理数字化。健全机场鸟类活动数据库和鸟情综合分析软件，精细记录日常各类鸟情，存储记录全面数字化，运用数据挖掘技术，判定鸟类活动的时间、地点、方式等规律。

④ 联动驱鸟及时化。通过信息快速传递和软件快速反应联动，实现驱鸟设备动作快速响应，达到无缝对接。

⑤ 夜间驱鸟透视化。覆盖全机场无盲区，达到夜间驱鸟高度透明、清晰、白昼化。

⑥ 鸟类栖息环境研究。将信息化快速机动驱鸟系统与鸟类栖息环境紧密结合起来，达到最佳驱鸟效果。

附录一　国内某机场驱鸟设备使用管理规定

一、驱鸟车的使用和维护

1. 驱鸟人员在使用驱鸟车时，严禁将驱鸟车开出飞行控制区（加油、排故除外）。

2. 当日驱鸟值班人员负责维护保养驱鸟车24h（从当日接班时间至第二日交班时间），车辆必须保持干净、整洁，并认真检查车辆的完好状况，严禁车辆及驱鸟设备在不整洁和带故障时交接。

3. 驱鸟车发生故障值班人员无法排除时须及时上报，禁止车辆及车载设备带故障过夜。

二、驱鸟枪支使用和维护

1. 驱鸟人员持枪执行任务时，至少两人同行，执行任务完毕后，应当立即将枪支、弹药存放入库，并开启警报系统。

2. 持枪驱鸟人员未进入驱鸟区域之前，弹药不得入膛，驱鸟时枪口须呈仰角45°至90°鸣枪；严禁枪口对准人员、建筑物和航空器鸣枪；一旦出了驱鸟区域，弹药必须退出枪膛。

3. 驱鸟人员不准酒后携带或者使用驱鸟枪支，禁止将驱鸟枪支带出机场飞行区。

4. 驱鸟人员每天要以书面形式报告（填表）弹药消耗量。

5. 驱鸟枪支、弹药严禁外借、出租、赠送和买卖。

6. 驱鸟枪支和弹药被盗、被抢、丢失或发生其他事件时，应立即报告民航公安机关和当日值班领导。

7. 驱鸟人员交接班时，枪支要擦拭干净，并保持枪支完好。

三、驱鸟枪支弹药库管理规定

1. 驱鸟枪支弹药库钥匙严禁随手乱放，必须放在规定的安全地方，枪柜、弹药柜的钥匙应由两位值班员分别保管。

2. 驱鸟枪支、弹药必须分开保管，驱鸟枪支弹药库必须做到“三铁一器”，严格按照机场公安部门的要求进行管理。

3. 进入枪支弹药库必须两人同行，出库时及时上锁并开启警报器。

四、驱鸟煤气炮的使用和维护

1. 驱鸟人员在使用驱鸟煤气炮前，必须检查发射装置电力及储气罐燃气是否充足后方可使用。

2. 驱鸟人员在使用驱鸟煤气炮遥控发射装置时，必须在有效的遥控范围内使用。

3. 驱鸟煤气炮定期检查和维护必须每周不少于一次。

五、驱鸟激光枪的使用和维护

1. 驱鸟激光枪使用时，严禁照射飞行器和人员。

2. 驱鸟激光枪使用前要检查电源电力是否充足，使用后必须及时充电。

3. 驱鸟激光枪必须在傍晚或黄昏后使用。

附录二 关于进一步加强鸟害防治工作的通知

中国民用航空总局文件

民航机发〔2005〕102号

关于进一步加强鸟害防治工作的通知

各地区管理局，地区空管局，监管办（运行办），机场（公司），飞行学院，运输航空公司：

当前，由鸟击造成的飞行事故征候已经成为机场安全运行中的一个突出矛盾。据统计，2004年全行业共发生飞行事故征候106起，其中因鸟击造成的事故征候29起，占总数的26%，比上年增加6起。上述29起事故征候，17起发生在机场区域内（其中12起发生在进近着陆过程中，有5起发生在起飞过程中）。相对于飞机在高空或进近过程中遭鸟击而言，起飞过程中特别是重型机遭鸟击更具危险性。今年1至4月份，各有关单位已报告发生了22起鸟击事件，其中构成事故征候6起。发生鸟击飞机，不仅影响航班正常，造成较大经济损失，而且危及飞行安全，必须引起高度重视，切实采取得力措施予以控制。

— 1 —

近年来，各机场广泛开展了鸟害防治工作，取得了一定的效果和经验。但是，鉴于鸟击造成事故征候呈上升的趋势，根据今年年初全国民航航空安全工作会议精神，为确保航空安全，现就进一步加强鸟害防治工作通知如下：

一、机场管理机构应当根据《民用机场使用许可规定》（民航总局81号令）和《机场鸟害防治方法》（AC－CA－2000－20），并参照民航总局安技中心提供的鸟类识别系统、鸟情报告系统和鸟击报告与分析系统，结合本机场实际，完善、补充鸟害防治工作计划。根据民航总局下发的《民用机场使用许可证符合性审查工作方案》，各机场管理机构今年务必完成机场附近区域的生态环境调研报告。同时，要因地制宜地采用多种安全、有效的驱鸟方式综合防治鸟害，最大限度地减少鸟击航空器事件的发生。

二、在日常工作中，当发现机场附近存在鸟群活动时，机场有关责任单位应及时通报空管部门（空中交通服务报告室），由其及时发布航行通告，以便飞行机组尽可能采取避让措施。当鸟击事件发生后，机场管理机构应当主动收集信息情况，保存物证，深入分析研究防治鸟害的技术措施，并向机场所在地民航监管部门上报信息。

各航空公司应适时提示飞行机组，在鸟情活动较多的机场注意观察。一旦发生鸟击航空器事件，飞行机组应及时向管制部门和本公司报告遭受鸟击的具体情况（报告格式见附表）。

各驻场空管部门（塔台）一旦发现鸟群活动，应及时通知机场管

— 2 —

理机构有关部门采取措施驱鸟，并提醒飞行机组注意观察和避让。

机场管理机构要向地方政府积极反映情况，争取其支持，共同妥善解决机场周边地区新设置吸引鸟类活动的设施、农作物等，禁止饲养、放飞（放养）影响飞行安全的飞禽（特别是鸽子）和其它动物。

三、机场鸟害防治工作的“责任区”确定为：机场围界以内，飞机起飞阶段高度100米以内或进近阶段高度60米以内的区域。今后，在上述区域内发生鸟击事件，凡构成飞行事故的，要依照有关规定和程序组织调查，并视情追究相关单位责任；凡构成事故征候的，在统计上均认定为机场管理机构的责任。

在上述规定区域内，将鸟击事故征候的责任认定为机场管理机构，仅仅是出于加强安全工作的需要，但不作为航空公司要求机场给予经济赔偿的依据。

四、各地区管理局、监管办（运行办）要切实加强对机场鸟害防治工作的指导，把机场综合防治鸟害工作作为机场安全检查的一项主要内容。各地区管理局要认真督查各机场对本《通知》的贯彻执行情况，并汇总上报总局。

五、本通知自发布之日起执行，《关于机场鸟害防治有关问题的通知》（民航机发〔2002〕207号）同时废止。

中国民用航空总局

二〇〇五年五月十九日

— 3 —

附录三 民用机场航空器活动区道路交通安全管理规则

第一章 总 则

第一条 为加强民用机场航空器活动区道路交通管理，规范车辆、人员的通行，保障航空器、车辆及人员在地面的交通安全，根据《中华人民共和国民用航空安全保卫条例》，制定本规则。

第二条 本规则所称民用机场（含军民合用机场的民用部分）航空器活动区的道路，是指机场内用于航空器起飞、着陆、停放以及与此有关的地面活动区域内标定的供人员、车辆通行的场地。

第三条 本规则所称车辆，包括机动车辆（含机动车牵引的航空器活动区专用设备）和非机动车辆。

第四条 在航空器活动区道路通行的车辆、人员应当遵守本规则。

第五条 在航空器活动区道路通行的车辆、人员一般遵循右侧通行的原则，按规定路线通行，避让航空器。

第六条 畜力车、三轮车、摩托车以及履带式机动车辆，一般不得进入航空器活动区。

第七条 各驻场单位应当配合机场管理机构实施本规则，加强对所属车辆、人员的管理，对为航空器提供保障服务的车辆应制定完善的操作规程。

第二章 管理机构及其职责

第八条 民航总局对全国民用机场航空器活动区道路交通安全实行统一监督管理。民航总局公安局具体实施民用机场航空器活动区道路交通安全的监督管理工作，主要职责：

（一）依法监督检查机场管理机构及驻场单位实施本规则的情况；

（二）制定《民用机场航空器活动区机动车牌》、《民用机场航空器活动区机动车行驶证》、《民用机场航空器活动区机动车驾驶证》样式（见附录），并监督检查实施情况；

（三）制定航空器活动区交通管理人员培训标准。

第九条 民航地区管理局对本辖区内民用机场航空器活动区道路交通安全实行监督管理。

民航地区管理局公安局具体实施本辖区内民用机场航空器活动区道路交通安全的监督管理工作，主要职责：

（一）负责监督、检查、指导所辖地区民用机场航空器活动区道路交通安全管理工作；

（二）负责监督所辖地区民用机场管理机构及驻场单位执行本规则；

（三）参与航空器活动区重大地面交通事故的调查处理工作；

（四）每年度向民航总局书面报告所辖地区民用机场航空器活动区道路交通安全管理工作情况；

（五）民航总局公安局授权的其他职责。

第十条 机场管理机构的职责：

（一）机场管理机构是本机场航空器活动区道路交通安全工作的第一责任人；

（二）确定本机场航空器活动区道路交通安全管理部门；

（三）负责航空器活动区车辆号牌、行驶证、驾驶证核发和管理；

（四）负责航空器活动区交通秩序的日常巡视检查和违章处理；

（五）负责在24小时内向民航地区管理局公安局报告发生的重大交通事故和车辆碰撞航空器事故；

（六）负责每半年向民航地区管理局公安局上报本机场航空器活动区道路交通管理情况；

（七）向各驻场单位提供驾驶员培训考核资料、航空器活动区道路系统详细图（包含车辆时速分区限制标示）；

（八）负责协调组织各驻场单位执行本规则。

第三章 车 辆

第十一条 向机场管理机构申领民用机场航空器活动区机动车牌、行驶证的车辆，应当具备下列条件：

（一）用于在航空器活动区为航空器运行提供保障服务；

（二）符合机动车国家安全技术标准并符合机场管理机构规定的车辆行驶安全标准；

（三）车身喷涂单位名称和标识，并在顶端安装黄色警示灯；

（四）喷涂统一的安全标志；

（五）配备有效的灭火器材；

（六）提供机动车保险有效凭证；

（七）提供机动车合法来源凭证。

第十二条 已申领民用机场航空器活动区机动车车辆号牌的机动车应接受机场管理机构组织的年度检验或临时检验，未按规定检验或检验不合格的，不得在航空器活动区行驶。车辆检验的项目按《中华人民共和国机动车运行安全技术条件》规定的标准执行。

第十三条 禁止未悬挂民用机场航空器活动区机动车牌的机动车进入航空器活动区。悬挂中华人民共和国机动车号牌的车辆因工作需要，确需进入的，应当报机场管理机构核准，发给通行证件。

第十四条 悬挂民用机场航空器活动区机动车车辆号牌的机动车报废、产权变更的，使用单位应当报告机场管理机构，上交车辆号牌、行驶证，由机场管理机构办理有关手续。车辆号牌、行驶证丢失的，使用单位应当立即向机场管理机构报失。

第十五条 经机场管理机构特许进入航空器活动区行驶的非机动车辆，应当遵守下列规定：

（一）悬挂机场管理机构颁发的牌证；

（二）喷涂统一规定的安全标志；

（三）制动装置必须保持有效。

第四章　车辆驾驶员

第十六条　向机场管理机构申领民用机场航空器活动区机动车驾驶证的，应当具备下列条件：

（一）持有相应准驾车型的中华人民共和国机动车驾驶证；

（二）参加所在单位组织的培训；

（三）通过机场管理机构组织的考试。

第十七条　申领民用机场航空器活动区机动车驾驶证的考试内容为：本规则规定、本机场航空器活动区运行规则和航空器活动区道路实际驾驶等。

第十八条　民用机场航空器活动区机动车驾驶证有效期四年。有效期满前到机场管理机构办理换证手续，未办理手续的予以注销。

第十九条　已取得民用机场航空器活动区机动车驾驶证的驾驶员，在调离航空器活动区机动车驾驶工作岗位时，原单位负责收回驾驶员的民用机场航空器活动区机动车驾驶证，交机场管理机构，办理注销手续。

第二十条　仅持有中华人民共和国驾驶证，未持有民用机场航空器活动区机动车驾驶证的人员，不得在航空器活动区驾驶机动车辆。特殊情况下，需要驾驶车辆进入航空器活动区的，应当由机场管理机构指定单位负责引导。

第二十一条　在航空器活动区驾驶机动车辆的驾驶员，应当遵守以下规定：

（一）不得涂改、伪造、挪用、转借或骗取航空器活动区机动车号牌、驾驶证、行驶证、车辆通行证；

（二）不得使用涂改、伪造、挪用、骗取或失效的机动车号牌、驾驶证、行驶证、车辆通行证；

（三）携带民用机场航空器活动区机动车驾驶证；

（四）驾驶机动车前，应当对机动车的安全技术性能进行检查，不得驾驶安全设施不全或机件不符合技术标准等具有安全隐患的机动车；

（五）驾驶车辆时应当自觉接受值勤人员的查验、指挥；

（六）按照机场管理机构指定的时间和地点接受年度审验，未按规定审验或审验不合格的，不得在航空器活动区驾驶机动车；

（七）饮酒、服用国家管制的精神药品或者麻醉药品，或者患有妨碍安全驾驶机动车的疾病，或者过度疲劳影响安全驾驶的，不得驾驶机动车；

（八）不得驾驶与所持驾驶证准驾车型不相符合的车辆；

（九）驾驶车辆在停机位范围内操作时，应严格执行操作规程；

（十）确保车辆与前车辆保持足够安全距离；

（十一）确保车辆与所拉载的拖车及所载货物稳固系妥；

（十二）未熄火的车辆，驾驶员应当随车等候。

第五章　车辆行驶

第二十二条　车辆在航空器活动区行驶时，应当遵守下列规定：

（一）按指定的通行道口进入航空器活动区，接受值勤人员的查验；

（二）机场管理机构可根据本机场的实际情况，实行分区限速管理，但最高时速不得超过 50 千米；

（三）行驶到客机坪、停机坪、滑行道交叉路口时，停车观察航空器动态，在确认安全后，方可通行；

（四）遇有航空器滑行或被拖行时，在航空器一侧安全距离外避让，不得在滑行的航空器前 200 米内穿行或 50 米内尾随、穿行；

（五）行李车拖挂托盘行驶时，挂长 3.4 米、宽 2.5 米的大托盘不得超过四个，长 1.9 米、宽 1.8 米的小托盘不得超过六个。拖挂的货物重量不得超过拖车的最高载量。行李车在拖挂托盘行驶时不得倒车。

（六）机动车辆穿行跑道、滑行道、联络道或在跑道、滑行道、联络道作业时，应当事先征得空中管制部门或机场管理机构同意，按指定的时间、区域、路线穿行或作业。

（七）驶入跑道、滑行道、联络道作业的机动车辆应当配备能与塔台保持不间断通信联络的双向有效的通讯设备，作业人员应当按规定穿戴反光服饰。

第二十三条　机动车辆在航空器活动区行驶使用灯光时，应当遵守下列规定：

（一）向右转弯、向右变更车道、靠路边停车时，开右转向灯；

（二）向左转弯、向左变更车道、驶离停车地点或掉头时，开左转向灯；

（三）昼夜开启黄色警示灯；

（四）引导车灯光标志牌齐全、清晰、有效；

（五）夜间开近光灯、示宽灯和尾灯，雾天开防雾灯，禁止使用远光灯。

第二十四条　在航空器活动区行驶的车辆，遇有执行任务的警车、消防车、工程抢险车、救护车以及护卫车队时，应当主动减速避让，不得争道抢行或紧随尾追，不得穿插、超越护卫车队。

第二十五条　在航空器活动区行驶的车辆发生故障不能行驶的，驾驶员应当立即报告机场管理机构；有可能影响航空器运行的，应迅速将故障车辆拖离至不影响飞行安全的区域。

第二十六条　车辆应当停放在机场管理机构指定的设备区或停车位，且按照停车位地面标明的所示方向停放。

第二十七条　机场实施低能见度运行时，车辆行驶应当按照低能见度运行有关规定执行。

第二十八条　在停机位内驾驶车辆应当遵守下列规定：

（一）除了为航空器提供保障服务的车辆外，其他车辆不得进入或停放在停机位内；

（二）航空器正在进入停机位或被推离停机位时，车辆不得进入停机位；

（三）准备为抵达航空器服务的车辆，须停放在设备停放区，航空器已加上轮挡及引擎关闭后，方能接近航空器作业；

（四）车辆接近、靠接航空器作业时，应当使用制动和轮挡，时速不得超过5千米；

（五）驾驶员在航空器旁停放车辆时，必须确保与航空器及临近设备保持足够的安全距离，且严格遵守操作规程；

（六）除需为航空器提供服务的车辆外，其他车辆不得从机翼或机身下穿行；

（七）车辆不得停放在航空器燃油栓禁区内；

（八）当航空器在加油时，在停机位内的车辆不得阻碍加油车前方的紧急通道；

（九）当航空器引擎正在开动或防撞灯亮起时，车辆不得在航空器后方穿过；

（十）在停机位内作业的车辆不得倒车。必须倒车的，须有人观察指挥，确保安全；

（十一）车辆须避让在航空器旁工作的地勤人员；

（十二）航空器准备推后作业时，除航空器拖车外，其他车辆均应远离停机位，停放在设备区。

第二十九条　驾驶非机动车应当遵守下列规定：

（一）酒后不得驾驶非机动车；

（二）丧失正常驾驶能力的不得驾驶非机动车；

（三）驾驶非机动车不准载人；

（四）不得进入停机位。

第六章　航空器活动区道路交通标志、标线

第三十条　机场管理机构应当按照有关技术标准设置机场航空器活动区道路交通标志、标线。

第三十一条　航空器活动区内的车辆、人员应当按照交通标志、标线通行。

第七章　交通事故处理

第三十二条　车辆在航空器活动区通行时发生交通事故的，由民用机场公安机关参照《中华人民共和国道路交通安全法》的有关规定处理，并将处理情况通报机场管理机构。除非航空器的移动受阻，否则所有涉及人员均应留在现场，肇事车辆也应保持事发后的状态，直至处理人员达到现场为止。

第八章　违章处理

第三十三条　机动车驾驶员在航空器活动区违反本规则，违章处理实行记分制，年度累计达到12分的，机场管理机构收回其驾驶证，6个月内不得再申领民用机场航空器活动区机动车驾驶证。

第三十四条　机动车驾驶员违反本规则，有下列情形的，记12分，收回驾驶证，两

年内不得再申领驾驶证：

（一）碰撞航空器的；

（二）造成航空器复飞或中断起飞的；

（三）致人死亡的。

第三十五条　机动车驾驶员违反本规则，有下列情形的，记 6 分：

（一）造成交通事故致人轻伤以上或财产损失 2000 元以上的；

（二）与航空器抢行造成航空器刹车的；

（三）酒后驾驶车辆的；

（四）驾驶证没有进行年审的。

有前款（二）、（三）情形的，六个月内不得在航空器活动区驾驶车辆。

第三十六条　机动车驾驶员违反本规则除第三十四条、三十五条以外情形的，记 1 至 4 分。

第三十七条　航空器活动区内车辆驾驶员、人员违反本规则的，机场管理机构将违章行为通报当事人所在单位。违章人员、车辆所属单位应当将处理结果书面反馈机场管理机构。

第九章　法律责任

第三十八条　机场管理机构在航空器活动区道路交通管理工作中未履行本规则第十条职责的，民航地区管理局可以对机场管理机构处以 10000 元以上 30000 元以下罚款。

第三十九条　驻场单位违反本规则第七条规定，民航地区管理局可以对该驻场单位处以 10000 元以上 30000 元以下罚款。

第四十条　机场管理机构或其他驻场单位未能严格执行本规则，发生重大交通事故或车辆碰撞航空器事故的，民航地区管理局可以对责任单位处以 10000 元以上 30000 元以下罚款。

第四十一条　违反本规则有关规定，情节严重，构成犯罪的，移交司法机关依法追究法律责任。

第十章　附　则

第四十二条　本规则所称“以上”、“以下”均含本数在内。

第四十三条　本规则自 2006 年 8 月 12 日起实施。1998 年 6 月 3 日发布的《民用机场航空器活动区道路交通管理规则》（民航总局第 75 号令）同时废止。

附件 1：民用机场航空器活动区机动车驾驶证样式（规格：60mm×88mm）

驾驶证正证（正面）

中国民用机场航空器活动区机动车驾驶证

Driver License of Aircraft Kaviag Area of CAAC

证号No.

姓名：　　性别：　　年　月　日生

Name　　Sex　　Date of birth

单位：

民航总局公安局机动车驾驶证专用章

领证日期：

Original date

准驾车型

Class

有效日期：

Date of issue

驾驶证正证（反面）

注意事项

1. 本证不作其他凭证。

2. 本证只限本人使用，不得涂改、伪造及转借他人。

3. 本证中准驾车型使用统一代码。

4. 本证除机场管理机构颁证部门外，其他单位或个人不得扣留此证。

附件 2：民用机场航空器活动区机动车行驶证样式（12cm×12cm）

机动车行驶证正证（正面）

民用机场航空器活动区机动车行驶证
本车号牌
车辆厂名
车辆类别
座位限额
车辆颜色
单位名称
本证号码　　　　　　**有效期**
发证单位

说明：

1. 此证为机场航空器活动区机动车行驶证，不作通行证使用。
2. 此证为一车一证。
3. 此证由机场管理机构车辆检验部门发放、收回。
4. 此证粘贴于车辆前方玻璃右下角。
5. 此证每年车辆检验后更换。

附件3：民用机场航空器活动区机动车车牌样式（规格：44cm×14cm）

民航　A0001

注：A、B、C、D…分别代表不同的管理局。

附录四 场务人员常用表格样例

表-1 飞行区航班保障驱鸟记录表

巡视人： 年 月 日

序号	巡视时间	巡视路线	航班号	鸟情区域				驱鸟手段	驱鸟结果	其他
				鸟种	数量	活动情况	出现区域			

区域描绘：A—跑滑道北端；B—航展区周围；C—站坪上空及 P、D、E 道口附近；D—跑滑道南端；E—金海滩附近；F—其他

表-2　驱鸟设备及环境检查记录表

年　月　日

驱鸟设备检查记录				
猎枪	完好○	故障○	其他○	说明：
煤气炮	完好○	故障○	其他○	说明：
鸟网	完好○	故障○	其他○	说明：
备注：				
环境状况				
虫情	完好○	故障○	其他○	说明：
草高	完好○	故障○	其他○	说明：
鼠害	完好○	故障○	其他○	说明：
备注：				

检查人：

表-3　驱鸟设备故障处理记录

年　月　日

修报时间：	设备名称：		报修人：
故障原因		发生地点	
		请修项目	
		估计经费	
维修时间		移交时间	
领导意见			

表-4 机场鸟击报告记录

日 期： 年 月 日 天 气： 记录人：

<table>
<tr><td>航空公司
航班号</td><td colspan="4"></td><td rowspan="5">对航空器
飞行影响</td><td>无影响</td><td>○</td></tr>
<tr><td>飞机型号</td><td colspan="4"></td><td>中断起飞</td><td>○</td></tr>
<tr><td>发动机
（型号）</td><td colspan="4"></td><td>预防性着陆</td><td>○</td></tr>
<tr><td>飞机注册号</td><td colspan="4"></td><td>发动机停车</td><td>○</td></tr>
<tr><td>鸟击时间</td><td colspan="4">月 日 时 分</td><td>其他</td><td></td></tr>
<tr><td>机场名称</td><td colspan="4"></td><td rowspan="3">天气情况</td><td>无云</td><td>○</td></tr>
<tr><td>跑道号码</td><td colspan="4"></td><td>有云</td><td>○</td></tr>
<tr><td>鸟击位置</td><td colspan="4"></td><td>阴</td><td>○</td></tr>
<tr><td>离地高度</td><td colspan="4"></td><td rowspan="3">降水情况</td><td>无降水</td><td>○</td></tr>
<tr><td>飞行速度</td><td colspan="4"></td><td>雨</td><td>○</td></tr>
<tr><td rowspan="2">飞行阶段</td><td colspan="4" rowspan="2">着落滑跑○ 航路○ 滑行○
下降○ 起飞滑跑○ 进近○
爬升○ 航后检查○</td><td>其他</td><td></td></tr>
<tr><td>鸟的种类</td><td colspan="2"></td></tr>
<tr><td rowspan="15">航空器被
撞击情况</td><td colspan="2">部位</td><td>击中</td><td>破坏</td><td>鸟的数目（只）</td><td>看到的</td><td>选中的</td></tr>
<tr><td colspan="2">雷达罩</td><td>○</td><td>○</td><td>1</td><td>○</td><td>○</td></tr>
<tr><td colspan="2">风挡</td><td>○</td><td>○</td><td>2～10</td><td>○</td><td>○</td></tr>
<tr><td colspan="2">机头</td><td>○</td><td>○</td><td>11～100</td><td>○</td><td>○</td></tr>
<tr><td rowspan="4">发动机号</td><td>1</td><td>○</td><td>○</td><td>100 以上</td><td>○</td><td>○</td></tr>
<tr><td>2</td><td>○</td><td>○</td><td rowspan="3">鸟的大小</td><td>小</td><td>○</td></tr>
<tr><td>3</td><td>○</td><td>○</td><td>中</td><td>○</td></tr>
<tr><td>4</td><td>○</td><td>○</td><td>大</td><td>○</td></tr>
<tr><td colspan="2">螺旋桨</td><td>○</td><td>○</td><td rowspan="2">事先有无
对飞行员
发出警告</td><td>有</td><td>○</td></tr>
<tr><td colspan="2">机</td><td>○</td><td>○</td><td>无</td><td>○</td></tr>
<tr><td colspan="2">机身</td><td>○</td><td>○</td><td rowspan="4">备注说明
（损坏、伤
害情况和其
他资料）</td><td colspan="2" rowspan="4"></td></tr>
<tr><td colspan="2">起落架</td><td>○</td><td>○</td></tr>
<tr><td colspan="2">机尾</td><td>○</td><td>○</td></tr>
<tr><td colspan="2">灯</td><td>○</td><td>○</td></tr>
<tr><td colspan="2">其他</td><td colspan="2"></td><td>科领导签字</td><td colspan="2"></td></tr>
</table>

表-5 驱鸟煤气炮开炮记录

控制站点：　　　　　　　　　　　值班人：　　　　　　　　　　时间：

序号	开始时间	结束时间	位置	备注

注：根据鸟害状况及本场飞行量，采取不定时开炮驱鸟，保障航空器安全。

表-6　驱鸟枪支弹药使用记录

天气：　　　　　气温：　　　　　风向：　　　　　　　年　月　日　时　分

<table>
<tr><td>巡　视　人</td><td>子弹领用时间</td><td colspan="2">领弹数：</td></tr>
<tr><td></td><td>出库时间：</td><td>耗弹数：</td><td></td></tr>
<tr><td></td><td>入库时间：</td><td rowspan="2">余弹数：</td><td>交弹人：</td></tr>
<tr><td colspan="2"></td><td>交弹时间：</td></tr>
<tr><td colspan="4">枪支弹药使用信息</td></tr>
</table>

使用时间	使用区域	耗弹数	驱鸟效果
本页耗弹数小计：　　　发			
说明			

区域描绘：A—跑滑道北端；B—航展区周围；C—站坪上空及 P、D、E 道口附近；
D—跑滑道南端；E—金海滩附近；F—其他

表-7 猎枪子弹领用登记表

日　期	发弹人	数量	领用人	回收空壳数量	经办人	备　注

附录五　中华人民共和国猎枪弹具管理办法

第一章　总　则

第一条　为加强猎枪弹具管理，保护野生动物资源，维护社会治安，根据《中华人民共和国野生动物保护法》和《中华人民共和国枪支管理办法》，制定本办法。

第二条　本办法所称猎枪弹具，是指无膛线枪、火药枪、注射枪、为狩猎制造的有膛线枪及其机械部件和弹药（包括弹壳、底火和金属弹丸）。

第三条　在中华人民共和国境内生产、销售、使用或者运输猎枪弹具的，必须遵守本办法。

第四条　国务院林业行政主管部门，省、自治区、直辖市人民政府林业行政主管部门和市、县人民政府野生动物行政主管部门，按照管理权限主管猎枪弹具的生产、销售和使用管理工作。公安机关对猎枪弹具的生产、销售、购买、持有、使用、运输和报废销毁等实施治安管理和监督检查。

第五条　省、自治区、直辖市人民政府林业行政主管部门和市、县人民政府野生动物行政主管部门与同级公安机关应当会同有关行政主管部门，组织对本行政区域内猎枪弹具的管理情况进行检查。

第二章　生　产

第六条　猎枪弹具由国务院林业行政主管部门批准的生产猎枪弹具的企业生产；未经批准的，不得生产猎枪弹具。工商行政管理部门凭国务院林业行政主管部门批准生产猎枪弹具的文件办理登记注册。禁止个人制造、改造或者装配猎枪。

第七条　猎枪弹具实行限额生产。国务院林业行政主管部门根据省、自治区、直辖市人民政府林业行政主管部门和公安机关按照本行政区域内野生动物资源和社会治安情况提出的需要数量，经综合平衡，按年度确定猎枪弹具生产限额，并分配给猎枪弹具生产企业。猎枪弹具生产企业应当根据国务院林业行政主管部门分配的生产限额组织生产，不得超过限额生产猎枪弹具。

第八条　猎枪弹具必须符合国家规定的标准。出厂的猎枪弹具及其包装上的标识，必须符合《中华人民共和国产品质量法》的要求并标明猎枪号码。禁止不符合国家规定标准的猎枪弹具出厂。

第九条　猎枪弹具新产品的生产，必须经国务院林业行政主管部门批准。

第十条　国务院林业行政主管部门或者其委托的单位，可以对经批准的企业生产的猎枪弹具的质量进行抽查。

第三章　销　售

第十一条　全国猎枪弹具的销售品种和数量，由国务院林业行政主管部门在猎枪弹具年度生产限额内统一分配。省、自治区、直辖市人民政府林业行政主管部门应当根据国务院林业行政主管部门分配的猎枪弹具品种和数量，确定本行政区域内猎枪弹具的年度销售指标，并报同级公安机关备案。

第十二条　猎枪弹具实行定点销售。经销猎枪弹具的单位，必须事先向所在地的市、县人民政府野生动物行政主管部门和公安机关提出申请，经省、自治区、直辖市人民政府林业行政主管部门和公安机关批准后，由省、自治区、直辖市人民政府公安机关发给猎枪弹具销售许可证。工商行政管理部门凭猎枪弹具销售许可证办理登记注册。

第十三条　猎枪弹具经销单位不得超过年度销售指标销售猎枪弹具，不得销售未经批准生产猎枪弹具的企业生产的猎枪弹具。

第十四条　为出口生产的猎枪弹具因故不能出口的，未经国务院林业行政主管部门批准，不得在国内销售。

第十五条　因狩猎需要购买猎枪弹具的，应当持特许猎捕证或者狩猎证和个人身份证明，向所在地的市、县人民政府野生动物行政主管部门提出申请，填写购买审批单，经该野生动物行政主管部门批准并经同级公安机关审查同意后，由公安机关发放猎枪弹具购买证。市、县人民政府野生动物行政主管部门批准的购买猎枪弹具的数量，不得超过本省、自治区、直辖市人民政府林业行政主管部门分配的年度销售指标；公安机关发放猎枪弹具购买证的数量不得超过同级野生动物行政主管部门批准的购买猎枪弹具的数量。猎枪弹具购买证限于本省、自治区、直辖市范围内使用。购买猎枪的，实行一枪一证。

第十六条　猎枪弹具经销单位应当凭本省、自治区、直辖市范围内的市、县公安机关发放的猎枪弹具购买证和特许猎捕证或者狩猎证以及购枪人身份证明，按照规定的品种、型号、数量出售猎枪弹具。禁止猎枪弹具经销单位向外省、自治区、直辖市的单位或者个人出售猎枪弹具。

第十七条　购买猎枪的，应当凭特许猎捕证或者狩猎证、所购枪支及销售凭证到发放猎枪弹具购买证的市、县公安机关办理持枪证，并向同级野生动物行政主管部门备案。

第十八条　外国人购买猎枪弹具的，必须持省级以上人民政府外事主管部门或者接待单位行政主管部门出具的证明，向购买地的市、县公安机关申领猎枪弹具购买证，经批准后，到指定的猎枪弹具经销单位凭购买证购买。

第四章　使　用

第十九条　持枪狩猎的，必须携带持枪证和特许猎捕证或者狩猎证。

第二十条　有关单位和个人必须妥善保管和使用猎枪弹具，严防丢失、被盗或者发生其他事故。发现猎枪弹具丢失、被盗的，必须及时向当地市、县公安机关报告。

第二十一条　个人持有的猎枪弹具不得转借、出租。单位之间需要转借、租赁猎枪的，必须经双方所在地的市、县人民政府野生动物行政主管部门和公安机关批准。

第二十二条　赠送或者转让猎枪弹具的，必须经赠送、转让双方所在地的市、县人民政府野生动物行政主管部门和公安机关批准；赠送或者转让猎枪的，还应当办理持枪证变更手续。

第二十三条　接受外国人赠送或者转让猎枪弹具的，必须经市、县公安机关审查同意，办理持枪证，并向同级野生动物行政主管部门备案。

第二十四条　国家实行猎枪检验报废制度。单位或者个人持有的猎枪经检验报废的，由所在地的市、县人民政府野生动物行政主管部门缴销特许猎捕证或者狩猎证，公安机关缴销持枪证，并由公安机关按照规定销毁。

第五章　运　输

第二十五条　运输猎枪弹具的，必须向运往地的市、县公安机关申领运输证；运达目的地后，凭运输证向当地市、县公安机关登记或者按本办法规定申领持枪证。

发放猎枪弹具购买证的公安机关可以视情况同时发放运输证。

第二十六条　携带猎枪弹具出市、县境的，必须向所在地的市、县公安机关提出申请，凭特许猎捕证或者狩猎证、持枪证办理运输证。

第二十七条　外国人在中华人民共和国境内从事狩猎活动有自带猎枪弹具必要的，其接待单位应当事先报经其目的地的省、自治区、直辖市人民政府林业行政主管部门和公安机关审查同意；入境时，应当向海关申报，由边防检查站凭批准文件审核发放运输证；入境后，由接待单位负责保管猎枪弹具。外国人携带猎枪弹具出境的，必须向公安机关申领运输证，出境时向海关申报，运输证交出境地边防检查站。

第二十八条　铁路、交通和民航运输企业凭运输证方可办理猎枪弹具托运手续。禁止随身携带猎枪弹具搭乘民航飞机、客运船舶、火车。

第六章　罚　则

第二十九条　违反本办法规定，有下列行为之一，尚不够刑事处罚，应当给予治安管理处罚的，由公安机关依照《中华人民共和国治安管理处罚条例》的规定给予处罚：

（一）未经批准擅自生产猎枪弹具的；

（二）未按照规定的品种或者超过分配的限额生产猎枪弹具的；

（三）个人制造、改造或者装配猎枪的；

（四）无证经销猎枪弹具或者有其他非法买卖猎枪弹具行为的；

（五）非法运输、携带猎枪弹具的；

（六）非法持有、使用、存放、私藏、出租、借用、赠送、转让猎枪弹具的。有前款所列行为之一，构成犯罪的，依法追究刑事责任。

第三十条 猎枪弹具生产企业未按照规定生产猎枪弹具的，国务院林业行政主管部门或者其委托的单位可以视情节轻重责令停产整顿或者吊销生产资格批准文件。猎枪弹具经销单位未按照规定销售猎枪弹具的，公安机关可以视情节轻重责令停业整顿或者吊销销售许可证。

第三十一条 当事人对行政处罚决定不服的，可以依法申请复议或者提起诉讼。当事人逾期不申请复议也不提起诉讼又不履行处罚决定的，由做出处罚决定的机关申请人民法院强制执行或者依法强制执行。

第三十二条 野生动物行政主管部门和公安机关的工作人员违反本办法规定，超过年度销售指标批准购买猎枪弹具或者超过批准的购买猎枪弹具的数量发放猎枪弹具购买证或者运输证的，或者有其他滥用职权、玩忽职守、徇私舞弊行为的，由其所在单位或者上级机关给予行政处分；构成犯罪的，依法追究刑事责任。

第七章 附 则

第三十三条 猎枪弹具的进出口管理和射击运动用的猎枪弹具的管理，按照国家有关规定执行。

第三十四条 本办法由国务院林业行政主管部门和公安部门负责解释。

第三十五条 本办法自 1994 年 3 月 1 日起施行。

参考文献

[1] 施泽荣，张亮，白文娟，等．机场鸟击防范与管理［M］．合肥：合肥工业大学出版社，2014.

[2] 中国民用航空局机场司．民用机场拦鸟网应用指南（AC－140－CA－2011－02）［Z］．2011.

[3] 中国民航总局．关于进一步加强鸟害防治工作的通知（民航机发〔2005〕102 号）［Z］．2005.

[4] 童诗白，华成其．模拟电子技术基础［M］．北京：清华大学出版社，2015.

[5] 张亮，邹玉明，施泽荣．机场驱鸟设备效果研究［J］．前沿科学，2015，33（9）：36－40.

[6] 陈俊．机场无线驱鸟网络的设计与实现［D］．大连：大连海事大学，2007.

[7] 林鹰．国内机场装备无人驾驶遥控驱鸟车［J］．交通与运输，2006，(3)：45－47.

[8] 彭金望，杜庆磊，余先涛，等．基于 ARM 的机场驱鸟车自动控制系统［J］．自动化技术与应用，2008，4（27）：105－106.

后 记

机场鸟撞是世界航空业的三大灾害之一，给人们的生命财产、经济和社会带来了相当大的危害。绝大多数鸟撞事故发生在机场及其附近空域，且主要发生于飞机的起飞滑跑、爬升、进近和着陆滑行阶段。机场地形开阔平坦，较大的面积、丰富的植物和昆虫等条件为鸟类的栖息、取食、嬉戏、饮水、隐藏、繁殖等需求提供了理想的场所，机场鸟类的数量和出现频率与机场的地理位置、机场区域内低洼地雨后积水、气候和天气以及机场周边环境都有密切的关系，因此机场的鸟撞防治应首先着眼于生态环境的治理，驱鸟工作人员也应该秉着“驱避防治”的理念来进行该项工作。

因驱鸟工作的特殊性，机场方还应尽量做到因地制宜，科学调查，弄清机场附近所有鸟类的种类、数量、活动规律，建立健全的鸟情预警机制，并充分发动周边群众的力量，做好驱鸟宣传工作，使驱鸟工作有的放矢，为飞机的安全飞行创造良好的环境。建立行之有效的驱鸟工作管理制度，必须进行鸟情预报，推广生物驱鸟等新方法，做好环境整治等工作，使各机场达到驱鸟保障正规化，鸟情预报精确化，装备设备配套化，环境治理生态化，成系统、成规模地提高鸟撞防治工作水平，确保飞行安全。

鸟撞防治工作是一项复杂的系统工程，除了治理生态环境、建立健全相关的规章制度外，还需要结合有效的驱鸟设备辅助驱鸟的工作。由于机场鸟撞防治工作还处于起步阶段，从事鸟撞防治工作的人员大多没有经过专业培训，理论知识和技能相对薄弱，制约了工作质量的提高。本书详细阐述了机场当前常见及即将推广使用的驱鸟设备，为从事和即将从事鸟撞防治的工作人员提供了系统性的理论指导，为今后的驱鸟工作做出一定的贡献。